地球信息科学基础丛书

鄱阳湖地区环境变化遥感监测与环境管理

王卷乐 等 著

环保公益性行业科研专项项目(201109075)
科技基础性工作专项项目(2011FY110400、2013FY114600)
国家科技基础条件平台——地球系统科学数据共享平台
江苏省地理信息资源开发与利用协同创新中心
资助

科学出版社
北京

内 容 简 介

本书采用遥感解译、反演与空间分析方法，对鄱阳湖地区土地覆盖与景观、鄱阳湖水环境要素进行长时间序列遥感监测，获取了1980～2010年鄱阳湖地区土地覆盖、2000～2013年鄱阳湖水体悬浮物浓度、2009～2012年水体叶绿素浓度的时空分布格局与变化动态。全书对鄱阳湖地区环境变化的遥感监测技术方法所产生的数据、模型等进行系统的展示和分析，结合本区域的生态环境保护和发展需求提出相关的环境管理建议。

本书可供环境变化监测与分析的相关研究和管理人员，从事资源环境调查、区域环境管理和遥感应用研究的科研人员与信息处理的技术人员，以及相关学科的教师和研究生参考。

图书在版编目(CIP)数据

鄱阳湖地区环境变化遥感监测与环境管理/王卷乐等著. —北京：科学出版社，2015.9

(地球信息科学基础丛书)

ISBN 978-7-03-045222-1

Ⅰ.①鄱… Ⅱ.①王… Ⅲ.①鄱阳湖-水环境-环境遥感-环境监测-研究 ②鄱阳湖-水环境-环境管理-研究 Ⅳ.①X143

中国版本图书馆CIP数据核字(2015)第165909号

责任编辑：苗李莉 白 丹 / 责任校对：张小霞
责任印制：张 倩 / 封面设计：陈 敬

科学出版社 出版
北京东黄城根北街16号
邮政编码：100717
http://www.sciencep.com

中国科学院印刷厂 印刷
科学出版社发行 各地新华书店经销
*
2015年9月第 一 版 开本：787×1092 1/16
2015年9月第一次印刷 印张：14
字数：332 000

定价：99.00元

(如有印装质量问题，我社负责调换)

序

基于遥感开展环境变化信息的监测和获取，可以为环境管理工作提供科学证据和信息。鄱阳湖作为中国第一大淡水湖，在我国生态功能区划中属于非常重要的湿地保护区，具有极其重要的水源涵养、防洪调蓄、生物多样性保护等生态服务功能。近年来，在全球气候变化和人类活动影响下，该区域生态环境有着明显的变化，就当前生态环境管理的需求而言，迫切需要掌握鄱阳湖湿地洪水调蓄区的宏观环境变化信息，以满足本区域环境管理的需要。

该书以鄱阳湖地区最典型的人地关系特征——鄱阳湖水体及其周边陆地的土地覆盖为对象，开展了长时间序列的环境遥感监测：①基于遥感解译获取了鄱阳湖周边15个县(市)的2010年1∶10万土地覆盖数据，对1980～2010年三个时期的土地覆盖和景观格局与变化进行分析，基于分县和分生态功能区的角度提出了不同土地覆盖变化区域的相应环境管理政策建议。②基于遥感反演获取了鄱阳湖水体2000～2013年连续14年的逐季悬浮物浓度和2009～2012年逐季叶绿素a浓度的时空分布，并对其时空变化规律和影响因素进行了探讨，发现了部分鄱阳湖水环境变化的驱动影响因素，提出相关的水环境管理建议。③结合遥感监测工作，为鄱阳湖南矶湿地国家级自然保护区烧荒监测、鄱阳湖水域绿藻暴发预警等提供了科技支撑，提出了未来鄱阳湖遥感监测与环境管理的建议。

该书系统地将研究中的各种数据、方法、模型等客观地展示给读者。这些科学信息既是宝贵的科研财富和深入在该区域开展科学研究的基础，也是环境保护部门、环境保护工作实施和参与者、科学家及社会公众之间联系与互动的纽带。这些研究成果将有助于促进各方对鄱阳湖地区环境变化和环境管理的关注和理解，促进该区域生态文明建设和区域经济社会的可持续发展。

孙九林

中国工程院院士

2015年6月28日

前　言

鄱阳湖作为中国第一大淡水湖，具有极其重要的水源涵养、防洪调蓄、生物多样性保护等生态服务功能，同时该地区也是我国重要的水产品提供区和南方高产商品粮基地，保护好该区域的生态环境对于社会经济可持续发展具有重要意义。受全球气候变化和人类活动的影响，近几十年来鄱阳湖地区的自然环境变化明显，迫切需要掌握其最新的土地覆盖格局及其近30年的土地覆盖和景观变化情况，以及长时间序列的水体叶绿素a和悬浮物浓度的时空分布与变化动态，从而揭示该区域土地覆盖和水环境要素变化的特征和强度，为该区域环境管理及资源的合理利用提供决策支持。

本书针对以上问题，着力开展了以下三方面的研究实践：①土地覆盖与景观格局分析。以沿鄱阳湖周边15个县(市)作为研究区，以已有的1980年、2005年土地覆盖数据与遥感解译获取的2010年土地覆盖数据为基础数据，基于GIS空间分析、景观指数分析及数理统计模型等技术方法对该区三个时期的土地覆盖与景观格局数据进行了系统的处理与分析。从2010年鄱阳湖地区土地覆盖与景观格局分析、鄱阳湖地区土地覆盖与景观格局变化特征分析、各生态功能分区的土地覆盖与景观格局变化特征分析三个层面分析了研究区的土地覆盖与景观格局特征及其变化，并初步探讨了土地覆盖变化与生态环境管理政策的关系。②水体叶绿素浓度a反演。通过鄱阳湖水体光谱信息实地采集，分析了其实测光谱特征，构建了光谱指数，结合叶绿素a浓度实测数据，采用了最小二乘方法，回归分析得到了敏感波段区间；利用MODIS数据采用半经验、经验方法分期得到了2009～2012年鄱阳湖叶绿素a浓度估算模型，并对其结果进行了精度验证；最后得到了2009～2012年鄱阳湖叶绿素a浓度的时空分布，并对其时空变化规律和影响因素进行了探讨。③水体悬浮物浓度反演。通过对鄱阳湖湖区2009～2012年春、夏、秋、冬四季的连续实测悬浮物浓度与同期MODIS影像的MOD09A1产品多波段的回归分析，获取四个季节的反演模型；在精度评价基础上，基于这些经验模型获取2000～2013年逐季的鄱阳湖悬浮物浓度；进而分析鄱阳湖悬浮物浓度的时空分布格局及其变化特征。分析表明，鄱阳湖的悬浮物浓度高值主要分布在湖中心和主航道上，近岸水域浓度值相对较低；季节上呈现春、秋高，夏、冬低的特点；2000～2013年年际间呈现逐年递增的趋势，人类活动对鄱阳湖悬浮物浓度的影响显著。围绕以上研究，在鄱阳湖地区开展了自然保护区烧荒监测、鄱阳湖水体绿藻监测等应用支撑。

全书共分四篇15章。第一篇宏观叙述了鄱阳湖地区概况及相关研究进展，包括3章，即鄱阳湖概况与其面临的环境问题、环境变化遥感监测相关研究进展、鄱阳湖地区环境变化遥感监测技术路线。第二篇介绍了鄱阳湖地区土地覆盖与景观的格局及变化，包括4章，即鄱阳湖地区土地覆盖遥感调查、2010年鄱阳湖地区土地覆盖与景观格局分析、1980～2010年鄱阳湖地区土地覆盖与景观格局变化分析、1980～2005年鄱阳湖地区各生态功能区变化特征分析。第三篇介绍了鄱阳湖水环境遥感监测与环境影响分析，包括6

章，即鄱阳湖湖区水环境遥感调查、基于高光谱数据的鄱阳湖水体光谱特征分析、2009～2012年鄱阳湖叶绿素a浓度反演、鄱阳湖叶绿素a浓度时空分布特征影响分析、2000～2013年鄱阳湖悬浮物浓度反演、鄱阳湖悬浮物浓度时空分布特征影响分析。第四篇简要介绍了在该区域开展的环境管理应用案例与未来展望。

全书写作提纲由王卷乐主持完成。第一篇鄱阳湖地区概况及相关研究进展，由王卷乐、陈二洋撰写。第二篇鄱阳湖地区土地覆盖与景观的格局与变化，由冉盈盈、王卷乐撰写。第三篇鄱阳湖水环境遥感监测与环境影响分析，由张永杰、陈二洋、王卷乐撰写。第四篇环境管理应用案例与未来展望，由王卷乐撰写。感谢参与本书工作的杨飞、宋佳、白燕、曹晓明、高孟绪、柏中强、郭海会、周玉洁、祝俊祥、李一凡、杨懿等，感谢提供实验条件和观测数据支持的中国科学院鄱阳湖湖泊湿地观测研究站陈宇炜、张路、王晓龙等，感谢赵强、刘清等参与文字编辑工作。

本书只是通过遥感技术手段监测了近30年的鄱阳湖地区土地覆盖变化及其2000年以来的水环境悬浮物浓度和近年叶绿素浓度的时空分布，充实监测要素和延长监测时间序列是未来的方向。由于本书涉及内容是结合国家主要科研任务开展的，限于专业领域覆盖面和写作能力以及遥感信息源等方面的影响，可能会有错误或不足，欢迎批评指正，以便更新时改进。

作　者

2015年5月30日

目　　录

第三篇　鄱阳湖水环境遥感监测与环境影响分析

第四篇　环境管理应用案例与未来展望

第一篇　鄱阳湖地区概况及相关研究进展

第1章　鄱阳湖概况与其面临的环境问题

1.1　鄱阳湖的位置

鄱阳湖是我国最大的淡水湖，古称彭蠡，位于江西省北部、长江南岸，地理坐标为东经115°49.7′～116°46.7′，北纬28°24′～29°46.7′。湖体南北长173km，东西平均宽度为16.9km，最宽处约74km；入江水道最窄处的屏峰卡口，宽约2.8km；湖岸线总长1200km。湖面似葫芦形，以松门山为界，分为南北两部分，南部宽广，为主湖区，北部狭长，为湖水入长江水道区。北部与长江相连，其余三面环山。

在行政区划上，鄱阳湖跨进贤、新建、南昌、余干、鄱阳、都昌、湖口、九江、星子和永修等市县。本书中的鄱阳湖地区包括15个县级行政区，分别是南昌市市辖区、九江市市辖区区、南昌县、九江县、新建县、进贤县、余干县、鄱阳县、都昌县、湖口县、星子县、德安县、永修县、安义县和彭泽县，研究区如图1-1所示。

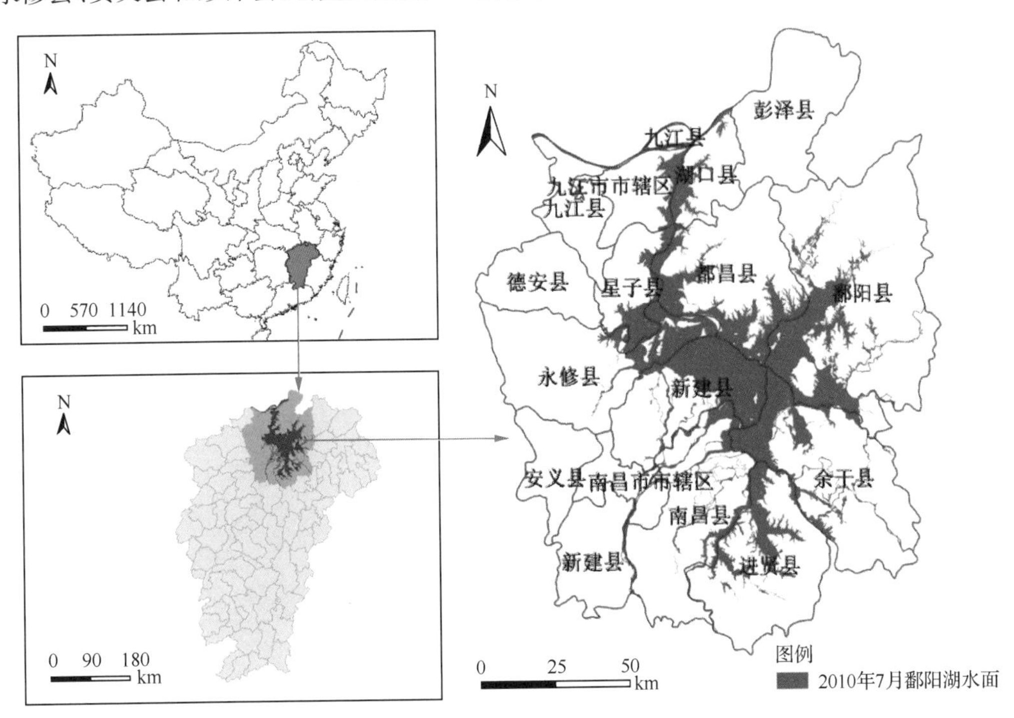

图1-1　研究区位置图

1.2 鄱阳湖的地理条件

1）地形地貌

鄱阳湖位于长江中下游的南岸，跨长江中下游平原及华东南山地丘陵两大地貌单元。湖区山、丘、岗、平原相间，构成环形层状地貌。在自然景观上，大体以鄱阳湖为中心，由中心向外缘依次为水面—平地—岗地—丘陵地—低中地—中山地，地貌结构由里向外呈环状地带，中间低，四周高，构成向心形态。根据地貌形态分类标准，全区可分为山地、丘陵、岗地、平原 4 个类型，其中平原及岗地分布面积较大，占全区总面积的 61.9%，为区内主要的地貌形态类型。

2）水文

鄱阳湖汇集了赣江、抚河、信江、饶河、修水五大河流（图 1-2）。由于常年受江（长江）、河（五河）水位制约，水量吞吐达到平衡，鄱阳湖成为一个季节性、过水性、吞吐型的湖泊。湖水涨落受“五河”和长江来水双重影响，汛期为 4～9 月，其中，4～6 月为“五河”主汛期，7～9 月为长江主汛期。湖区年最高水位多出现在 7～9 月。丰水季节水位上升，湖

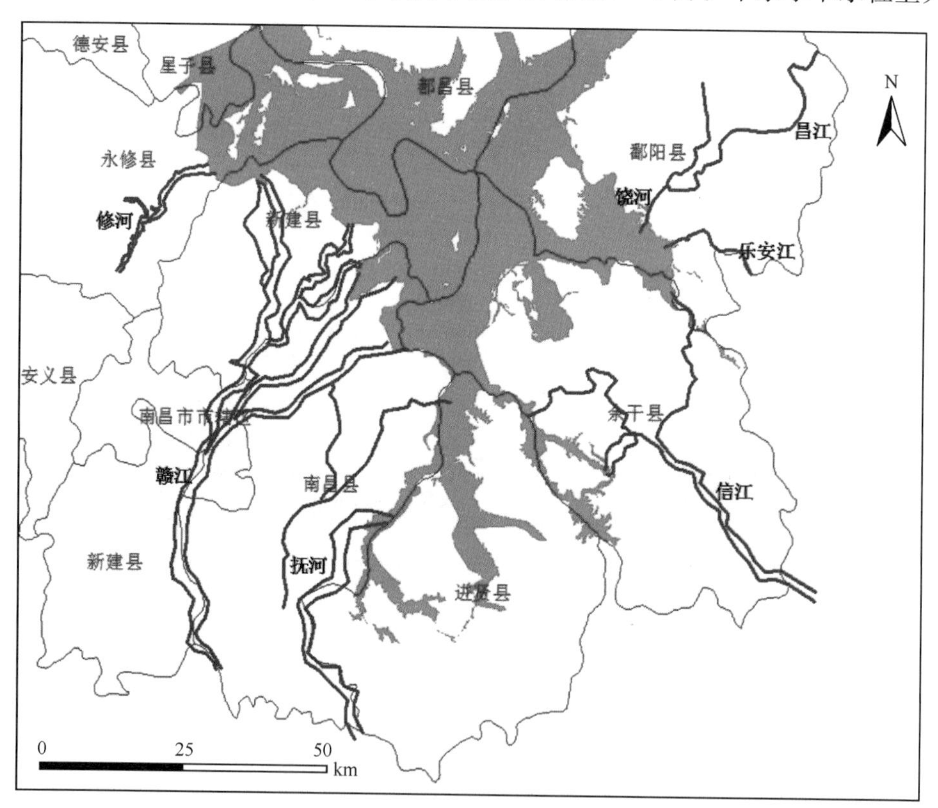

图 1-2 鄱阳湖湖区水系分布图

面陡增，水面辽阔，当湖口水文站水位为22.00m时(吴淞基面)(汪泽培和徐火生，1988年)，相应面积为4078km²，容积为300.89×10⁸m³；枯水季节水位下降，洲滩裸露，水流归槽。“高水是湖，低水似河”、“洪水一片，枯水一线”、“夏秋一水连天，冬春荒滩无边”是鄱阳湖独特的自然地理景观。枯水期湖口水文站水位为5.88m时(1963年)，面积仅146km²，容积为4.5×10⁸m³。图1-3显示了2010年丰水期和枯水期的水面面积变化。随水量变化，鄱阳湖水位升降幅度较大，具有天然调蓄洪水的功能。

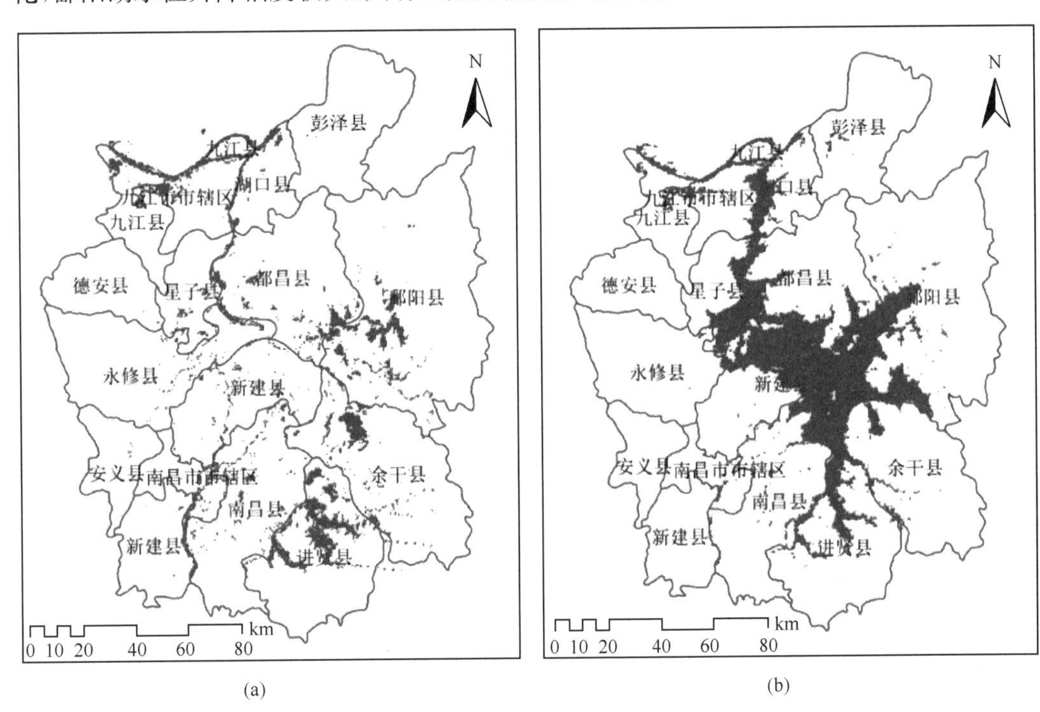

图1-3　鄱阳湖水体季节变化图

(a)为2010年01月；(b)为2010年07月

3) 气候

鄱阳湖地处亚热带湿润季风气候区，气候温和，四季分明，雨量充沛，光照充足，无霜期较长。多年平均气温为16～19℃，极端最高气温为41.2℃，极端最低气温为-18.9℃。多年平均降水量为1470mm，其中4～9月雨量为1020mm，占全年雨量的69.4%。多年平均蒸发量为1300～1800mm，年平均无霜期为246～284d。由于鄱阳湖地处中纬度，季风气候明显，同时境内水陆相间，丘陵起伏，又形成了不同的地形小气候。有大小水体环绕的湖岛、日温差很小(<6.5℃)、水域多大风、四季湿润的湖泊小气候；有距湖岸较近的陆地、日温差较小(6.5～8.5℃)、热量较丰、春夏多雨的湿润气候；也有内陆岗地、日温差较大(>8.0℃)、夏热冬冷、春夏多雨的暖湿气候；还有以庐山为代表的海拔较高、夏少炎暑、冬季寒冷、四季云雾笼罩的山地气候。

4）土壤

鄱阳湖地区的土壤类型主要有草甸土、黄棕壤、红壤和水稻土。草甸土土层深厚，土体疏松多孔，通透性能良好，主要分布在海拔14～18m的沿江滨湖草地；黄棕壤一般土层深厚，但土质黏重，在植被破坏的情况下，易发生严重的侵蚀，主要分布在海拔为20～60m左右的阶地；红壤是区内分布最广泛的土壤，从海拔二三十米的低丘岗地到三四百米的高丘、山麓均有分布，红壤的抗侵蚀性与黄棕壤相似，易发生严重侵蚀；水稻土则是区内面积最大的人类耕作土壤，是人为长期水耕熟化的产物，遍及湖区大小河流沿岸和湖盆周围，由于经过人类长期的改良，又处于地形相对平稳的地带，其抗侵蚀性能良好。

5）植被

鄱阳湖植被类型多样，已鉴定的有2403种，在湖泊中主要水生植物为苦草、眼子菜、绿藻、蓝绿藻，以及小面积的芦苇。附近山地丘陵植被是以苦槠、丝栗栲、钩栲、甜槠、青冈栎、木荷等为主的常绿阔叶林天然次生林，此外还有杉、竹混交林；杉、马尾松及阔叶树混交林；常绿与落叶阔叶混交林和落叶阔叶林等。人工林大多为杉、马尾松及其他经济林树种。鄱阳湖地区农作物植被主要为水稻、棉花、花生、芝麻等。

6）生物

鄱阳湖湖区物种资源丰富，鸟类达300多种，其中珍禽有50多种。世界上98%的白鹤和数万只天鹅都在鄱阳湖过冬。鄱阳湖于1983年成立自然保护区，1988年晋升为国家级自然保护区，1992年被列入《国际重要湿地名录》（赵其国等，2007），主要保护对象为珍稀候鸟和湿地生态系统。本区域水产资源丰富，鱼类达100余种，成为我国淡水渔业重要基地之一。

1.3 鄱阳湖的生态服务功能

生态服务功能是自然生态系统及其物种所提供的能够满足和维持人类生活需要的条件和过程，包括由自然生态过程产生并维持的资源和环境条件（周文斌等，2012）。鄱阳湖地区湿地面积为2698km^2，其在中国环境保护部和中国科学院2008年联合发布的全国生态功能区划中属于“湿地洪水调蓄重要区”，是长江中下游最大的调蓄水体，在维护区域生物多样性、长江中下游水量调蓄控制等方面具有十分重要的生态服务功能（马逸麟和马逸琪，2003）。

1）水量调蓄

鄱阳湖是长江中下游水量的调节器。每当长江洪水暴发，鄱阳湖低洼的地势使得大量长江水倒灌入湖，加上鄱阳湖区蝶形洼地对洪峰的削减，极大地调节了长江的水量，避免了下游地区的洪涝灾害。

2）调节气候

鄱阳湖地处亚热带湿润季风气候区，气候温和，四季分明，雨量充沛，光照充足，无霜期较长。鄱阳湖水面辽阔，水平方向的热量散失较少，使得鄱阳湖区域的气候较为温和湿润。夏季能抑制高温，冬季能提高最低温，增加无霜期等。

3）生物栖息地

鄱阳湖是世界上最大的鸟类保护区，每年秋冬之际，来自西伯利亚、日本、中国东北和新疆等地的候鸟成群结队到湖区越冬。鄱阳湖区域不仅有多达310种湿地鸟类，更有白鹳、黑鹳、大鸨等国家一级保护动物和斑嘴鹈鹕、小天鹅等几十种国家二级保护动物，因此鄱阳湖被称为“白鹤世界”、“珍禽王国”。

4）保护水土

鄱阳湖湿地周边植物生长茂盛，根系发达，可以减少水土流失，减少雨水对土壤的冲刷；而潮湿的地理环境则抑制了风力、径流等对土壤的冲击；湿地还可沉积淤泥，蓄积了土壤中的养分，防止泥沙的淤积，起到保持水土的生态保育功能。

1.4 鄱阳湖面临的生态环境问题

鄱阳湖是我国内陆水体中最大的淡水湖泊，在维系生态系统服务功能方面发挥了重要作用。同时，本区域人口众多、经济基础弱，环境保护和自身发展的协调一直是本区域的研究课题。围绕水、土之间的发展、演化关系，本区域的主要突出问题可以通过土地覆盖（土）变化、水环境（水）变化得以反映。

1）土地覆盖变化

为满足人口增长与社会经济发展的需求，人们在生产、生活过程中对鄱阳湖进行着不间断的开发活动，如从20世纪50年代到70年代的大规模“围湖造田，毁林开垦”活动等（赵淑清和方精云，2004）。这些人类活动严重破坏了该区域的生态环境，也影响了当地的可持续发展以及人们的正常生活。随着生态保育知识的普及和环境保护意识的逐渐增强，政府和当地居民增强了对鄱阳湖地区生态环境保护重要性的认识，有关的环境治理和保护政策也建立了起来，如20世纪80年代初水利部明令禁止围湖垦殖活动；1998年南方特大洪水之后，国家实施了“退耕还林、平垸行洪、退田还湖、移民建镇、加固干堤”工程等（钱海燕等，2010）。2009年年底，鄱阳湖生态经济区划建设被批准，这标志着鄱阳湖地区的经济发展进入了新轨道。无论是政府主导的环境管理政策，还是当地居民开展的日常生产活动都在改变着该区域的土地利用方式，从而带来相应的土地覆盖变化。鄱阳湖地区的自然环境变化明显，其所承受的环境管理压力巨大，迫切需要掌握其最新的土地覆盖格局状况及其长时间序列的土地覆盖和景观变化情况，揭示该区域土地覆盖变化的内容、方向和强度，获取土地覆盖与景观变化特点。这对于支撑本区域环境管理和土地资源合理利用提供决策具有重要的科学和现实意义。

2）水环境变化

目前鄱阳湖的水体质量总体情况尚属良好，是全国淡水湖泊中总体水质最好的湖泊之一。然而从20世纪80年代后期，随着工农业生产的蓬勃发展和人口的过快增长，鄱阳湖的水质状况开始不断下降。“八五”期间，整个湖区的水质较好，基本能达到国家或地方水质标准Ⅱ类水质；“九五”期间的水质调查显示，全湖仅有64.2%的断面为Ⅱ类水，Ⅲ类水的比例已上升到30%以上，甚至出现Ⅳ类水（5.3%），鄱阳湖水质状况开始恶化。“十五”期间，水质基本在Ⅳ类至劣Ⅴ类之间；2005年开始，鄱阳湖正缓慢地向富营养化发展。江西省环境保护厅于2003年设立了4个监测点：康山、莲湖、都昌、蛤蟆石。直至2009年，《江西省环境状况公报》公布的每年鄱阳湖各监测点的水质状况数据显示，四个监测点的水质均不容乐观，主要污染物为总磷（TP）和总氮（TN），总体富营养化程度达到中营养水平。鄱阳湖总体水质状况呈现恶化趋势。为进一步加大鄱阳湖的水质监测范围，江西省环境保护厅于2010年在原4个监测点位的基础上，新增了13个省控监测点，以期全面掌握湖区水质状况和富营养化程度。2010～2011年，两年的监测结果显示，Ⅰ～Ⅲ类水质点位比例从52.9%上升到64.7%，其中九江水质最好，主要污染物为TP和TN，富营养化程度均为轻度富营养。综合各年鄱阳湖的水质状况报告，整理得到鄱阳湖近几年的总体水质标准状况（表1-1）。

表1-1　2008～2011年鄱阳湖全湖总体水质状况表

年份	优于Ⅲ类/%	Ⅲ类/%	Ⅳ～Ⅴ类/%	劣于Ⅴ类/%	主要污染物
2008	72.8	17.7	5.8	3.7	NH_3-N，TP，COD_{mn}
2009	69.6	20.4	6.3	3.7	NH_3-N，TP
2010	65.3	26.0	6.1	2.6	NH_3-N，TP
2011	68.7	20.2	6.3	4.8	NH_3-N，TP

注：NH_3-N为氨氮，TP为总磷，COD_{mn}为高锰酸盐指数。

近年来，随着鄱阳湖周边地区人口的不断增加和经济的高速发展，尤其是采砂、航运、沿岸开发等人类活动带来的工业废水和生活污水排放量不断增加，鄱阳湖的环境问题面临着严峻考验（王苏民和窦鸿身，1998；王晓鸿，2004；周跃龙等，2004）。为了不再走“先污染，后治理”的老路，开展鄱阳湖流域水环境保护及水质监控技术研究已经成为区域环境管理现阶段迫切需要研究的课题。如何快速、动态、长时间监测其水质，尤其是水体中的叶绿素a和悬浮物浓度，成为一个紧迫的问题。

第2章 环境变化遥感监测相关研究进展

2.1 土地覆盖遥感监测研究进展

鄱阳湖是中国最大的淡水湖泊和全球重要的湿地，土地覆盖类型丰富，生态环境多样。由于鄱阳湖地区的气候和地理环境比较复杂，不同时间和不同地形条件下土地覆盖类型差异很大。近年来，鄱阳湖地区的自然环境变化明显，洪涝和干旱频繁发生，其所承受的环境管理压力巨大，迫切需要掌握其土地覆盖的格局及其变化状况。

土地覆盖是指地球上陆地表面的各种生物或物理的覆盖类型(Jansen and Di，2004)。人类活动和自然过程无时无刻不在改变着土地覆盖的状态。土地覆盖类型的分布与变化在地球生态系统过程的物质和能量交换中起着非常重要的作用，它对生态系统的结构与功能及其他一系列的地球表层过程有着显著的影响(Crutzen and Andreae，1990；Henderson-Sellers and Wilson，1983；Keller et al.，1991)。土地覆盖变化改变了生态系统储碳能力和地面反照率，对景观的能量分配与物质循环也产生了影响，因此土地覆盖变化是影响全球变暖、生物多样性减少、臭氧层破坏、大气污染、水源污染、水土流失、土地荒漠化等各种环境问题的原因之一(Sellers et al.，1997；Walker，1997；Meyerw and Turner，1994)。因此，开展土地覆盖与空间景观格局特征及其变化的定量分析、挖掘隐含在数据中的模式与规律、探讨变化的驱动因子方面的研究，对揭示土地资源形成机制与地表空间变化规律、分析评价生态环境具有重要现实意义(白淑英等，2010；Burgi and Russell，2001；Hou，2000)。

1990年以来，在国际生物圈计划(IGBP)和国际全球环境变化人文因素计划(IHDP)两大国际组织的积极推动下，对土地覆盖的研究逐渐加强。随后，国内外许多国家和国际组织均开展了大量的土地覆盖变化研究，并取得了一系列成果。具体的研究内容主要体现在以下几方面。

2.1.1 土地覆盖变化信息获取

土地覆盖变化信息主要是指两个方面：一是土地覆盖状态是否发生了变化，变化情况是土地覆盖类型自身量的变化还是土地覆盖类型质的变化；二是土地覆盖状态变化前后的类型发生了什么变化。基于遥感的土地覆盖变化信息获取一般有两种形式，即先比较后分类和先分类后比较(延昊，2002)。

先比较后分类是指采用一些变化检测方法获取变化区域，然后再选择样本对得出的变化区域进行分类。例如，Xian等(2009)以TM影像及美国地质调查局的国家土地覆盖数据库中2001年的土地覆盖数据为基础，采用变化向量的方法获得土地覆盖变化情况，最终获得了美国2006年的全国土地覆盖数据；Li和Yeh(1998)采用主成分分析的方法分析了珠江三角洲几个时期的遥感影像的变化，进而获得了该区的土地利用变化和城镇扩张状况；Guerra 等(1998)以两个时期的 TM 影像为数据源，采用植被指数的方法获取了两个时期的植被空间变化特征；冯德俊(2004)采用小波系数求差法和影像融合法自动提取除了四川绵阳市的两个时期的土地覆盖变化信息；唐俊梅和张树文以松嫩平原为研究区，以 EOS/MODIS 为数据源，探讨并实践了采用植被指数和多通道合成法对研究区土地覆盖变化信息进行提取。

先分类后比较法是指先使用遥感分类方法分别对各个时期的遥感影像进行分类，然后再对分类结果进行运算得到土地覆盖的变化信息。虽然，这种方法得到的变化信息受到遥感分类积累误差的影响(Chen et al.，2012)，但随着遥感分类技术的发展，该方法的实现也相对来说比较简单，所以其应用也越来越广泛。遥感图像分类方法很多(李石华等，2005)，在目前遥感分类应用中，用得较多的是传统的模式识别分类方法。例如，在国际上，IGBP DISCover 是采用先监督分类再进行人工修正的方法得到的(Loveland et al.，2000)；UMD 土地覆盖产品是采用监督分类树算法完成的(Hansen and Reed，2000)；MODIS 土地覆盖数据是采用神经网络法与决策树算法得到的(Friedl et al.，2002)；GLC2000 分 19 个区域，用监督、非监督分类方法制作完成(Bartholomé and Belward，2005)；Globalcover 分 22 个生态气候区，采用多维迭代聚类方法进行分类(Arino et al.，2008)；Milap 等(2011)利用分类回归树的方法从多时相 IRS P6 数据中提取了印度新德里地区的土地覆盖信息；Cole 等(2005)以 ASTER 影像为数据源，采用专家分类系统提取了新德里的土地覆盖数据；Steven 等(2008)采用 TM 数据与 SRTM-DEM 数据相结合获取决策树决策规则的方法，对复杂热带环境下的地物进行了分类。国内，齐红超等(2009)采用 C5.0 算法综合地物的光谱信息、纹理信息及一些植被指数进行机器学习得到分类规则，再对影像进行分类；李静等(2006)深入分析光谱信息并依据经验知识对垦利县土地覆盖信息进行了提取；赵萍等(2005)采用分类回归树方法对训练样本进行学习，从而得到各类地物的分类规则，同时在实验中应用了遥感影像的光谱特征、纹理特征和空间分布特征。段新成(2008)基于 ENVI 的神经网络模块平台，利用 SPOT 遥感影像，采用人工神经网络分类方法，对北京颐和园地区进行土地利用分类研究，最后通过误差矩阵以及采样方法进行精度评定，得到了较好的分类效果；徐永斌和王树文(2010)采用多平台遥感数据和辅助地理信息技术对天津蓟县地区进行了土地覆盖数据的提取。

2.1.2 土地覆盖时空变化研究

土地覆盖的数量变化研究一般通过以下几种方法：土地覆盖变化的幅度和速度等数量特征通过面积变化量、动态度等一些统计模型来表示；土地覆盖空间变化主要以 GIS 的空间分析为技术方法来计算不同土地覆盖类型的转移矩阵及变化区域的空间分布，分析多时相的土地覆盖变化的空间分布、土地覆盖类型分布与地形、坡度、土壤的关系。例如，唐佳(2010)采用 GIS 分析方法得到了洱海流域 1991 年和 2008 年土地覆盖的面积变化、幅度变化及不同海拔梯度上的土地覆盖变化等；Pijanowski 等(2011)采用 ArcGIS 9.3 Spatial Analyst 工具获得了土地覆盖转移矩阵及变化空间分布等；Frondoni 等(2011)利用景观生态学的理论对意大利罗马地区 1954～2001 年的土地覆盖时空变化进行了分析；颉耀文等(2009)借助 GIS 技术、年变化速率模型、双向动态模型、重心迁移模型分析了民勤湖区 1991～2005 年的土地覆盖变化速率、土地利用双向动态变化及绿洲、荒漠的重心变化；刘珍环等(2011)利用统计学及剖面线方法分析了深圳市土地覆盖格局的空间分布及演变特征；彭锋(2010)利用 GIS 技术分析了银川地区的土地覆盖的变化幅度、数量变化、结构变化、地类转移、变化矩阵、地类转化统计等；周翔(2008)利用 GIS 技术与数学模型获得了土地覆盖转移矩阵、动态度模型和相对变化率等，对株洲市的土地覆盖变化进行了研究；Boerner(1996)利用 GIS 技术对俄亥俄州中部地区 46 年间土地利用/土地覆盖变化进行了研究；赵锐锋等(2009)利用 GIS 技术并结合景观数量分析方法对塔里木河干流区土地覆盖变化进行了分析，得出了该地区土地覆盖的转移方向及土地覆盖变化所经历的过程；周爱霞等(2004)利用 GIS 技术阐述了大宁河流域土地覆盖随坡度和坡向的分布规律及坡度和坡向的变化对土地覆盖动态变化度的影响。

2.1.3 土地覆盖变化驱动机制研究

土地覆盖驱动机制的研究是土地覆盖变化研究的核心内容之一，因为它直接揭示了土地覆盖变化的原因和影响因素，为预测未来发展变化及制定相应政策提供了基础。土地覆盖变化驱动因素包括自然条件、气候变化、经济发展、社会环境和人口变化 5 个方面的因素。

近年来，土地覆盖变化的驱动力研究备受国内外学者的关注。例如，Zak 等(2008)通过对阿根廷查科森林区域土地覆盖变化驱动因素的综合分析，发现气候、社会经济因素及技术协同加快了该区域土地覆盖变化；Lambin 和 Geist(2006)通过对常熟市 1990～2006 年土地覆盖变化的驱动力分析发现，导致该区土地覆盖发生变化的主要因素为工业化、城镇化、农业产业结构调整及农村住宅建设；Ma 和 Xu(2010)利用遥感手段监测了广州城镇扩展情况，并采用驱动力分析的方法分析了城镇扩张的驱动因素；马振玲(2011)采用 Logistic 回归分析法分析了地形因素、社会经济因素对长株潭城市群核心区域土地覆盖变化的驱动机制；张志明等(2009)通过对云南维西县和兰坪县两期植被变化特点进行分析，进而定性分析了退耕还林政策对该区土地覆盖变化的驱动机制；王小钦等(2007)对黄河三角洲各土地覆盖类型变化的驱动因素进行了分析。

2.1.4 土地覆盖变化的区域环境效应研究

土地覆盖变化造成的区域生态环境后果研究有很多进展，包括土地覆盖变化对水土流失、土地荒漠化、环境污染、生物多样性损失以及农业自然灾害灾情等的影响，土地覆盖变化对区域生态系统服务价值影响研究，土地覆盖景观生态效应研究，土地覆盖对局地气候影响研究等。例如，任丽燕(2009)通过对环杭州湾地区湿地类型变化的时空特征及驱动力的分析，评价了湿地变化的生态环境效应，进而为该区生态环境保护提供了依据；董静波(2009)以三峡库区秭归县 1995 年和 2004 年的土地覆盖数据为依托，系统分析了不同土地覆盖类型的生态服务价值及其变化；史培军等(1998)在对内蒙古乌兰察布盟长期实地调查和统计资料系统分析的基础上，研究了土地利用/土地覆盖变化对农业自然灾害的影响；朱连奇等(2003)在对水土保持试验站长期实测资料分析的基础上，探讨了土地利用/土地覆盖变化对土壤侵蚀的影响规律。

2.1.5 景观格局研究进展

景观格局(landscape pattern)是指大小与形状不一样的斑块体在空间上的排列(邬建国，2007)。景观格局具体体现了景观异质性，同时又包括各种生态过程在不同尺度上对景观的作用结果(傅伯杰等，2001；Lausch and Herzog，2002)。近年来，国内外许多国家的学者都开展了景观格局理论、演变、影响因素等方面的研究。Yeha 和 Huang(2009)以台北地区 1971 年和 2005 年的景观类型数据为数据源，采用多个景观多样性指数探讨了城镇扩张对景观多样性的影响；Pôcas 等(2011)对 1979 年、1989 年和 2002 年三期 EOS 遥感影像进行分类，获得了葡萄牙东北部山区的三期农村景观类型图，从而得到了该区景观格局的变化情况。自 20 世纪 80 年代以来，我国景观格局研究得到了较大发展，并取得了一定成效。例如，肖笃宁和赵弈(1990)采用斑块个数、斑块转移矩阵、多样性指数等研究了沈阳西郊地区 1958 年、1978 年和 1988 年的景观格局变化，结果发现景观格局变化的主要因素是外界对景观的干扰；陈利顶和傅伯杰(1996)通过景观指数研究人类活动对景观格局的影响，结果发现人类活动与景观指数的关联程度有较显著差异；郭晋平和阳含熙(1999)通过对关帝山森林的景观格局进行分析，提出了适应于森林景观分析的一些方法相应的指标；王宪礼等(1997)采用景观指数分析了辽河三角洲地区湿地景观的多样性和破碎度；王根绪和郭晓寅(2002)选取有关指标，首先对黄河源区景观生态结构进行了研究，然后对景观格局变化进行了系统的分析；徐岚和赵羿(1993)以沈阳市东陵区三个时期的土地利用数据作为基础数据，利用马尔可夫模型预测了未来的土地利用的景观格局；王学雷和吴宜进(2002)同样也利用马尔可夫模型预测对四湖地区湿地未来的景观格局变化进行了相关的预测。

目前，在众多对景观格局的研究中主要体现在两个方面：一是对景观空间异质性的研究，一般主要采用景观指数模型及一些空间统计模型的特征分析的方法；二是景观格局随时间的演变问题。景观格局分析的目的不仅仅是描述景观的空间与时间的异质性，而且要关注空间异质性和时间异质性中出现的过程，即探讨格局与过程之间的关系。因此，格局分析首先要明确所解释的问题，在对某个生态过程进行考察的前提下，将景观结构与生态过程相结合的格局分析是景观格局研究的发展方向。

2.2 水环境要素遥感监测研究进展

湖泊水环境监测是掌握湖泊污染程度的必要手段。以水体悬浮物浓度监测为例，常规的水质监测是通过采集水样、过滤、萃取以及分光光度计分析等来获取单个采样点上的悬浮物浓度。这种方法受人力、物力和气候、水文条件等限制，需要大量的经费维持，难以长时间、大范围、动态跟踪监测。遥感技术则适合于面上监测，可以大面积、连续、迅速地获取水质信息，能够满足动态监测的需要，逐渐成为区域乃至全球尺度上湖泊、水库、海洋等水体质量监测的有效手段，已被广泛地用于叶绿素 a、悬浮物浓度等水质、水环境的监测与评估(江辉，2011)。当前我国环境保护部正在牵头的水专项等科技活动，也在关注这些问题。万本太和蒋烨(2011)在“关于‘十二五’国家环境监测的思考”中提出要在内陆大型水体、近岸海域开展水环境遥感监测，要应用遥感技术，深化环境监测工作，提升环境监测预警体系与应急监测技术，创新评价方法，推进环境监测“天地一体化”进程。

水体包括内陆水体和海洋水体。由于海洋水体的组成成分较单一，研究学者们首先开展了海洋水色的遥感研究。到20世纪末，遥感技术在海洋领域的发展已经相当成熟，与此同时，遥感研究者将其引入内陆水体监测的研究中。随着卫星数据分辨率的不断提高和监测方法的不断改进，内陆水体水色遥感逐渐由宏观水质分级发展到水质参数的微观定量分析。目前，内陆水体遥感研究与应用主要集中在叶绿素a浓度、悬浮物浓度、黄色物质等方面，其中，叶绿素和悬浮物的研究最为广泛(江辉，2011)。

2.2.1 水质参数遥感监测方法

随着遥感技术的发展，对水质参数光谱特征及数学模型研究的不断深入，遥感水质监测经历了从物理分析方法到经验方法，再到半经验方法的过程。

物理分析方法的核心是生物光学模型(马荣华等，2009)。利用建立生物光学模型对吸收系数与后向散射系数之比与表面反射率的关系进行分析，最终获取水体各参数的含量(张永杰，2013)。当缺少地面的实测水质数据时，可以通过遥感反射率或辐射值和固有光学特性直接计算得到水体的水质参数值，因而分析方法具有较好的通用性，在水质遥感反演的发展初期被广泛应用。Donald 和 Strombeck(2001)通过实测光谱数据和实验分析得到的数据利用反向模型反演叶绿素a浓度，并建立了水体的遥感反射率正向物理模型。李云梅等(2006)利用地面实测的14个样点的光谱数据和Gordon模型以及太湖水体固有光学特性，建立了水体反射率模拟的分析模型，进而利用TM数据反演水体悬浮物浓度，并绘制出太湖悬浮物浓度分布图。然而，这种方法也存在一定的局限，它需要明确水体的表观光学特性和固有光学特性，然而内陆水体的光学成分比较复杂，不仅难以精确测定这些参数，而且不同区域和不同时期水体的特征差异明显，参数的普适性不强。

经验方法的核心是先验已知性，通过遥感数据的波段选择，建立最佳波段或组合与常规监测的水质参数值之间的统计关系，从而反演水质参数值。常用的模型主要有线性模型、对数模型、Gordon模型(Brown and Jacobs，1975)、统一模型(黎夏，1992)和负指数模型(李京，1986)等。经验方法不需要大量的水体光谱数据，通过最佳波段直接建立统计模型，操作上简单实用，因而自20世纪80年代以来，经验模型在水质遥感监测中应用较为广泛。Carpenter 和 Carpenter(1983)利用 Landsat 的 MSS 数据，分别建立了澳大利亚境内三个湖泊的水质参数的反演模型，每个模型都选择了不同的波段或组合，建立的回归模型精度较高。夏叡等(2011)利用环境1号卫星第4波段建立的线性模型反演了太湖的悬浮物浓度，得到2009年全年太湖悬浮物质量浓度空间分布特征。然而，由于经验方法缺少对水体光学特性的分析，建立的统计关系因此缺乏相应的物理意义，不易优化和提高模型精度。

半经验方法则是利用已知的水质参数光谱特征寻找敏感波段或组合作为模型因子，结合统计模型来估算水质参数。随着地物光谱仪监测的普及，利用半经验方法来反演水体水质参数的研究迅速增多。由于它兼顾了水体组分的生物光学特性和实测数据，操作上又具有简便灵活的特点，逐渐成为20世纪90年代后的主要研究方法。半经验模型无论是在反演的方法还是精度上都得到了显著提高，实现了传统水质参数遥感反演的"黑箱模式"向"灰箱模式"转变。国内外学者在这方面也展开了大量研究，并取得了较高的监测精度。Sampsa等(2002)利用机载高光谱实测数据反演芬兰沿岸的叶绿素a浓度，通过半经验方法建立三波段模型，相关系数达93.7%，反演精度较高。施坤等(2011)利用半分析方法来反演内陆多个湖泊水体的悬浮物浓度，并发现反演悬浮物浓度的最优波段在825nm处。刘忠华等(2012)运用半经验模型和多种遥感影像反演悬浮物浓度，得出不同影像反演悬浮物的最优波段区间。马荣华等(2009)利用太湖的实测数据，基于MODIS 250m分辨率的卫星遥感影像建立了藻蓝素半经验算法模型，研究表明，藻蓝素的遥感估测精度取决于藻蓝素浓度的高低以及藻蓝素与叶绿素的定量关系。Pulliainen等(2001)基于AISA数据对芬兰南部的11个湖泊的光谱反射率与叶绿素浓度的关系进行了研究，结果表明，遥感估算叶绿素a浓度的精度很高，且湖水的富营养化现象对水体光谱曲线特征具有显著的影响。

分析方法是通过建立生物光学模型来确定吸收系数与后向散射系数之比与表面反射率的关系，最终得到水体各参数的含量。该种方法对于多波段反演特别有用，且具有普遍适用性(Forget et al.,1999)。早在1980年以前学者们就利用分析方法进行了水质监测评价，但是当时仪器设备的发展比较滞后，分析方法所需要的数据参数并不能精确测量，最终导致水质参数估算的精度很低。随着分析方法中所需的数据参数能够被测量和获取，分析方法的理论基础渐渐成熟。很多文献中讲述的代数法和非线性优化法(巩彩兰和樊伟,2002;Carder et al.,1999;Lee et al.,1996;Bukata et al.,1995)，本质和核心是生物光学模型中用到的矩阵分解法(唐军武和田国良,1997)。

综合来看，经验方法操作简单，核心是先验已知性，但模型缺乏物理意义；分析方法的核心是生物光学模型(马荣华等,2009)；半经验方法相对于经验方法增加了模型的物理意义，而又较分析方法在操作上简便灵活，因而被学者们广泛应用，人工神经网络模型、混合光谱分解模型等均为改进的半经验方法模型。

2.2.2 水质参数遥感监测数据源

目前用来作为内陆水质参数监测的遥感数据源主要包括多光谱遥感数据、高光谱遥感数据、中光谱遥感数据等。

1) 多光谱遥感数据

作为常规的遥感影像数据，多光谱遥感(multispectral remote sensing)影像被广泛应用于地质勘探、环境监测等领域。内陆水体水质遥感监测常用的多光谱数据包括美国Landsat的MSS(multispectral scanner)、TM(thematic mapper)、ETM+(enhanced thematic mapper plus)数据、SeaWiFS(sea-viewing wide field-of-view sensor)数据、法国SPOT的HRV(high resolution visible)数据、印度的IRS-1数据、EO-1卫星的ALI(advanced land imager)数据和气象卫星NOAA的AVHRR(advanced very high resolution radiometer)数据等。其中，最早应用于水质遥感监测的数据是Landsat的MSS数据，但

由于其波段设置太宽，光谱对水质参数的变化不够灵敏，因而应用受限；综合考虑空间、时间、光谱分辨率和数据可获得性，TM和ETM+数据在水质参数遥感反演的应用上最为广泛，国内外学者利用TM和ETM+数据开展了大量的叶绿素a、悬浮物和透明度等的遥感监测研究，且大都取得了比较理想的结果。Nelson(2003)对美国Michigan境内的93个湖泊进行监测，建立了SD和TM1/TM2比值之间的回归模型；邬明权等(2012)选择Landsat TM影像反演悬浮物浓度，发现TM3波段的敏感度最高；曹志勇等(2011)将水体TM影像与实测数据进行分析处理，得出水体反射率与水质参数相关性最高的波段组合，建立了悬浮物、总氮两种水质参数的遥感监测模型，并进行了反演和验证。

综合以上遥感影像数据源来看，TM影像空间分辨率较为优越，但时间分辨率较低(重访周期16d)，难以满足水质动态监测的需要；而时间分辨率占优的AVHRR影像则在空间分辨率(1.1km)上明显不足；SPOT、QuickBird和IKONOS数据虽然具有高空间分辨率，但是这些数据费用很高，且只有4个波段数，难以应用于变化不灵敏的水质参数遥感反演中。

2) 高光谱遥感数据

高光谱遥感(hyperspectral remote sensing)数据是利用大量波谱范围很窄的电磁波获取得到的目标地物的光谱数据(谭衢霖和邵芸，2000)，它通常拥有高光谱分辨率(5～10nm)和多达几百个的波段。由于高光谱数据在可见光和近红外波段的光谱分辨率足以探测到水体组分的吸收和反射特征，因此在很大程度上提高了水质参数监测算法的精度。高光谱遥感数据包括成像光谱仪数据和非成像光谱仪数据。

成像光谱仪是新一代传感器，能够获取大量较窄波段的连续光谱图像数据，能够分辨出具有诊断性光谱特征的地表物质(蒋赛，2009)。20世纪80年代以来，航空用的高光谱分辨率传感器得到了很大的发展，并进入实用阶段。美国的AVIRIS(airborne visible infrared imaging spectrometer)数据和加拿大的CASI(compact airborne spectrographic imager)数据最为常用，此外，芬兰的AISA(airborne imaging spectrometer for different applications)数据、德国的ROSIS(reflective optics system imaging spectrometer)数据，以及中国的CIS(Chinese imaging spectrometer)、OMIS(operational modular imaging spectrometer)成像光谱数据也已经用于内陆水质遥感研究。疏小舟等(2000)用OMIS航空光谱仪对太湖水质进行遥感反演，建立了以OMIS波段反射比R(21)/R(18)为自变量的经验模型，并估算出研究区的叶绿素浓度分布。高光谱成像光谱仪数据虽然一定程度上解决了多光谱遥感数据光谱分辨率低的问题，但是它的航空遥感覆盖范围小，监测成本比中低分辨率遥感卫星高。

应用于水体监测的地面非成像光谱仪主要是指各种野外光谱仪，它具有使用便捷、光谱分辨率高、大气干扰小的特点。利用非成像光谱仪测量内陆水体的反射光谱曲线，通过对内陆水体光谱测量值和同步水质分析数据的统计分析，提出水质参数的估测算法，可以提高多光谱遥感数据分析和应用的精度，因而在内陆水体水质监测中的应用得到了快速发展。目前较常用的非成像光谱仪有OOI公司的光谱仪、L1-1800便携式光谱辐射仪、GER野外光谱仪和ASD便携式野外光谱辐射仪。Gitelson(1992)首先发现在700nm左右峰值随叶绿素 a 浓度的增大向长波方向移动；疏小舟等(2000)利用地物光谱仪对太湖进行实地测量时，发现叶绿素 a 浓度大于 5μg/L，波段 705nm 与 675nm 的光谱反射率比值，700nm 左右峰值反射率与叶绿素 a 浓度的相关较好。

另外，还有一些用于环境监测的卫星上也搭载有光谱仪，如我国于 2008 年发射的环境灾害预测小卫星(HJ-1)，其搭载的超光谱成像仪观测的数据为高光谱遥感数据，空间分辨率为 100m，波段数达 115 个。HJ-1 的高光谱遥感数据很大程度上可以提高我国水质遥感监测的精度，是我国水环境遥感监测最有潜力的数据源之一，近年来也有了较多的研究。杨婷等(2011)利用 HJ-1A 卫星影像反演太湖的悬浮物浓度，结果表明，模型精度较高，反演效果较好；乔晓景等(2013)以长江中游武汉河段为研究区，利用 HJ-1 卫星 CCD 数据第 1、3 波段建立了具有较高精度的悬浮物浓度反演模型，该模型的悬浮物浓度反演均方根误差(RMSE)为 8.84mg/L，平均绝对百分比误差(MAPE)为 13.6%，精度较高；夏叡等(2011)利用 HJ-1A 卫星影像第 4 波段建立的线性模型反演太湖的悬浮物浓度，结果表明太湖悬浮物具有块金效应和强烈的空间相关性。

3) 中光谱遥感数据

1999 年，美国发射了搭载有中分辨率成像光谱仪(moderate-resolution imaging spectroradiometer, MODIS)的 TERRA 卫星，而欧洲空间局(ESA)也在 2002 年发射了搭载有MERIS(medium resolution imaging spectrometer)的 Envisat 卫星。MODIS 数据的空间分辨率达 250m，具有 36 个光谱波段，其中，波段 8～16 对浮游植物和水色比较敏感。由于它具有中等的空间分辨率(250～1000m)、较高的光谱分辨率(36 个波段)、回访周期短(1～2d)、时间分辨率高(1d)和全球免费接收等特点(Liu and Ge，2000)，在动态监测叶绿素和悬浮物浓度等方面具有非常大的应用潜力。Sipelgas 等(2006)利用 MODIS 影像建立多种反演模型，反演多个湖泊水体的悬浮物浓度，取得了较好效果。Richard 和 Brent(2004)运用统计方法估测了北墨西哥湾的悬浮物浓度，发现波段 1 与悬浮物浓度具有很高的相关性。Harma 等(2001)利用 MODIS 数据反演了芬兰的 105 个沿海水体的悬浮物浓度，得到一些波段组合与悬浮物浓度之间具有较高相关性。陈军(2009)、Chen 等尝试利用 MODIS 影像的多个波段分别建立了三波段和四波段反演模型，并分别反演了太湖的悬浮物和叶绿素浓度(Chen et al.，2013a；Chen et al.，2013b)。和 MODIS 相比，MERIS 数据的光谱分辨率、空间分辨率、辐射分辨率均有所提高，已成为水色遥感监测的又一重要数据源。高中灵(2006)利用 MERIS 遥感影像和多个反演模型反演了台湾海峡的悬浮物和叶绿素浓度并进行对比分析，结果表明采用多波段的比值反演悬浮物浓度效果较好，而基于蓝绿光比值的经验模型则适合于反演叶绿素浓度。姜广甲等(2013)基于野外观测数据和 MERIS 遥感影像，利用改进的三波段模型反演太湖的悬浮物浓度，获得的结果精度较高。

综合以上遥感数据源来看，MERIS 影像虽然在光谱分辨率等方面有所提高，但提高并不明显，且需较高的费用；HJ-1 卫星影像则只有 4 个波段，难以覆盖水质遥感监测要素的敏感波段；而 MODIS 的中等空间分辨率、较高光谱分辨率和免费获取等特点使得更多的研究均采用 MODIS 影像作为水质遥感监测的数据源。

2.2.3 鄱阳湖水环境要素监测进展

1）叶绿素 a 监测进展

水体中叶绿素含量的高低能够反映水体初级生产力状况，同时它也是评价水体富营养化程度的一个重要指标。中国科学院南京地理与湖泊研究所于 2009 年在鄱阳湖建立湖泊湿地观测研究站，开展了水质定点监测。常规点采样每周一次，全站点大采样一年 4 次，分别为 1 月份、4 月份、7 月份、10 月份，7 月为丰水期，所以采样点位比常规点位多 3 倍以上。由于鄱阳湖水质较好，其水体叶绿素 a 浓度的遥感研究虽在逐渐开展，但研究得尚不多。江辉（2012）对鄱阳湖水体进行了实测光谱测量，利用一阶微分法分析得到的敏感波段为 696nm，利用峰值比值法得到的敏感波段组合为 700nm 与 680nm，最后基于 MODIS 数据得到了全湖叶绿素 a 浓度的反演模型，但由于寻找到的敏感波段与 MODIS 数据波段并不吻合，导致模型精度不高。黄国金等（2010）基于 MODIS 数据对鄱阳湖水体叶绿素 a 浓度构建了反演模型，并对比了回归模型与 BP 神经网络模型，得出神经网络模型的结果较好。王婷等（2007）基于鄱阳湖实测光谱与水质参数的相关分析，构建了高光谱反演模型，并进行了营养化评价。由于鄱阳湖是过水性湖泊，受水文季节变化特征的影响，水体分布及水质状况出现季节性差异的现象，仅以一时期为例进行研究显然不足；同时，已有的研究缺乏对模型的结果验证。

综合国内外研究进展，可以形成以下认识：①内陆水体叶绿素 a 遥感监测工作已从定性分析发展到了定量分析的阶段，且发展前景广阔。但是现阶段国内外已有的水体叶绿素 a 浓度定量反演模型的通用性很低，不同遥感数据源对不同的水体存在一定的局限性。影响模型精度的因素有不同遥感数据源的局限性、模型的低通用性及水体本身光谱信息的复杂性。②湖泊富营养化不严重的地区（如鄱阳湖）缺乏系统性的遥感研究，需要前瞻性地加强反映营养化状态指标的遥感监测，研究的重点是对其水体光谱信息的特征分析和基于光谱的半经验法水体叶绿素 a 浓度定量反演方法。③在气候变化和鄱阳湖区域经济快速发展的背景下，鄱阳湖环境管理面临的压力显著增大。例如，近年来鄱阳湖区域的气候异常事件频发，采砂、运输、周边人类活动等明显加剧，这直接影响到水体叶绿素 a 浓度。需要尽快获取较长时间序列的鄱阳湖水体叶绿素 a 浓度的分布特征，为环境管理提供决策支持。

2）悬浮物浓度监测进展

尽管鄱阳湖水质较好，但在其受到周边人类活动影响不断加剧的背景下，其水体悬浮物浓度的遥感反演研究也在逐渐开展。邬国锋和崔丽娟（2008）利用 Landsat 影像反演鄱阳湖悬浮物，结果表明鄱阳湖的悬浮物浓度水平呈上升趋势；张伟等（2010）利用 HJ 卫星 CCD 传感器数据分析了几种悬浮泥沙浓度反演经验模型的有效性，结果表明 CCD 传感器第三波段建立的对数反演模型具有较高精度。亦有学者基于 MODIS 开展了鄱阳湖的悬浮物浓度反演。江辉和刘瑶（2011）利用 MODIS 影像反演悬浮物浓度，取得了较好的结果；刘茜和 David（2008）利用 MODIS 影像和线性回归模型反演鄱阳湖悬浮物浓度，结果表明 MODIS 的第一波段反射率对于悬浮泥沙浓度有很好的匹配($R^2=0.91$),进而建立了鄱阳湖地区的悬浮泥沙浓度遥感定量估算模型;陈晓玲等(2007)采用实测光谱模拟 TM/ETM+和 MERIS 数据,对比分析了单波段和波段比值遥感因子构建的 5 种常用的经验半经验模型,结果表明,以 MERIS 第 7 波段遥感反射率为遥感因子建立的对数模型最适宜鄱阳湖地区悬浮泥沙的动态监测。

然而,多数研究侧重于研究鄱阳湖水体叶绿素和悬浮物浓度的反演技术和方法,还未见到鄱阳湖连续多年、季相尺度的水质遥感监测,这不利于为该区域的生态环境保护与资源可持续利用提供本底性的叶绿素和悬浮物浓度基础。

第 3 章　鄱阳湖地区环境变化遥感监测技术路线

3.1　鄱阳湖地区土地覆盖变化遥感监测

3.1.1　数据源

研究中采用的土地覆盖数据分别为 1980 年、2005 年和 2010 年的土地覆盖数据。其中，1980 年和 2005 年的数据来源于中国科学院地理科学与资源研究所承建的国家科技基础条件平台——地球系统科学数据共享平台的中国 1∶25 万土地覆盖遥感调查与监测数据库。该数据由中国科学院遥感与数字地球研究所等 8 个单位在 MODIS 影像遥感分类结果的基础上，参照 1∶10 万土地利用数据及 TM/ETM+影像解译得到。2010 年的土地覆盖数据是根据遥感解译的方法获得的，解译技术路线如图 3-1 所示。

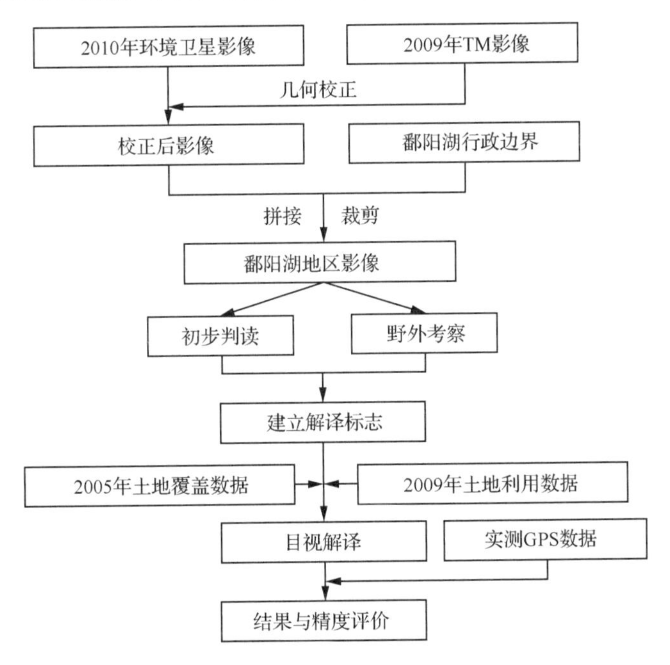

图 3-1　2010 年鄱阳湖地区土地覆盖数据获取技术路线

3.1.2　技术路线

本书以鄱阳湖地区为研究区域，以 2010 年 HJ 遥感影像、2009 年土地利用数据、1980 年和 2005 年土地覆盖数据为主要信息源，结合野外实地调查及其他辅助资料，利用遥感解译的方法获取了 2010 年鄱阳湖地区的土地覆盖现状数据；基于 GIS 的空间分析功能和景观指数计算，分析2010年土地覆盖与景观格局现状及1980～2010年土地覆盖与景观格局变化特征；基于生态功能分区分析各生态功能区土地覆盖景观格局变化特征，提出鄱阳湖地区生态环境保护问题，探讨该区生态环境保护应采取的措施，为该区生态环境保护及土地资源的合理利用提供数据支持和科学依据。技术路线如图3-2所示。

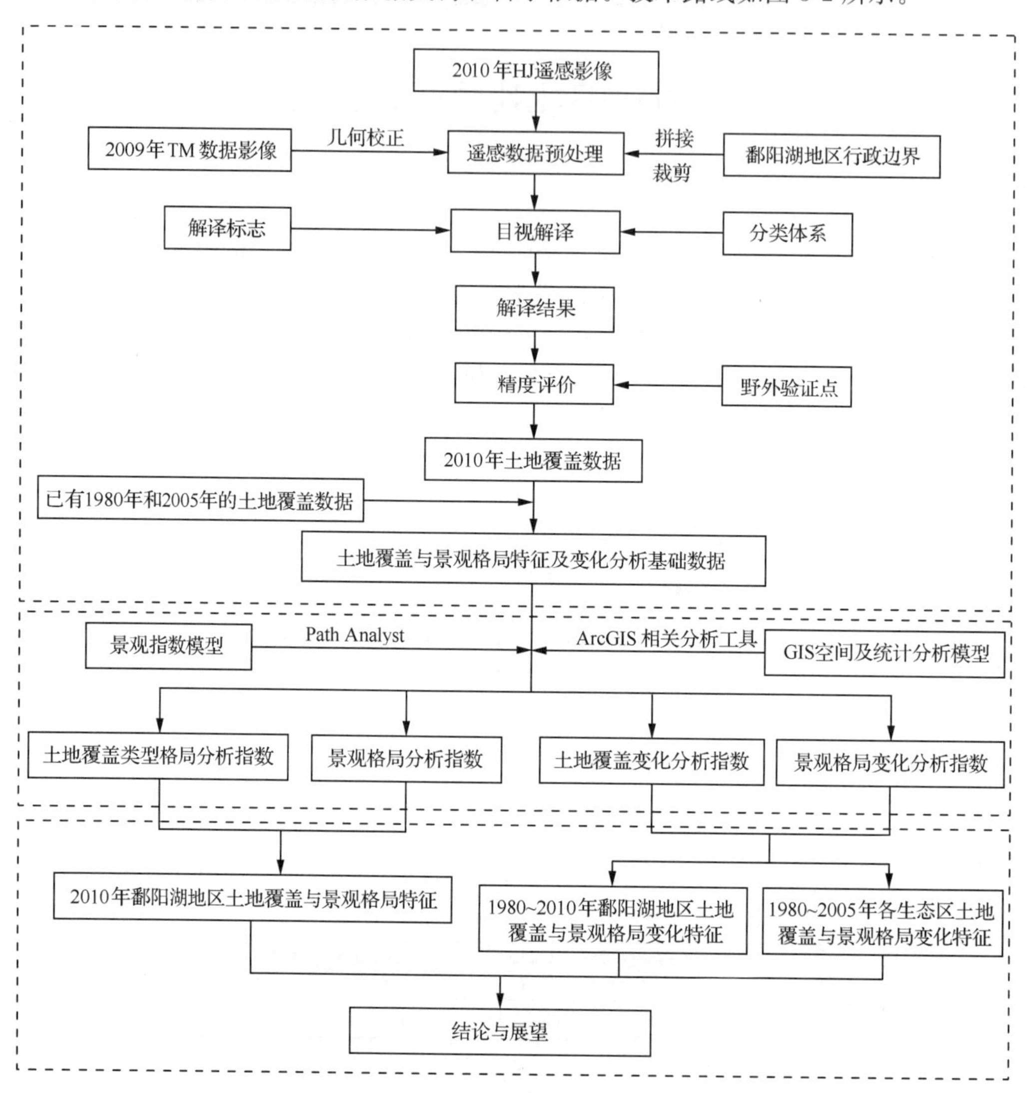

图3-2 土地覆盖遥感监测技术路线图

主要研究内容如下：

(1) 2010年鄱阳湖地区土地覆盖与景观格局分析。应用遥感技术及实地调查资料获取研究区土地覆盖现状数据，借助ArcGIS、Path Analyst、Fragstats等软件，运用景观生态学的方法，从不同土地覆盖类型特征、空间特征、邻接关系特征、海拔梯度分布特征以及各县(市)土地覆盖与景观格局差异的分析，定量表达鄱阳湖地区的土地覆盖的空间分布格局与景观特征。

(2) 1980～2010 年鄱阳湖地区土地覆盖与景观格局变化特征分析。以鄱阳湖地区三个时期的土地覆盖数据为基础，采用土地覆盖变化分析模型及景观指数模型，分析1980 年、2005 年、2010 年三个时期的土地覆盖变化情况及景观格局变化特征，并探讨与环境管理活动相关的区域土地覆盖和景观变化特点及规律。

(3) 1980～2005 年鄱阳湖地区各生态功能区土地覆盖与景观格局变化特征分析。根据生态功能区划分原则对研究区进行了生态功能分区，并对比分析了各生态功能区土地覆盖与景观格局变化特征。结合土地覆盖与景观格局变化特征分析，提出了各生态功能区生态环境保护存在的问题及其应采取的相关措施。

3.2 鄱阳湖水环境遥感监测与环境影响分析

3.2.1 数据源

基于对水体叶绿素浓度光谱响应特征的分析，分析了 EO-1 Hyperion、MERIS 和 MODIS 等几种常用的高光谱遥感数据源波段范围(表 3-1)。对比分析认为，EO-1 Hyperion 传感器的光谱分辨率最高，但是由于它的幅宽较窄，对较大面积水体的监测具有一定的局限性。光谱区间组合均覆盖了 MERIS 传感器的部分波段，但是 MERIS 传感器二级产品

表 3-1 MODIS、MERIS 和 EO-1 Hyperion 的对比

传感器	MODIS	MERIS	EO-1 Hyperion
空间分辨率/m	250/500/1000	300	30
幅宽/km	2330×10	1150	7.5
相应波段对比/nm	405～420	407.5～417.5	0.4～2.5(220 个波段)
	438～448	437.5～447.5	
	483～493	485～495	
	526～556	505～515	
	546～556	555～565	
		615～625	
	662～670	660～670	
	673～683	677.5～685	
		703.75～713.75	
	743～753	750～757.5	
		758.75～762.5	
		771.25～786.25	
	862～877	855～875	
		885～895	
		895～905	
量化级数/bit	12	16	12

离水辐射率和叶绿素的反演结果与实测数据有较大的偏差。MODIS 数据由于没有通道覆盖 680～720nm 波段范围，但 MODIS 数据的标准二级产品 MOD09 地表反射率数据经过了较好的大气和气溶胶校正处理，具有较高的可信度。因此，选用 MODIS 传感器的 MOD09 数据尝试建立适合于该区域的叶绿素浓度、悬浮物浓度反演模型。

1999 年 12 月 18 日成功发射的 TERRA 卫星和 2002 年 5 月 4 日成功发射的 AQUA 卫星都搭载了中分辨率成像光谱仪——MODIS 传感器，其空间分辨率有 250m(波段 1～2)、500m(波段 3～7)、1000m(波段 8～36)，共有 36 个波段。其标准数据产品如表 3-2 所示。遥感数据源选取同步或准同步水质采样时间的 EOS MODIS 卫星地表反射率影像 MOD09。MOD09 数据是 MODIS 的标准二级产品，它是由 MODIS1B 产品通过较好的大气和气溶胶校正以及卷云等处理所得，具有较高的时间分辨率和光谱特征。其中，MOD09 的 250m 空间分辨率数据有两个波段(表 3-3)，MOD09 的 500m 空间分辨率数据有 7 个波段(表 3-4)。

表 3-2　MODIS 标准数据产品

产品分级	产品名称	产品说明
0 级	原始数据	分景后的卫星下传感器数据
1 级	L1A 级数据，L1B 级数据	已被赋予定标参数
2 级	—	经过定标定位后的数据，本系统产品是国际标准的 EOS-HDF 格式。包含所有波段数据，可能是应用比较广泛的一类数据
3 级	—	在 1B 数据的基础上，对由遥感器成像过程产生的边缘畸变进行校正，产生 L3 级产品
4 级	—	参考文件提供的参数，对图像进行几何校正，辐射校正，使图像的每一点都有精确的地理编码、反射率和辐射率。L4 级产品的 MODIS 图像进行不同时相的匹配时，误差小于 1 个像元
5 级及以上	—	根据各种应用模型开发 L5 级产品

表 3-3　MODIS MOD09QKM 参数表

MODIS 波段(#)	波段范围/μm	空间分辨率/m
1	0.62～0.67	250
2	0.841～0.876	250

表 3-4　MODIS MOD09HKM 参数表

MODIS 波段(#)	波段范围/μm	空间分辨率/m
1	0.62～0.67	500
2	0.841～0.876	500
3	0.459～0.479	500
4	0.545～0.565	500
5	1.230～1.250	500
6	1.628～1.652	500
7	2.105～2.155	500

3.2.2 技术路线

本书主要针对鄱阳湖地区，以反映水体营养状态的重要指标叶绿素 a 和水体悬浮物浓度为研究对象，开展基于实测光谱数据和 MODIS 数据的水体光谱特征分析，寻找敏感波段或最佳波段组合，研究适合鄱阳湖地区的叶绿素 a 浓度和悬浮物浓度反演模型，并通过遥感手段对鄱阳湖叶绿素 a 浓度和悬浮物浓度的空间分布进行时间序列分析。技术路线如图 3-3 所示。

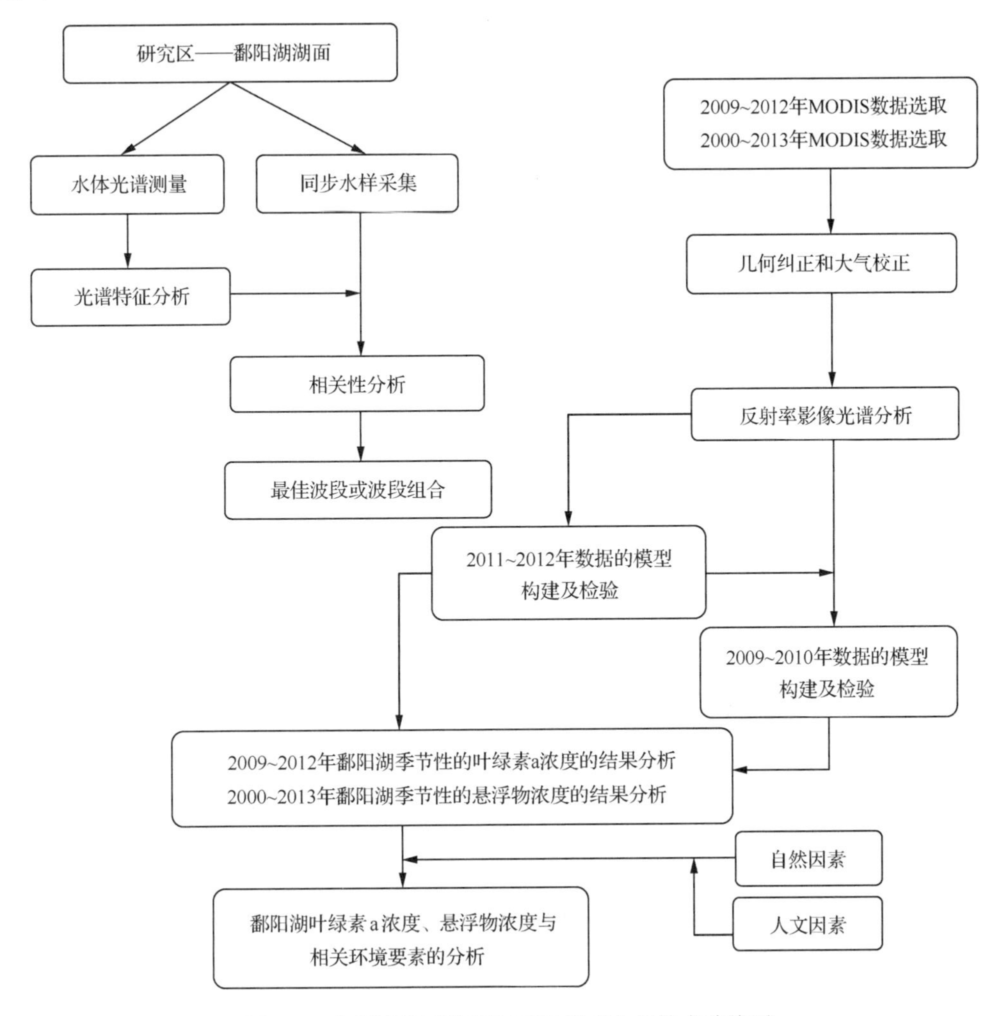

图 3-3　水环境遥感监测与环境影响分析技术路线图

主要研究内容如下：

(1) 鄱阳湖水体光谱测量和水样同步采集。在研究区域内，通过实地调查确定水质监测点，使用 ASD 便携式光谱仪对采样点水体进行光谱测量，获得实测光谱数据；同时采集水样进行实验室分析以获得相关水质参数的浓度。

(2) 鄱阳湖水体光谱的时空特征分析及确定敏感波段。通过对水体光谱的反射率曲线进行归一化、一阶微分处理以突出其吸收或反射特征，从时间尺度和空间尺度分析水体光谱特征；采用不同光谱指数方法进行回归分析，确定敏感波段或波段组合，为下一步卫星数据反演模型的建立提供依据。

（3）基于MODIS影像的叶绿素a浓度和悬浮物浓度遥感反演模型研究及精度分析。基于实测光谱确定的敏感波段或波段组合，尝试采用2009～2012年的MOD09数据产品进行时间序列的叶绿素a浓度和悬浮物浓度遥感定量反演研究，并采用实测数据对模型进行检验。

（4）鄱阳湖叶绿素a浓度和悬浮物浓度时空分布。通过建立的反演模型得出2009～2012年鄱阳湖季节性变化的叶绿素a浓度分布情况，以及2000～2013年悬浮物浓度的逐季时空分布。

（5）鄱阳湖水体叶绿素a浓度与悬浮物浓度的相关环境要素分析。鄱阳湖连通长江，同时接纳江西省境内赣、抚、信、饶、修五河的水量，是一个通江性、过水性湖泊。通过整个湖区近几年的叶绿素a浓度和悬浮物物浓度的分布情况，分析哪个区域浓度高、变化大。从与其他监测指标的关系、与自然人文的关系等出发，分析可能性原因，为鄱阳湖生态经济区未来的发展打下环境管理的科学基础。

第二篇　鄱阳湖地区土地覆盖与景观的格局及变化

第4章 鄱阳湖地区土地覆盖遥感调查

4.1 遥感数据源及预处理

1. 遥感数据源

遥感影像数据为2010年7月3幅鄱阳湖地区HJ CCD影像，分别为453/80(HJ-1A CCD2,2010-07-19)、456/84(HJ-1A CCD2,2010-02-03)和457/87(HJ-1B CCD2,2010-02-03)。HJ于2008年9月发射，1A星上搭载有CCD相机和高光谱成像光谱仪，1B星上搭载有CCD相机和红外多光谱相机。HJ-1A与HJ-1B卫星组网后，CCD相机对全球覆盖一次的时间分辨率为48h，地面像元分辨率为30m，光谱范围为0.43～0.90μm(分4个波段)，其具体参数见表4-1。HJ高时间分辨率的特点使其适用于区域性、中尺度陆地表层资源环境遥感监测(李传荣等，2008；吴海平等，2009；Lu et al.，2011)。

表4-1 HJ-1光学卫星传感器波段设置及其应用领域

<table>
<tr><th>传感器</th><th>通道</th><th>波长/μm</th><th colspan="2">主要应用领域</th></tr>
<tr><td rowspan="4">CCD相机</td><td>蓝</td><td>0.43～0.52</td><td colspan="2">水体</td></tr>
<tr><td>绿</td><td>0.52～0.60</td><td colspan="2">植被</td></tr>
<tr><td>红</td><td>0.63～0.69</td><td colspan="2">叶绿素、水中悬浮泥沙、陆地</td></tr>
<tr><td>近红外</td><td>0.76～0.90</td><td colspan="2">植物识别、水陆边界、土壤湿度</td></tr>
<tr><td rowspan="4">红外相机</td><td>近红外</td><td>0.75～1.10</td><td colspan="2">水陆边界定位、植被及农业估产、土地利用调查等</td></tr>
<tr><td>短波红外</td><td>1.55～1.75</td><td colspan="2">作物长势、土壤分类、区分雪和云</td></tr>
<tr><td>中红外</td><td>3.50～3.90</td><td colspan="2">高温热辐射差异、夜间成像</td></tr>
<tr><td>热红外</td><td>10.5～12.5</td><td colspan="2">常温热辐射差异、夜间成像</td></tr>
<tr><td>超光谱成像仪</td><td>可见光</td><td>0.459～0.762
(B1～B88)</td><td>自然资源与环境调查</td><td rowspan="2">物体识别和信息提取能力强</td></tr>
<tr><td></td><td>近红外</td><td>0.762～0.956
(B89～B115)</td><td>植被、大气</td></tr>
</table>

2. 遥感数据预处理

数据预处理主要完成2010年3幅研究区HJ影像的几何校正、拼接、裁剪等，为下一步的解译工作做好数据准备。影像的预处理工作均是在ENVI 4.7平台中完成的。

对鄱阳湖地区环境卫星数据的几何校正，选择同样空间范围的TM影像作为基准影像来纠正环境卫星影像数据。因为鄱阳湖地区范围较大，包含多景影像，需要首先对这些影像进行拼接，形成覆盖鄱阳湖地区的基准影像和被校正影像后，采用如图4-1所示的流程，进行影像的几何校正。几何校正一般可以选择ENVI、ERDAS、ArcGIS软件来完成。

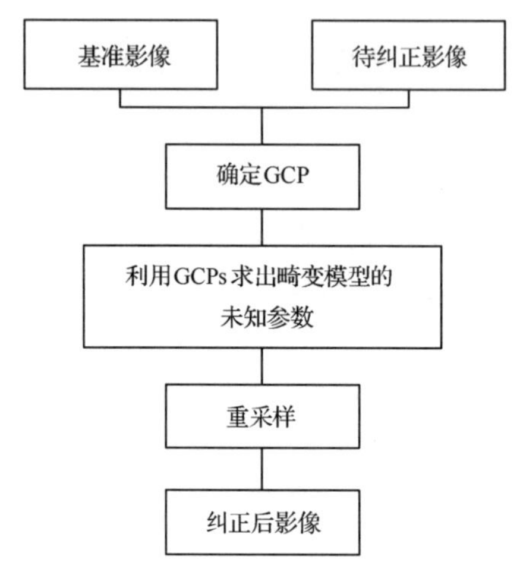

图4-1　几何纠正流程图

对鄱阳湖地区环境卫星数据的几何校正，共选择了36个控制点，具体控制点坐标如表4-2所示。计算得到的总体RMSE＝2.430603。几何校正完成之后对影像进行拼接、裁剪处理后得到的研究区2010年7月遥感影像数据见图4-2。

表4-2　控制点坐标　　（单位：像元）

基准影像坐标 (x, y)		被校正影像坐标 (x, y)		预测点坐标 (x, y)		Error(x, y)		RMSE
6575.5	4702.45	6570.54	4722.54	6568.73	4721.18	−1.81	−1.36	2.27
4418.56	7232.44	4413.5	7249.5	4414.41	7249.61	0.91	0.11	0.91
6060.5	7847.5	6057.43	7863.5	6056.97	7863.31	−0.46	−0.19	0.49
5098.45	460.5	5088.5	483.55	5088.82	483.48	0.32	−0.07	0.32
764.5	5647.36	762.44	5667.56	760.11	5667.16	−2.33	−0.4	2.36
703.5	1729.45	699.5	1751.7	698.74	1751.59	−0.76	−0.11	0.76
154.45	1304.55	149.55	1327.45	150.17	1326.96	0.62	−0.49	0.79
1598.55	818.55	1593.56	842.39	1592.79	841.22	−0.77	−1.17	1.4
3521.47	5673.41	3515.53	5693.53	3516.44	5692.23	0.91	−1.3	1.59
967.44	2990.56	965.33	3010.44	962.63	3011.91	−2.7	1.47	3.07

续表

基准影像坐标 (x,y)		被校正影像坐标 (x,y)		预测点坐标 (x,y)		Error(x,y)		RMSE
863.42	4495.33	861.5	4516.08	858.86	4515.79	−2.64	−0.29	2.65
5317.56	2396.56	5310.44	2418.56	5309.33	2417.76	−1.11	−0.8	1.37
3944.56	3733.56	3937.53	3755.53	3938.22	3753.82	0.69	−1.71	1.84
6143.43	450.43	6135.54	472.46	6132.66	473.44	−2.88	0.98	3.05
6740.46	1800.62	6731.54	1822.46	6730.49	1822.26	−1.05	−0.2	1.06
5661.5	5600.64	5657.38	5620.5	5655.9	5618.77	−1.48	−1.73	2.27
711.5	365.4	707.43	389.57	706.6	388.34	−0.83	−1.23	1.48
4882.54	5961.38	4877.33	5980.67	4877.41	5979.46	0.08	−1.21	1.21
484.38	6756.31	482.46	6777.46	480.12	6775.57	−2.34	−1.89	3
3361.3	297.5	3349.4	320.5	3353.46	320.57	4.06	0.07	4.06
4667.4	1593.6	4657.6	1617.7	4659.07	1615.58	1.47	−2.12	2.58
6548.53	3254.33	6542.43	3275.57	6540.25	3274.52	−2.18	−1.05	2.42
3039.6	6553.6	3033.7	6571.8	3035.1	6571.92	1.4	0.12	1.4
5269.4	4622.4	5263.45	4642.36	5263.07	4641.57	−0.38	−0.79	0.88
493.47	4849.47	491.5	4869.44	489.09	4869.82	−2.41	0.38	2.44
2889.5	5632.5	2882.5	5651.58	2884.6	5651.57	2.1	−0.01	2.1
2553.25	6637.5	2546.5	6655.42	2548.83	6655.96	2.33	0.54	2.39
1361.48	8099.48	1353.48	8118.48	1357.45	8117.51	3.97	−0.97	4.08
2827.45	3417.55	2817.36	3440.45	2821.58	3438.29	4.22	−2.16	4.74
3738.5	1448.5	3727.5	1472.5	3730.92	1470.65	3.42	−1.85	3.89
4387.5	2547.42	4377.5	2570.5	4380.09	2568.6	2.59	−1.9	3.21
317.36	6065.64	315.55	6085.64	313.09	6085.36	−2.46	−0.28	2.47
3080.56	2331.67	3069.44	2354.78	3074.01	2353.18	4.57	−1.6	4.84
659.64	2854.55	656.45	2874.73	655.02	2876.03	−1.43	1.3	1.93
6797.45	7809.45	6794.64	7824.45	6793.97	7824.93	−0.67	0.48	0.82
2405.44	5968.44	2397.33	5986.44	2400.78	5987.44	3.45	1	3.59

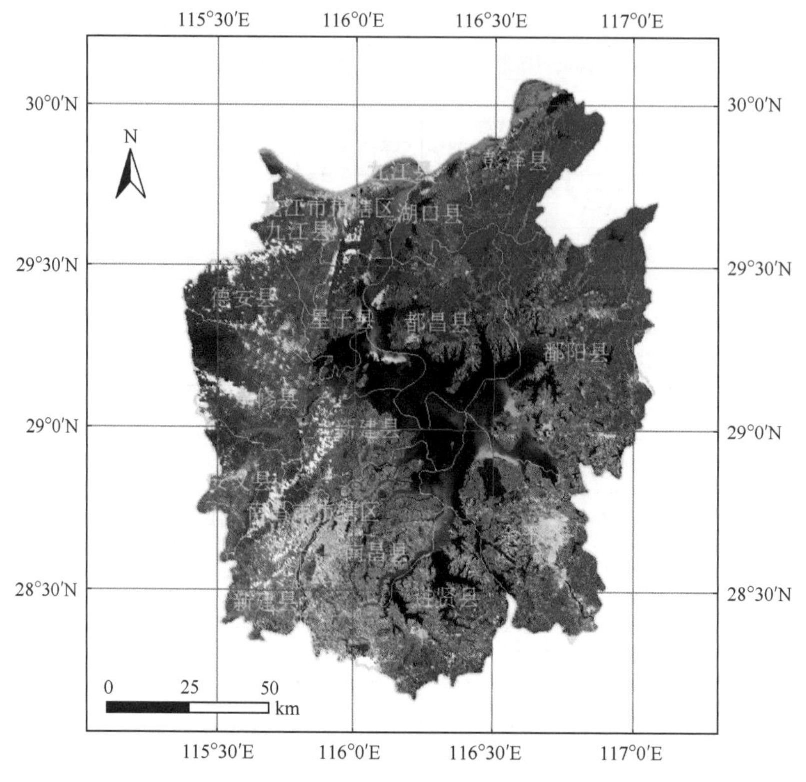

图 4-2　研究区 2010 年 HJ 遥感影像预处理结果

4.2　遥感分类体系

本书所使用的三期土地覆盖数据中，1980 年和 2005 年土地覆盖数据均是采用中国科学院“基于陆地生态系统特点的遥感土地覆盖分类系统”（张增祥等，2009）。该分类体系从陆地生态系统的特点和遥感制图解译的需求出发制定，且通过对该系统的分析发现该系统符合鄱阳湖地区的土地覆盖类型分布情况。因此，本书 2010 年土地覆盖分类体系参照这一分类体系将该区土地覆盖类型划分为森林、草地、农田、湿地、水体和荒漠 6 个一级类，然后将一级类进行细分，分为 20 个二级类，见表 4-3。

表 4-3　鄱阳湖地区土地覆盖分类体系

一级类型	二级类型	代码	含义
森林	常绿针叶林	11	郁闭度>30%，高度>2m 的常绿针叶天然林和人工林
	常绿阔叶林	12	郁闭度>30%，高度>2m 的常绿阔叶天然林和人工林
	落叶针叶林	13	郁闭度>30%，高度>2m 的落叶针叶天然林和人工林
	落叶阔叶林	14	郁闭度>30%，高度>2m 的落叶阔叶天然林和人工林

续表

一级类型	二级类型	代码	含义
森林	针阔混交林	15	郁闭度>30%,高度>2m 的针阔混交天然林和人工林
	灌丛	16	郁密度>40%,高度>2m 的灌丛和矮林
草地	草甸草地	21	覆盖度>30%,以草本植物为主的各类草地
	典型草地	22	覆盖度在 10%~30%,以旱生草本为主的草地
	灌丛草地	26	草地中灌丛覆盖度<40%,灌丛高度<2m
农田	水田	31	有水源保证和灌溉设施,在一般年景能正常灌溉,用以种植水稻、莲藕等水生农作物的耕地,包括实行水稻和旱地作物轮种的耕地
	水浇地	32	有水源和灌溉设施,在一般年景下能正常灌溉的耕地;以种菜为主的耕地;正常轮作的休闲地和轮歇地
	旱地	33	无灌溉水源及设施,靠天然降水生长作物的耕地
聚落	城镇建设用地	41	包括城镇、工矿、交通和其他建设用地
	农村聚落	42	包括农村居民点、定居放牧点等
湿地、水体	沼泽	51	植被覆盖度高的湿生草地,以及地势平坦低洼、排水不畅、长期潮湿多积水且表层生长湿生草本植被的土地
	内陆水体	53	陆地上各种淡水湖、咸水湖、水库、坑塘、河流
	河湖滩地	54	河流沿岸或湖泊周边的滩地,包括边滩、心滩等
荒漠	裸岩	61	地表以岩石或石砾为主、植被覆盖度在 5%以下的荒漠及戈壁、裸露石山等无植被地段
	裸地	62	地表为土质、植被覆盖度在 5%以下的裸土地、盐碱地等无植被地段
	沙地	63	植被覆盖度在 5%以下的沙地、流动沙丘

4.3 遥感野外调查

4.3.1 考察路线与行程

在遥感解译和分类过程中开展了野外调查,其主要作用有两个:一是为了获得典型地物的遥感解译标志;二是为了对分类结果进行精度评价。鄱阳湖地区野外考察路线如图 4-3 所示,鄱阳湖及周边地区野外考察行程见表 4-4。

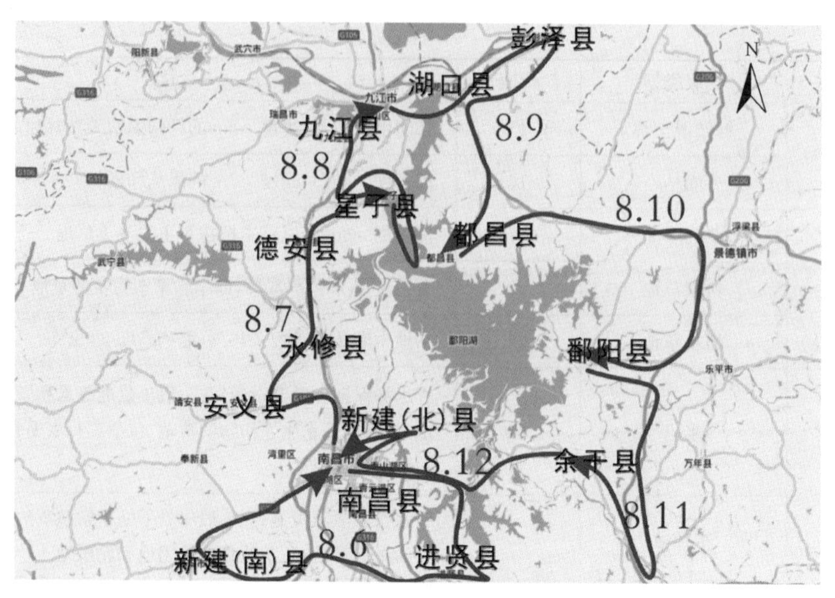

图 4-3　鄱阳湖地区野外调查路线图

表 4-4　鄱阳湖及周边地区野外考察行程

调查日期	主要行程和调查工作简介
2011 年 8 月 6 日	进贤、新建(南)地区野外考察
2011 年 8 月 7 日	安义、永修、德安地区野外考察
2011 年 8 月 8 日	鄱阳湖、星子、九江地区野外考察
2011 年 8 月 9 日	彭泽、湖口地区野外考察
2011 年 8 月 10 日	都昌、鄱阳地区野外考察
2011 年 8 月 11 日	鄱阳、余干地区野外考察
2011 年 8 月 12 日	南昌、新建(北)地区野外考察

通过野外调查,也对该地区土地覆盖的复杂性有所认识。例如,交通干线周边是村庄,村庄周边是旱地,旱地周边是水浇地或水田,间或有大量的灌丛和林地、果园。山顶是树,山谷是水田,中间夹杂着旱地和村庄。

4.3.2　野外定点验证调查

野外调查验证的主要内容是对在全国 1∶25 万土地覆盖数据(2005 年)的基础上更新所得的 2010 年鄱阳湖地区土地覆盖数据进行定位和定性的验证,即判断一个确定点的实际土地覆盖类型与土地覆盖数据中相应点位的土地覆盖类型是否一致,而不验证类型边界的准确性。

定点验证方法的具体思路是:首先,以 2010 年 7 月 30m 空间分辨率的环境卫星图为底图,对从全国 2005 年 1∶25 万土地覆盖数据中裁剪得到的鄱阳湖地区的土地覆盖数据进行更新操作。在更新过程中,记录土地覆盖有显著变化或者原土地覆盖可能错分的样点,每个样点记录的信息包括定位点的编号、地区名称、经度、纬度、遥感影像截图、(原)土地覆盖分类、室内判读土地覆盖分类、存在的问题说明、野外验证土地覆盖分类、现场照片

(编号)和照片简要说明 11 项(表 4-5)。然后,将定位点的空间分布图及其验证信息以统一的格式存储成电子文档手簿并打印,作为野外定点验证的基础资料。最后,待野外定点验证结束后,对定点验证信息电子文档进行完善,以便为更新得到 2010 年鄱阳湖地区土地覆被数据提供参考资料。

表 4-5 鄱阳湖地区野外遥感调查手薄

编号		地区名称	
经度		纬度	
遥感影像截图			
(原)土地覆盖分类			
室内判读土地覆盖分类			
存在的问题说明			
野外验证土地覆盖分类			
现场照片(编号)			
照片简要说明			

4.3.3 遥感解译标志建立

解译标志是指能够直接反映和表现目标地物信息的遥感影像的各种特征,它包括遥感摄影像片上目标地物的大小、形状、阴影、色调、纹理、图形和位置及与周围的关系等,解译者利用直接解译标志可以直观地识别遥感像片上的目标地物。

在野外选择典型解译标志建立区的要求是,范围一般要足够大,以便反映该类地貌的典型特征,同时也有利于在影像上准确识别该类地物。选定标志区后,使用 GPS 确定标志区的位置,并尽可能详细记录该标志点所在区域的信息,如地物的分布情况、地物所处地形等。同时拍摄该图斑地面实地照片,以便于影像和实际地面要素建立关联,表达遥感影像解译标志的真实性和直观性,加深使用者对解译标志的理解。

根据野外采集的解译标志点,在室内将标志点所对应的影像找到,根据同一类地物的多个标志点及所掌握的经验知识对各种地物建立解译标志。

(1) 大小:指在二维空间上对目标物体尺寸或面积的测量。

(2) 形状:指某一个地物的形态、结构和轮廓。

(3) 色调:指像片上物体的色彩或相对亮度。

(4) 阴影:指阳光被地物遮挡而产生的影子。

(5) 纹理:指通过色调或颜色变化表现出的细纹或细小的图案。

(6) 图形:指目标地物以一定规律排列而成的图形结构,是物体的空间排列。

(7) 位置及与周围的关系:指目标地物在空间分布的地点,及相对其他地物的关系,据此可以识别一些目标地物或现象。

本次考察共建立解译标志点 36 个,其中,水田 10 个,旱地 8 个,针阔混交林 4 个,灌丛 3 个,常绿针叶林 2 个,常绿阔叶林 2 个,落叶针叶林 4 个,内陆水体 1 个,典型草地 1 个,沙漠 1 个。详见表 4-6。

表 4-6　遥感解译标志表

类型（一级类）	类型（二级类）	类型定义	遥感影像截图(HJ 星)	实地照片	采样点的经纬度	采样点所在县(市)
农田	水田	有水源保证和灌溉设施，在一般年景能正常灌溉，用以种植水稻、莲藕等水生农作物的耕地，包括实行水稻和旱地作物轮种的耕地			116°15′54.4″E 28°35′42.2″N	进贤县
农田	水田				116°21′36.4″E 28°19′36.6″N	进贤县
农田	水田				115°38′49.5″E 29°04′17.6″N	永修县

续表

类型（一级类）	类型（二级类）	类型定义	遥感影像截图（HJ 星）	实地照片	采样点的经纬度	采样点所在县（市）
农田	水田				116°07′20.9″E 29°44′23.2″N	九江市
农田	水田				116°48′53.0″E 28°58′55.5″N	鄱阳县
农田	水田				116°46′33.7″E 28°29′22.0″N	余干县

续表

类型（一级类）	类型（二级类）	类型定义	遥感影像截图(HJ 星)	实地照片	采样点的经纬度	采样点所在县(市)
农田	水田				115°41′38.6″E 28°59′47.6″N	永修县
农田	水田				116°28′30.5″E 28°19′19.3″N	九江市
农田	水田				115°45′16.9″E 28°36′05.5″N	新建县

续表

类型（一级类）	类型（二级类）	类型定义	遥感影像截图(HJ 星)	实地照片	采样点的经纬度	采样点所在县(市)
农田	水田				115°45′04.8″E 28°36′04.8″N	新建县
农田	旱地	无灌溉水源及设施，靠天然降水生长作物的耕地			116°15′02.5″E 28°31′24.4″N	进贤县
农田	旱地				115°50′54.8″E 29°10′12.3″N	永修县

续表

类型（一级类）	类型（二级类）	类型定义	遥感影像截图（HJ 星）	实地照片	采样点的经纬度	采样点所在县（市）
农田	旱地				116°09′14.2″E 29°44′50.2″N	九江市
农田	旱地				115°41′37.3″E 28°59′49.6″N	永修县
农田	旱地				116°10′58.2″E 29°44′49.8″N	九江市

续表

类型（一级类）	类型（二级类）	类型定义	遥感影像截图(HJ 星)	实地照片	采样点的经纬度	采样点所在县(市)
农田	旱地				116°33′49.2″E 28°41′02.1″N	余干县
农田	旱地				116°33′47.5″E 28°41′01.7″N	余干县
农田	旱地				115°48′56.3″E 29°10′06.5″N	永修县

续表

类型（一级类）	类型（二级类）	类型定义	遥感影像截图（HJ星）	实地照片	采样点的经纬度	采样点所在县（市）
林地	针阔混交林	郁闭度＞30%、高度＞2m的针阔混交天然林和人工林			116°24′42.2″E 28°18′44.8″N	进贤县
林地	针阔混交林				116°24′03.8″E 28°19′23.1″N	进贤县
林地	针阔混交林				115°46′37.5″E 28°31′36.9″N	新建县

续表

类型（一级类）	类型（二级类）	类型定义	遥感影像截图(HJ 星)	实地照片	采样点的经纬度	采样点所在县(市)
林地	针阔混交林				116°25′30.0″E 28°19′08.3″N	进贤县
林地	灌丛	郁密度＞40%、高度＞2m 的灌丛和矮林			116°24′33.0″E 28°19′28.7″N	进贤县
林地	灌丛				115°38′34.8″E 28°57′11.7″N	安义县

续表

类型（一级类）	类型（二级类）	类型定义	遥感影像截图（HJ 星）	实地照片	采样点的经纬度	采样点所在县（市）
林地	灌丛				115°38′25.3″E 28°57′10.3″N	安义县
林地	常绿针叶林	郁闭度＞30％、高度＞2m 的常绿针叶天然林和人工林			115°44′27.9″E 28°52′30.2″N	南昌市
林地	常绿针叶林				116°00′44.6″E 29°30′53.2″N	星子

续表

类型（一级类）	类型（二级类）	类型定义	遥感影像截图（HJ 星）	实地照片	采样点的经纬度	采样点所在县（市）
林地	常绿阔叶林	郁闭度＞30%、高度＞2m 的常绿阔叶天然林和人工林			115°41′15.6″E 29°22′46.1″N	德安
林地	常绿阔叶林				116°29′39.4″E 28°21′20.6″N	进贤县
林地	落叶针叶林				116°13′00.9″E 29°39′42.1″N	湖口县

续表

类型（一级类）	类型（二级类）	类型定义	遥感影像截图（HJ 星）	实地照片	采样点的经纬度	采样点所在县（市）
林地	落叶针叶林				115°45′28.2″E 28°56′54.8″N	新建县
林地	落叶针叶林				115°56′32.2″E 28°56′49.3″N	新建县
林地	落叶针叶林	郁闭度＞30%、高度＞2m 的落叶针叶天然林和人工林			115°56′32.2″E 28°56′49.3″N	新建县

续表

类型（一级类）	类型（二级类）	类型定义	遥感影像截图（HJ 星）	实地照片	采样点的经纬度	采样点所在县（市）
荒漠	沙漠	植被覆盖度在5%以下的沙地、流动沙丘	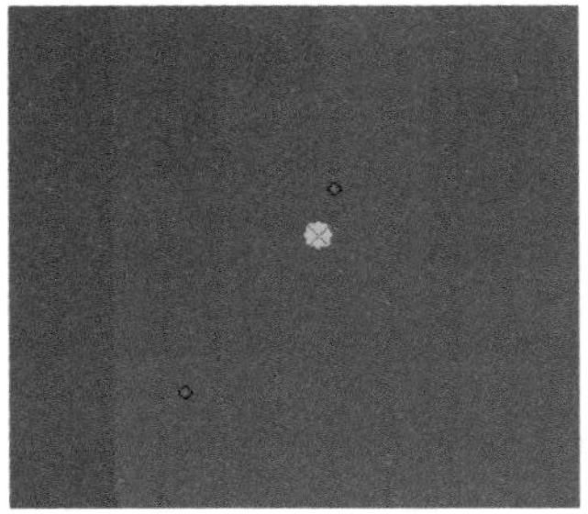		116°04′42.9″E 29°22′13.5″N	都昌县
草地	典型草地	覆盖度在10%～30%、以旱生草本为主的草地			116°04′39.3″E 29°22′06.6″N	都昌县
水体	内陆水体				116°18′03.1″E 28°45′59.8″N	南昌市

水田解译标志：在考察区所占比例相对较大，主要分布在平原及地势较低的丘陵地区，在影像上为暗红色，水田作物主要为水稻，不同生长期的水稻在影像上颜色不同。

旱地解译标志：旱地主要分布在平原及丘陵地区，在影像上为红色，旱地作物以棉花居多。

内陆水体解译标志：弯曲带状或片状，在影像上颜色与其他区别较大，为黑色或蓝色。

城镇建设用地解译标志：分布在平原地区，规则的团状或片状，影像为灰白色。一般有纵横的交通线路，在影像上较为明显。

农村聚落解译标志：分布在山谷、平地，影像呈青灰色或黑灰色，分布一般比较散且面积较小，有些沿道路成条状分布。四旁一般为水田和旱地，使得农村居民地周围出现红色。

针阔混交林解译标志：分布在地势较高的丘陵地区，在影像上为较鲜亮的红色。

常绿落叶针叶林解译标志：一般分布在山地地区，在影像上为暗红色，色调均一，纹理比较均一，常绿和落叶情况可根据不同季节影像区分。

常绿落叶阔叶林解译标志：一般分布在山地地区，在影像上为鲜红色，色调均一，纹理比较均一，常绿和落叶情况可根据不同季节影像区分。

沙漠解译标志：主要分布在河湖边缘，影像泛虚，呈黄白色或灰白色，沙地上常有少量植被。

草地解译标志：一般分布在河湖滩地，在影像为均一的红色，影像结构均一，纹理较细。

灌丛解译标志：一般分布在地势不高的丘陵地区，影像为较为鲜亮的红色，纹理一般比较粗糙。

4.4 解译结果与精度评价

4.4.1 解译结果

根据以上解译标志，以2010年影像为底图，然后辅以2005年土地覆盖图，更新得到2010年土地覆盖数据(图4-4)。解译过程中利用ArcGIS工具，加快解译速度的同时，也能确保解译的准确性。例如，创建新要素编辑操作主要用于某区域的土地覆被类型发生了变化，或者某区域的土地覆被类型的面积发生了变化(扩大或缩小)的情况，该编辑常与clip操作联合使用，以在更新数据时实现真正意义上的创建新要素；捕捉工具(snapping)用于在创建新要素时设置捕捉选项；分割工具(split tool)是将选中的要素分割为两个要素。

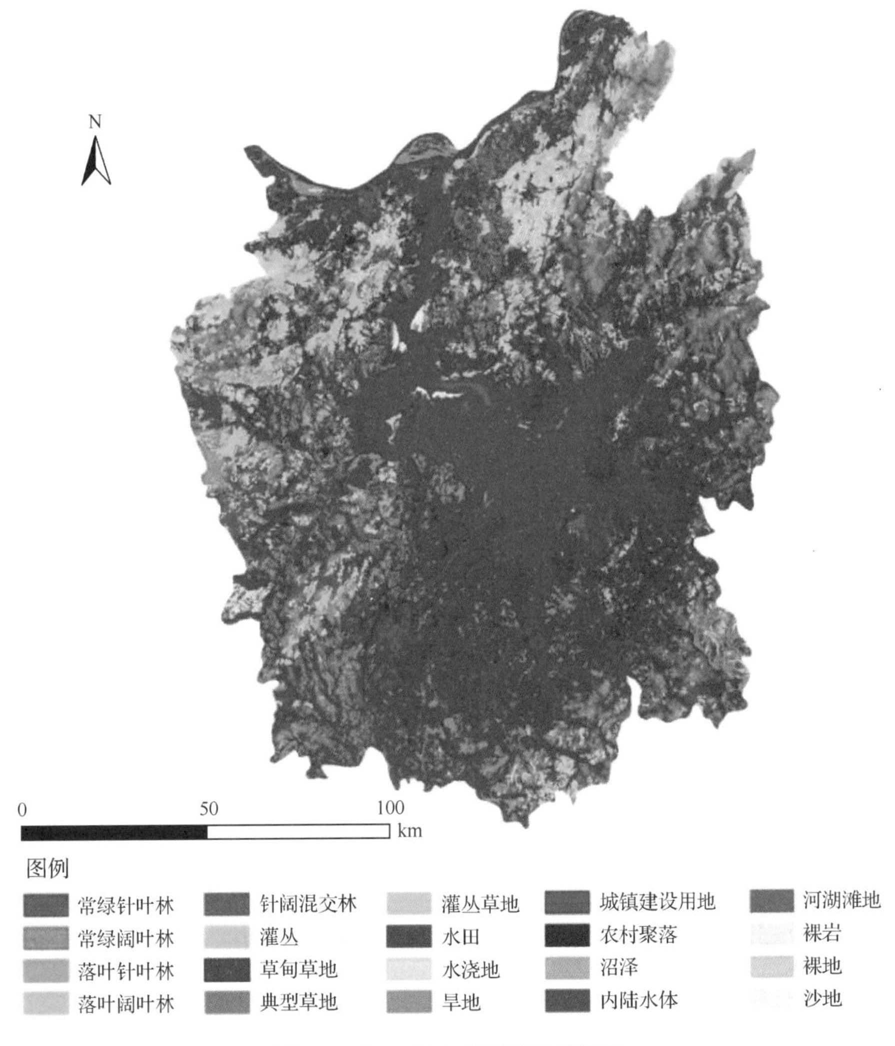

图 4-4　2010 年土地覆盖解译结果

4.4.2　精度评价

1) GPS 验证点

GPS 验证点采集时间为 2011 年 8 月，实地样点选择和 GPS 定位的基本原则是：实地样点在分类系统中具有典型性和代表性，样点的实际土地覆被类型较纯、面积尽可能大、尽可能涉及分类系统中的全部类型。最终，采集 GPS 点 461 个(图 4-5)，点位分布较均匀，各个县(市)都有一定数目的 GPS 点。不同土地覆盖类型验证点数量情况见表 4-7。

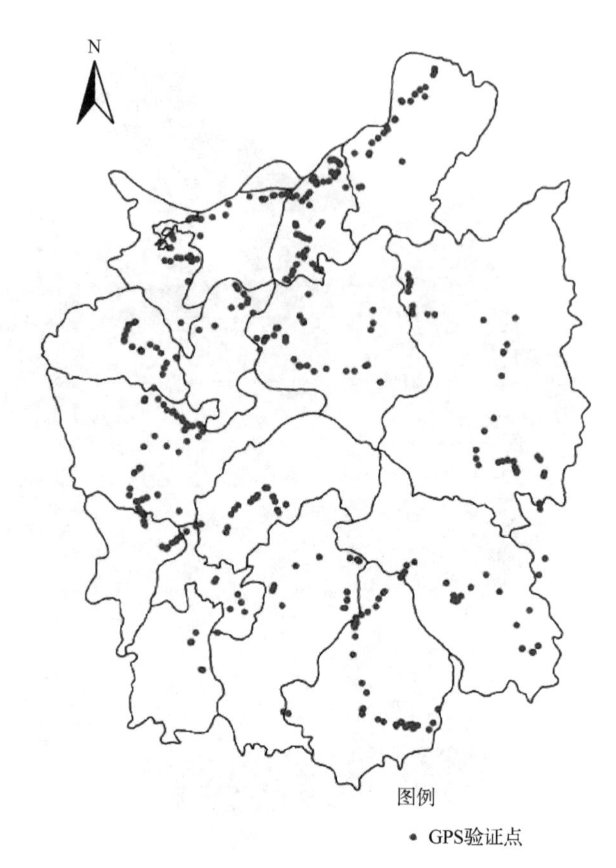

图 4-5 GPS 验证点分布图

表 4-7 不同土地覆盖类型的验证点数量

土地覆盖类型	常绿针叶林	常绿阔叶林	落叶针叶林	落叶阔叶林	针阔混交林	灌丛	草甸草地	典型草地	灌丛草地	水田	旱地	城镇建设用地	农村聚落	内陆水体	河湖滩地	沙地
验证点个数	12	22	7	11	7	11	2	1	5	150	49	78	61	38	2	5

2) 精度评价结果

对采集的 461 个验证点的分类结果与实际类型进行对比分析,分析其是否一致,并做标记。然后,分别统计各土地覆盖类型一致和不一致的验证点的个数,最后分类结果的误差矩阵见表 4-8,各土地覆盖类型精度统计见表 4-9。

表 4-8　遥感解译的误差矩阵

土地覆盖类型代码		2010 年土地覆盖遥感解译结果																
		11	12	13	14	15	16	21	22	26	31	33	41	42	53	54	63	总计
实地考察获得的验证点	11	7									2	2		1				12
	12	2	9								8	1		1			1	22
	13			5								2						7
	14				8						3							11
	15					3	1				1	2						7
	16						8				1			2				11
	21							1							1			2
	22								1									1
	26									5								5
	31				1						136	5		1	5	2		150
	33				1						8	38		1	1			49
	41				1		1			1	8	2	61	3	1			78
	42										5	3	2	51				61
	53										3		2		32	1		38
	54										1					1		2
	63													1			4	5
	总计	9	9	5	11	3	10	2	1	6	176	55	65	61	40	4	5	462

表 4-9　遥感解译的精度

土地覆盖类型	制图精度/%	漏分误差/%	用户精度/%	错分误差/%
常绿针叶林	58.33	41.67	77.78	22.22
常绿阔叶林	40.91	59.09	100.00	0.00
落叶针叶林	71.43	28.57	100.00	0.00
落叶阔叶林	72.73	27.27	72.73	27.27
针阔混交林	42.86	57.14	100.00	0.00
灌丛	72.73	27.27	80.00	20.00
草甸草地	50.00	50.00	50.00	50.00
典型草地	100.00	0.00	100.00	0.00
灌丛草地	100.00	0.00	83.33	16.67
水田	90.67	9.33	77.27	22.73
旱地	77.55	22.45	69.09	30.91
城镇建设用地	78.21	21.79	78.46	21.54
农村聚落	83.61	16.39	52.46	47.54
内陆水体	84.21	15.79	80.00	20.00
河湖滩地	50.00	50.00	25.00	75.00
沙地	80.00	20.00	80.00	20.00

由表 4-8 和表 4-9 可以得出，2010 年遥感解译的总体精度为 80.48%，其中，水田的制图精度为 90.67%、用户精度为 77.27%，建设用地的制图精度为 78.21%、用户精度为 78.46%，内陆水体的制图精度为 84.21%、用户精度为 80.00%。

分类中出现错误判读的原因："同物异谱，同谱异物"现象的存在，如一些刚刚插秧的水田易被分为水体，一些裸地易被分为农村聚落，落叶针叶林和常绿针叶林不易于区分等；由于考察路线的限制，有些地物采样点不够充分，影响其判读结果；遥感数据源波段较少，不能找出物理性质相似地物的光谱差异。从结果来看，总体精度及主要地物的解译精度均能满足本研究需求。

第5章　2010年鄱阳湖地区土地覆盖与景观格局分析

本章从不同土地覆盖类型特征、空间特征、邻接关系特征、海拔梯度分布特征以及各县(市)土地覆盖与景观格局差异的分析，定量表达鄱阳湖地区2010年土地覆盖的空间分布格局与景观特征，旨在为该地区土地资源的合理利用与管理，以及环境保护和区域发展提供科学依据。

5.1　土地覆盖类型格局特征分析

5.1.1　土地覆盖类型构成

由图5-1可以看出，鄱阳湖地区农田类型为该区的优势土地覆盖类型，而农田中水田分布最为广泛，占总面积的32.71%，是研究区的基质；森林相对较集中分布于东北部及西部地区，所占比重为25.48%，其中，常绿阔叶林所占比重最大，其次为常绿针叶林和落叶阔叶林，所以，该区有相对丰富的森林资源，且以常绿树种为主；水体主要是鄱阳湖湖面及其支流，占总面积的22.56%；城镇主要是各县(市)的城区，农村聚落散落分布于整个区域；河湖滩地、草地主要沿河湖分布，面积较小(结果为丰水期数据)；裸地、裸岩和荒漠面积较少，三类面积总和仅为4495.6hm²，占总面积的0.2%。

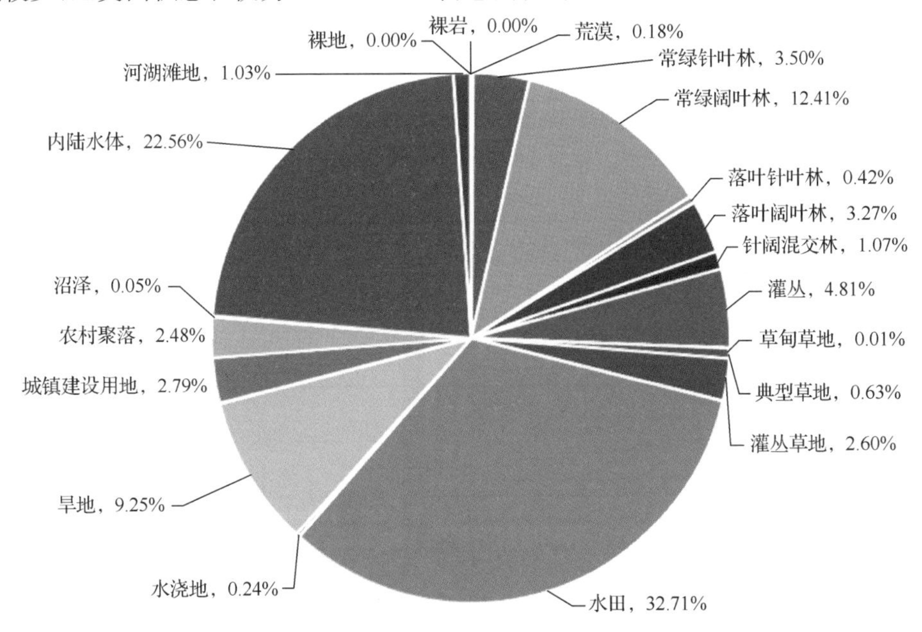

图5-1　不同土地覆盖类型构成比例

5.1.2 土地覆盖类型空间邻接性分析

空间相邻的土地覆盖类型在形成过程中存在一定的相互影响，并且在物质交换、结构与功能上相互依存、相互影响。因此，定性、定量地分析土地覆盖类型在空间分布的邻接性，不仅有利于了解和掌握土地覆盖类型在空间上的分布特点与规律，而且有助于深入探讨土地资源形成机制及其利用开发的演替过程（赵晓敏和陈文波，2006）。本书采用邻接指数作为土地覆盖类型间的邻接关系，邻接指数是土地覆盖类型为 i 的斑块与类型为 j 的斑块邻接周长占某类斑块总周长的百分比。计算公式为

$$P_{ij} = \frac{E_{ij}}{\sum_{j}^{m} E_{ij}} \times 100\% \tag{5-1}$$

式中，P_{ij} 为土地覆盖类型 i 和类型 j 的邻接指数；E_{ij} 为研究区内相邻的土地覆盖类型 i 和类型 j 的共同边界长度；m 为研究区土地覆盖类型的总数量。

水田是研究区的基质，内陆水体是研究区的重要湿地资源，城镇建设用地是人类的主要生活场所。所以，本书重点分析了水田、内陆水体及城镇建设用地及常绿阔叶林与其他土地覆盖类型的邻接关系，其邻接指数计算结果如图 5-2 所示。

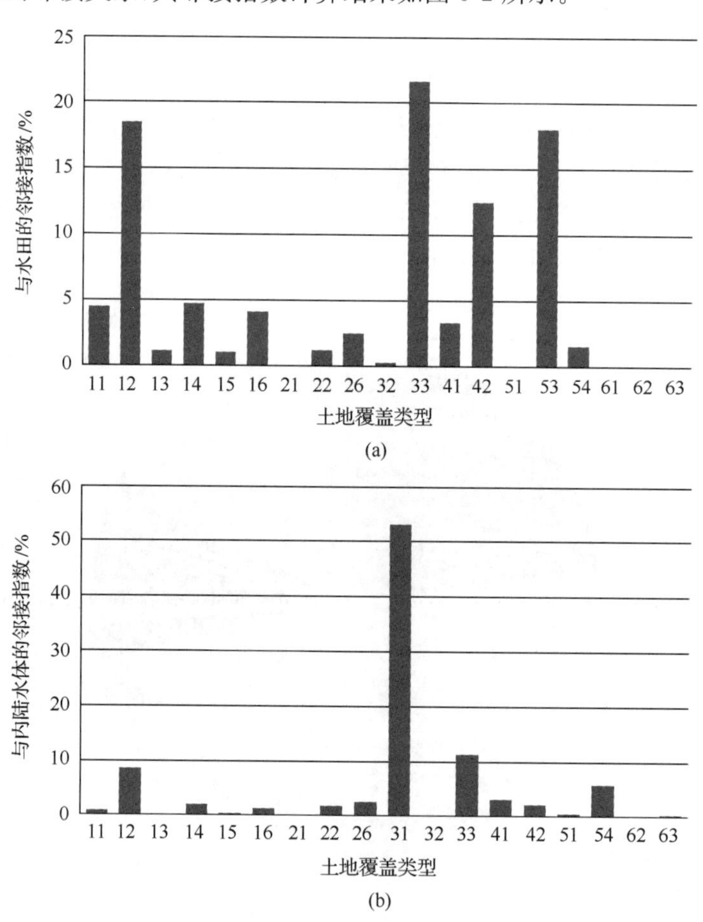

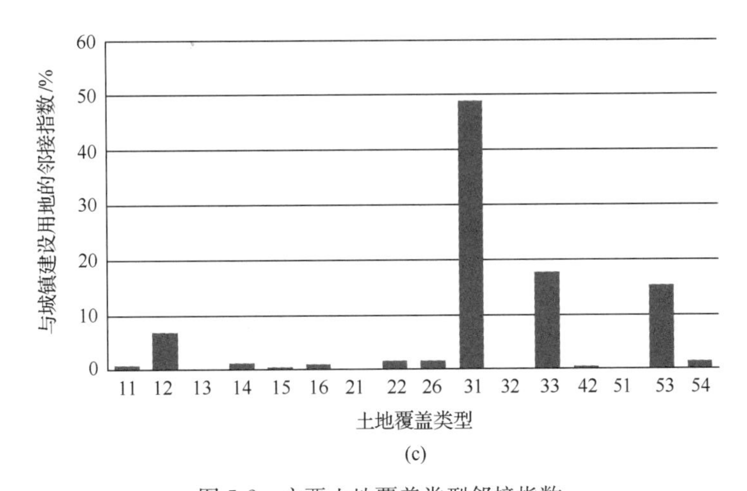

图 5-2　主要土地覆盖类型邻接指数

(a)与水田的邻接指数；(b)与内陆水体的邻接指数；(c)与城镇建设用地的邻接指数

1) 水田的邻接关系

由图 5-2(a)可以看出，水田在鄱阳湖地区所占比例最大，它有着丰富的边界，与旱地、常绿阔叶林、内陆水体和农村聚落有较大的邻接指数，分别为 21.6%、18.4%、17.9%、12.4%。水田与旱地有较大的邻接关系，除了旱地面积较大外，在空间上，水田与旱地相间分布，一般低洼处为水田，较高处为旱地。

常绿阔叶林与水田的邻接指数反映了土地覆盖的一种演替模式，常绿阔叶林一般与水田不存在直接的联系，但随着林地被开发为耕地，常绿阔叶林与水田的邻接指数增大。特别是在 20 世纪五六十年代，大规模的林地被开垦为耕地，这也是造成区域生态环境恶化的原因之一。另外，与林地邻接的水田，易受病虫害的侵袭，应注意加强这些区域的稻田管理，或者实行退耕还林。

水田与农村聚落有较大的邻接指数，主要是因水田分布区土地肥沃，水田种植管理需要大量人力，易形成农村聚落。但随着经济的发展及农村城镇化的加快，致使大量水田被占用，所以，水田的保护工作至关重要，在土地覆盖监测及耕地保护中，须重点监测农村聚落及城镇周围的耕地。

2) 内陆水体的邻接关系

内陆水体是研究区的重要湿地资源，对长江洪水调蓄及生物多样性具有重要功能。从图 5-2(b)中可以看出，与水田邻接指数较大的主要为水田、旱地、河湖滩地、常绿阔叶林。水田是本区最主要的土地覆盖类型，其形成的最大制约因素就是水。因此，水体与水田的形成密切相关，在空间上就表现为最大的邻接概率。

水体与常绿阔叶林邻接指数较大，因为本书的土地覆盖数据为丰水期数据，水体面积较大，以致许多水体边界均与林地相连。这也充分说明，该区要特别加强森林资源的保护，否则会造成水土流失、山体滑坡及河底泥沙淤积等灾害。

大面积河湖滩地分布为本区土地覆盖的一个特点，河湖滩地的形成与水体有直接关系，表现在空间上即为邻接指数较大。

3）城镇建设用地的邻接关系

城镇建设用地是人类最重要的生活场所，也是受人类影响最大的一种土地覆盖类型，其形成发展与人们的生产和生活密切相关，同时也能反映区域发展情况。图 5-2(c)可以看出，城镇建设用地与水田、旱地、水体邻接指数较大，水体与耕地为人类提供必需的水资源和粮食资源，因此，城镇建设用地多与这些地物相伴而生。另外，城镇建设用地与常绿阔叶林邻接指数也比较大，这主要是因为人们的生活需要优良的生活环境。城镇建设用地的邻接地类充分说明了人们对生活环境各方面的需求，这不仅为已有城镇建设用地的进一步改善提供了依据，也为研究区“移民建镇”工程中城镇的选址提供了依据。

通过以上分析发现，采用 GIS 方法获得的邻接指数，能深入分析土地覆盖类型的邻接特征，进而定量分析土地覆盖类型的空间关系。另外，还可以发现某类土地覆盖类型的形成机制、发展所需的条件及土地开发的演替规律。水田与常绿阔叶林的邻接关系定量反映了人类的“毁林开荒”活动对林地与水田演替关系的影响；水田与农村聚落的邻接关系，表明研究区耕地保护的重点是城镇及农村周边耕地；城镇建设用地的邻接关系表明了人类生活所需的生活条件，为“移民建镇”工程提供了科学依据。

5.1.3 土地覆盖类型海拔梯度分析

先将分类结果的矢量图栅格化，然后利用 ArcGIS 软件的空间分析工具，对 2010 年土地覆盖数据和 DEM 数据(图 5-3)进行叠加分析，并统计不同土地覆盖类型在不同海拔

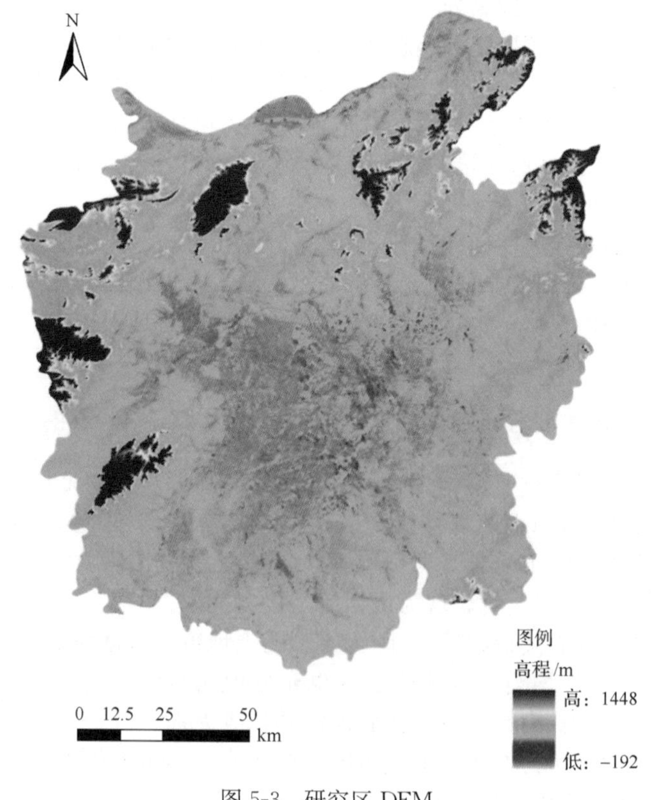

图 5-3 研究区 DEM

上的分布。DEM数据采用的是30m分辨率的ASTER GDEM,即先进星载热发射和反射辐射仪全球数字高程模型。该数据是根据NASA的新一代对地观测卫星TERRA的详尽观测结果制作完成的。其数据覆盖范围为83°N到83°S之间的所有陆地区域,达到了地球陆地表面的99%。申请到数据以后,对数据进行拼接、裁剪得到研究区高程图。然后利用Path Grid工具,统计各土地覆盖类型的海拔梯度分布情况,结果见表5-1。

表5-1　鄱阳湖地区不同土地覆盖类型在不同海拔上的分布统计

类型	＜0m /%	0～100m /%	100～200m /%	200～300m /%	300～400m /%	400～600m /%	600～800m /%	＞800m /%	合计 /%
常绿针叶林	5.68	83.38	5.18	2.57	1.39	1.14	0.29	0.37	100
常绿阔叶林	0.03	68.20	19.08	5.99	2.74	2.59	0.93	0.44	100
落叶针叶林	7.18	87.28	2.53	1.36	1.05	0.59	0.01	0.00	100
落叶阔叶林	2.99	85.61	5.05	2.76	1.57	1.51	0.40	0.12	100
针阔混交林	0.01	36.14	36.28	16.92	6.89	2.88	0.54	0.34	100
灌丛	0.01	43.80	27.93	13.82	6.52	4.78	1.74	1.38	100
草甸草地	0.49	99.51	0.00	0.00	0.00	0.00	0.00	0.00	100
典型草地	0.50	96.34	0.45	0.04	0.11	0.00	0.53	2.04	100
灌丛草地	0.16	54.02	14.02	12.03	7.77	5.78	3.55	2.68	100
水田	1.23	97.96	0.64	0.11	0.04	0.00	0.00	0.01	100
水浇地	0.00	100.00	0.00	0.00	0.00	0.00	0.00	0.00	100
旱地	0.68	97.20	1.27	0.42	0.18	0.18	0.02	0.05	100
城镇建设用地	0.33	99.49	0.14	0.05	0.00	0.00	0.00	0.00	100
农村聚落	0.26	97.14	1.99	0.36	0.10	0.05	0.00	0.11	100
沼泽	5.24	94.76	0.00	0.00	0.00	0.00	0.00	0.00	100
河湖滩地	3.29	96.63	0.08	0.00	0.00	0.00	0.00	0.00	100
沙地	0.62	85.10	14.29	0.00	0.00	0.00	0.00	0.00	100

通过对表5-1的分析可以看出,研究区各土地覆盖类型的分布规律随海拔的变化有以下显著特点。

(1)农田中的水田主要分布在300m以下的区域,在高于400m的地方没有水田及水浇地分布;水浇地只分布在0～100m;而旱地在各个高程级别内均有分布,并且旱地分布的平均高程大于水田。这主要是因为:水浇地斑块较少,分布较为集中,所以海拔跨度较小;由于水田需要充足的水分,地势较高的地区不适宜种植水稻而适合旱地作物的生长。

(2)森林景观中各类型在各海拔范围内均有分布,并且在高海拔范围内广泛分布,平均海拔及海拔范围也相对高于其他类型,这说明森林一般分布在山地地区,在丘陵地区森林也相对分布在较高地区。

(3)关于草地,总体来看,草甸草地和典型草地分布海拔较低,灌丛草地海拔相对高一些,这说明前两类草地一般分布于河湖周围,与河湖的分布密切相关,而灌丛草地则分布于丘陵山坡地区。

(4) 城镇建设用地则主要集中在海拔 300m 以下的地区，并且在海拔 1～100m 处所占比例最大，而农村聚落分布相对来说却没有那么集中，这说明城镇主要分布于大面积平原地区，而农村聚落分布相对散落一些，在丘陵、山区均有分布。

(5) 湿地主要分布在低于 200m 的区域，沼泽在高于 100m 的地区没有分布，河湖滩地在高于 200m 的地区没有分布，这说明河湖滩地及沼泽与河湖分布密切相关。

(6) 沙地主要分布在海拔高于 200m 的区域，并且沙地主要为河湖滩沙地及较低丘陵坡，这说明沙地的形成与河湖水位变化及河内泥沙有关系。

通过以上分析可以看出，土地覆盖类型在各海拔梯度的分布情况，直接反映了不同土地覆盖类型的海拔梯度分布特征，从而间接反映了地形因素对土地覆盖类型分布的影响。

5.2 景观格局特征分析

5.2.1 景观指数选取与构建

景观指数能够高度浓缩景观格局的数量、空间等方面的信息，并能反映景观格局的空间配置和结构组成的定量指标（高艳和毕如田，2010）。采用景观指数进行分析，能定量了解景观格局要素的形状、数量、大小和空间组合，并能对生态过程与景观格局变化的关系进行探讨。景观指数不仅能反映景观的生态特点，而且能反映该地区的社会经济状况（Antwi et al.，2008；董宁等，2012）。本书选取合适的景观指数，定量分析鄱阳湖地区 2010 年研究区各景观类型格局及各县（市）景观格局的差异。根据文献（Frondoni et al.，2011；Kong et al.，2007；肖寒等，2001；刘延国等，2012；郑新奇和付梅臣，2010），本书选择斑块面积指数、斑块形状指数、边缘密度指数表达景观的结构及空间特征，其定义及生态学意义具体如下。

1）斑块面积指数

本书采用的景观斑块面积指数主要包括斑块个数（path number，NUMP）、斑块平均大小（mean path size，MPS）、斑块面积标准差（path size standard deviation，PSSD）。

在景观生态学中，斑块是指不同的土地覆盖地块，斑块也可以说是构成土地景观的最基本单元（温仲明等，2004）。类型水平上的斑块个数指研究区内各类型的总斑块个数，景观水平上的斑块个数指整个研究区内所有景观类型的斑块总数（N），其公式为

$$\mathrm{NUMP} = N \tag{5-2}$$

斑块个数通常被用于景观异质性的描述和景观空间格局的反映，斑块个数的大小与景观的破碎度也有很好的正相关性，一般规律是斑块个数越多，破碎度越高；斑块个数越少，破碎度低（吴涛等，2010）。斑块个数对许多生态过程都有影响，如其可决定景观中各物种及其次生种的空间分布特征；改变物种间相互作用和协同共生的稳定性。而且，斑块个数对景观中各种干扰的蔓延程度有重要的影响，如某类斑块数目多且比较分散时，则对某些干扰的蔓延（虫灾、火灾等）有抑制作用（陈鹏等，2002）。

斑块平均大小（MPS）在斑块级别上等于某一斑块类型的总面积（A）除以该类型的斑

块数目(N),在景观水平上,其大小等于研究区总面积除以总斑块个数,其公式为

$$\mathrm{MPS} = A/N \tag{5-3}$$

斑块平均大小不但影响物种的分布和生产力水平,而且还影响能量和养分的分布,决定斑块甚至整个景观的生态功能。通常,大型斑块内比小型斑块内有更多的物种,能提高碎裂种群的存活率,更有能力维持和保护基因的多样性。而小型斑块不利于斑块内部物种的生存和物种多样性的保护;但小型斑块占地小,可分布在人为景观中,提高景观多样性,起到临时栖息地的作用。斑块面积标准差用于描述某一类型景观中所有斑块面积的差异,即面积的变化量,反映斑块面积大小的差异程度。

景观斑块密度指景观中包括全部异质景观要素斑块的单位面积斑块数。景观斑块密度是指景观中某类景观要素的单位面积斑块数。其计算公式为

$$\mathrm{PD} = N/A \tag{5-4}$$

式中,PD为斑块密度;N为研究区某景观要素斑块类型的斑块数目;A为研究区某景观斑块类型的面积。

PD值越大,则景观类型被边界割裂的程度越高,表明该景观要素类型或该景观的破碎化程度越高;反之,则景观类型保存完好,连通性高。这一指标对生物保护、物质和能量分布具有重要影响。

2)斑块形状指数

斑块形状指数(mean patch shape index, MSI)指某一斑块形状与相同面积的圆或正方形的偏离程度来测量形状复杂程度,随着斑块分散程度的增加,MSI的值也相应增大。其计算公式为

$$\mathrm{MSI} = \frac{\sum_{i=1}^{m}\sum_{j=1}^{n}\left(\frac{0.25P_{ij}}{\sqrt{a}}\right)}{N} \tag{5-5}$$

式中,P_{ij}为景观中每个斑块周长;a_{ij}为每个斑块的面积;N为斑块总个数。

斑块形状指数是度量景观空间格局复杂性的重要指标之一,并对许多生态过程都有影响。如斑块的形状影响动物的迁移、觅食等活动,影响植物的种植与生产效率;对于自然斑块或自然景观的形状分析还有另一个很显著的生态意义,即常说的边缘效应。斑块形状的形成与变化受自然条件的限制和人为活动的干扰(邬建国,2007),如地形、土壤、人类开发等,一般来说,人造景观斑块形状较简单,而自然条件复杂的区域,斑块形状较为复杂。

平均斑块分维数(mean patch fractal dimension, MPFD)是利用分形论对单个斑块形状复杂程度的量度,其在景观格局分析中的应用广泛。其计算公式为式(5-6):

$$\mathrm{MPFD} = \frac{\sum_{i=1}^{m}\sum_{j=1}^{n}\frac{\ln 0.25P_{ij}}{\ln\sqrt{a_{ij}}}}{N} \tag{5-6}$$

MPFD 在一定程度上也反映了人类活动对景观格局的影响。一般来说，受人类活动干扰小的自然景观的分数维值高，而受人类活动影响大的人为景观的分数维值低。

边缘密度(edge density, ED)在类型水平上指景观中某一类型所有斑块边界的总长度除以该类型的总面积，在景观级别上是指景观中斑块所有斑块边界总长度除以景观总面积。其计算公式为

$$\mathrm{ED} = E/A \tag{5-7}$$

大小对系统的能量、物质交换有重要作用。景观中边缘密度大，说明景观的开放性很强，易与周边斑块进行物质、能量和信息交换。

3) 多样性指数

景观多样性是指景观单元在结构和功能方面的多样性，它反映了景观的复杂程度。景观多样性主要研究组成景观的斑块在数量、大小、形状和景观的类型、分布及其斑块间的连接性、连通性等结构和功能上的多样性(傅伯杰和陈利顶，1996)。香农多样性指数(Shannon's diversity index, SDI)和香农均匀度指数(Shannon's equality index, SEI)是衡量景观多样性较常见的指数(Hargis et al.，1998；袁艺等，2003)。指数的具体含义如下。

香农多样性指数等于每一斑块所占景观总面积的比例乘以其对数，然后求和，取负值。其计算公式为

$$\mathrm{SDI} = -\sum_{i=1}^{m}(P_i \ln P_i) \tag{5-8}$$

SEI 等于 SDI 除以给定景观丰度下的最大可能多样性(各斑块类型均等分布)，其计算公式如式(5-9)所示。SEI=0 表明景观仅由一种斑块组成，无多样性；SEI=1 表明各斑块类型均匀分布，有最大多样性。有

$$\mathrm{SEI} = \mathrm{SDI}/\mathrm{SDI}_{\max} \tag{5-9}$$

5.2.2 景观格局指数分析

通过 Path Analyst 等软件计算得到了不同土地覆盖类型斑块面积指数(表 5-2)和斑块形状指数(图 5-4)。

表 5-2 不同土地覆盖类型斑块面积特征指数计算结果

项目	11	12	13	14	15	16	21	22	26	31	32	33	41	42	51	53	54	61	62	63
NUMP/个	416	1762	160	678	116	1044	18	267	615	3066	7	2633	282	6148	31	2388	425	1	6	11
MPS/hm^2	196	164	61	112	214	107	11	55	99	248	785	82	231	9	38	220	56	111	16	390
PSSD	464	649	97	261	522	213	11	88	314	1462	1771	204	1110	22	78	8810	137	0	14	441

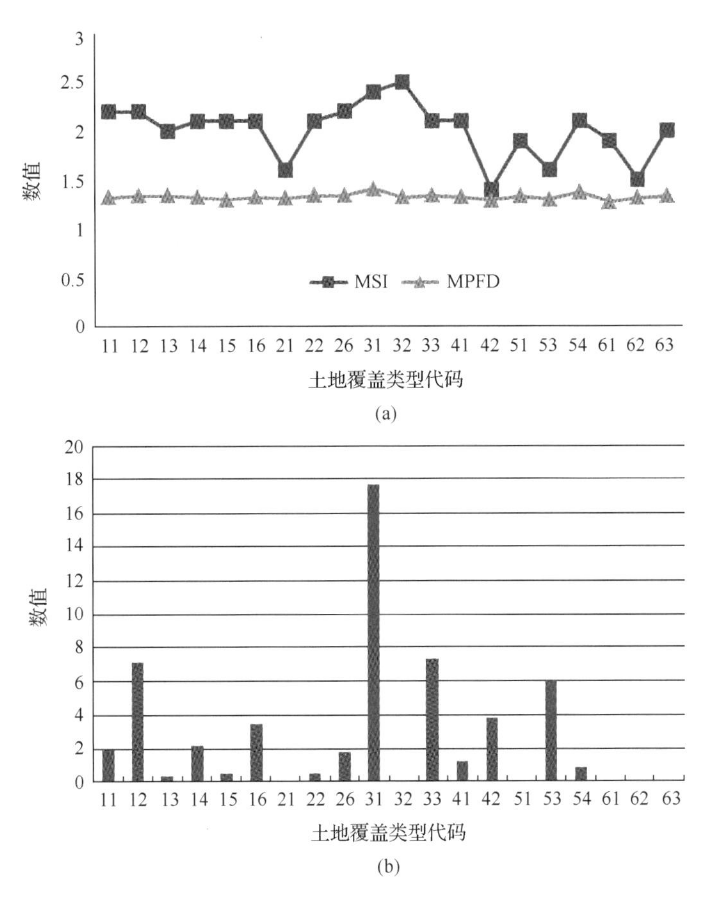

图 5-4 不同土地覆盖类型斑块形状特征指数

(a)斑块形状指数和斑块分维数;(b)边缘密度

1)农村和城镇聚落类型

农村聚落的斑块个数最多,为6148个,斑块平均面积最小,面积标准差为22,形状指数最小,边缘密度较低。这说明农村聚落空间分布较分散,景观破碎度较大,发展规模较为均匀,而且形状较为规则,受人类干扰较大。研究区属于较贫困地区,村庄分布较为分散,并且村庄面积较小,农村的集中化发展水平较低。因此,鄱阳湖地区应加强农村的集中化发展,以利于土地的节约利用及农村生活水平的改善。

研究区城镇建设用地的斑块数为282个,斑块平均大小为231hm^2,面积标准差为1110,斑块形状指数也大于农村聚落。这说明研究区城镇规模差距较大,形状较为复杂。这主要是由经济环境及地理区位的差异造成一些城市(如南昌市、九江市)的发展速度远大于其他城镇,另外,由于城镇扩张的影响,城镇的形状也变得更为复杂。因此,鄱阳湖地区要注重一些中小城镇的发展,并关注城镇建设用地的扩张问题。

2)农田类型

研究区为全国重要的商品粮提供基地,农田为研究区的主要景观类型,主要包含水田、旱地和水浇地。水田为最主要的农田类型，其斑块个数、面积平均大小和面积标准差均大于旱地，并且水田和旱地的形状指数和边缘密度也大于其他土地覆盖类型。这说明水田的破碎度相对较高，受人类活动影响较大，水田、旱地的形状指数较大，这主要是因为受地形、水源等的影响，农田形状比较复杂。水田面积标准差较大，主要是因平原地区水田斑块面积较大，山区和丘陵地区水田面积较小，而旱地一般分布在地势较高处，面积一般都不大，在不同空间区域面积差异不大。另外，在平原地区，水田斑块面积呈增大的趋势，这虽有利于水田的机械化种植与管理，但容易加速病虫害的传播。所以，在水田耕种时，要注意选择合适的水田斑块规模，以利于病虫害的防治。

3）湿地和水体类型

湿地是研究区的重要资源和特色土地覆盖类型，主要有内陆水体、河湖滩地和沼泽。由于土地覆盖数据为丰水期数据，内陆水体面积较大，河湖滩地和沼泽面积较小。内陆水体的斑块个数为 2388 个，斑块平均大小为 220hm^2，面积标准差为 8810，这主要是因研究区属于水系发达地区，所以，内陆水体斑块个数较多，并且面积最大斑块为鄱阳湖，而平原和山区面积不等的湖泊和河流星罗密布，斑块面积差异较大。另外，内陆水体在自然情况下，其形状应该是比较复杂的，形状指数应该是比较大的，而结果其形状指数却相对比较小，这主要是由于研究区的湖泊开发程度较大，如“围湖造田”、“围湖造地”及防洪工程的建设等活动造成水体呈规则化趋势。水体被农田或建设用地分割，导致形状趋于规则化，将影响水生动物的迁徙、觅食及生活环境等。

河湖滩地和沼泽为重要的湿地资源，是珍稀鸟类和水生物的重要栖息地。从其斑块个数、平均斑块大小及形状指数来看，其斑块个数较少，平均面积较小。沼泽的斑块个数仅为 31 个，斑块平均大小为 38 个。这说明沼泽和河湖滩地处于萎缩状态，这将对维护生物多样性产生严重影响。

4）森林类型

研究区森林有 6 种类型，总面积比例为 25.48%。森林(常绿阔叶林、针叶林等)一般分布在山区及丘陵地带，属于自然植被。斑块个数较多的为常绿阔叶林和灌丛，分别为 1762、1044，斑块平均面积相对较大。但其形状指数普遍低于耕地，这说明森林资源也受到人类活动的影响，如一些景区的建设、毁林开垦等。另外，在退耕还林时，要注意形成斑块面积较大的林地，以提高碎裂种群的存活率，维持和保护基因的多样性。

5）草地类型

研究区草地所占比例仅为 3.24%，主要为草甸草地、典型草地和灌丛草地，草甸草地和典型草地主要为河湖洲滩草地，灌丛草地主要分布于丘陵地区。草地的斑块个数、斑块平均大小、面积标准差、形状指数和边缘密度均较小。除了草地面积较小以外，一般适宜草地生长的土地往往也宜生长农作物，草地景观呈现萎缩的现象。但是，草地对水土保持、生物多样性保护等具有一定的作用。

6) 荒漠类型

研究区的荒漠土地覆盖类型所占比例最小，仅为0.2%。其中，沙地所占比例最大，沙地的斑块个数为11个，斑块平均大小为390hm²，形状指数为2.0。这说明沙漠对研究区的影响不大，但还是存在一定的威胁，应注意防止土地沙化的扩张，特别要注意湖底捞沙活动对周边草地的占用，应促进沙丘向草地的转化。

综上分析发现，采用斑块个数、斑块面积平均大小、斑块形状、斑块边缘密度等景观指数，不仅能定量分析不同土地覆盖类型面积特征及形状特征的差异，而且能反映不同土地覆盖类型的空间分布差异。农村聚落的斑块个数最多，斑块平均面积最小，斑块形状最小，在空间上离散程度最大，破碎程度最高；内陆水体面积标准差最大，斑块大小空间差异最大；水田边缘密度最大，其开放性最强，最易与周围斑块进行物质、能量交换，平原区水田斑块面积较大，不利于病虫害的防治；水体形状趋于规则化的特性，反映了人类"围湖造田，围湖造地"活动对水体的影响，这对水生动物的迁徙与觅食产生了严重影响；河湖滩地和沼泽的景观指数反映了其出现萎缩的趋势，将严重影响生物多样性保护。

5.3 土地覆盖与景观格局区域差异分析

鄱阳湖地区生态环境状况和经济发展两极分化格局十分明显，发达地区主要集中在湖西南昌-九江一带，而湖东则是普遍落后的状态；鄱阳湖地区大多数县(市)都落后，鄱阳湖西部发达地区越来越发达，而落后的鄱阳湖东部地区越来越落后。15个县(市)中南昌市和九江市属于经济较发达地区，南昌县和新建县属于经济中等发达地区，进贤县、安义县、永修县、德安县属于经济欠发达地区，鄱阳县、湖口县、星子县、九江县、彭泽县、余干县、都昌县属于经济滞后区(甘荣俊，2009)。

对景观结构和动态变化数量化的研究多数局限于单一景观的变化或多景观在某个具体单元的特点(Wei and Lin，1996；甄霖等，2005)，但仍然缺少对不同行政区景观差异的内在原因的研究。为此，首先应比较景观结构和格局在不同行政区和相应社会经济条件下的变化，在此基础上对景观要素在空间上的差异做出普遍性和个性化的判断，这将对区域整体及不同行政单元内决策者和规划者制定景观发展规划和生物多样性保护规划提供重要的科学依据。本书应用景观指数分析了各县(市)景观格局的差异，并将景观指数差异与社会经济因素进行相关性分析，对江西鄱阳湖地区景观格局差异现状进行研究，对于缩小鄱阳湖地区区域间的差异，充分促进该地区、江西乃至中部地区生态环境与经济的协调发展起着举足轻重的作用。

5.3.1 土地覆盖类型县(市)域间差异分析

1) 土地覆盖类型县域间差异分析

利用ArcGIS统计与面积计算工具，分别计算每个县(市)各土地覆盖类型的面积，并将计算结果导出，然后分别计算每个县(市)每种土地覆盖类型在整个研究区中所占的比例，结果如图5-5和表5-3所示。

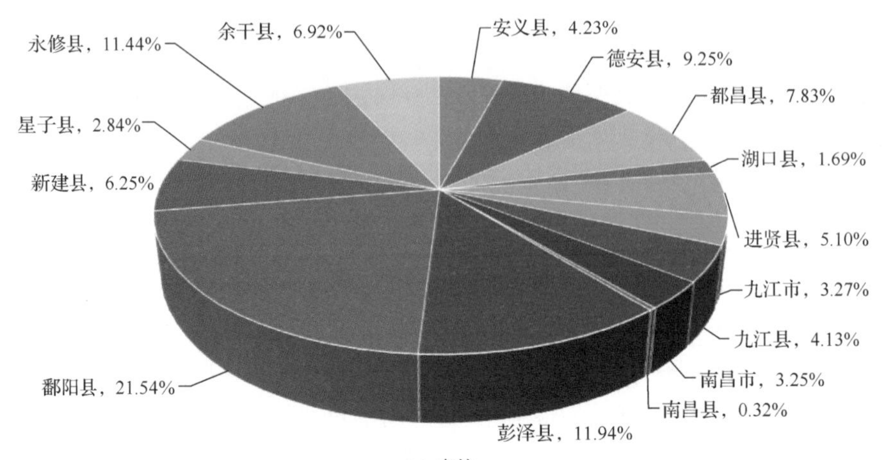
余干县，6.92%
安义县，4.23%
永修县，11.44%
德安县，9.25%
都昌县，7.83%
星子县，2.84%
湖口县，1.69%
新建县，6.25%
进贤县，5.10%
九江市，3.27%
九江县，4.13%
南昌市，3.25%
鄱阳县，21.54%
南昌县，0.32%
彭泽县，11.94%

(a) 森林

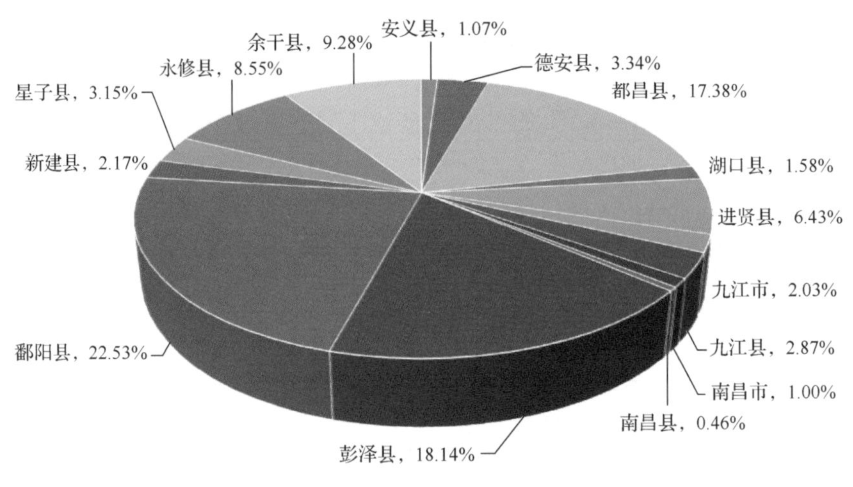
安义县，1.07%
余干县，9.28%
德安县，3.34%
永修县，8.55%
都昌县，17.38%
星子县，3.15%
新建县，2.17%
湖口县，1.58%
进贤县，6.43%
九江市，2.03%
鄱阳县，22.53%
九江县，2.87%
南昌市，1.00%
南昌县，0.46%
彭泽县，18.14%

(b) 草地

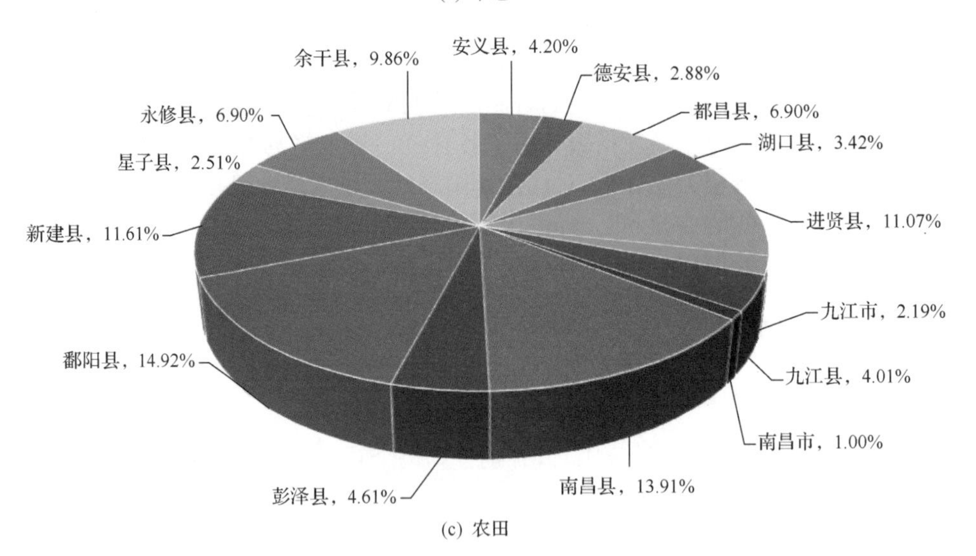
余干县，9.86%
安义县，4.20%
德安县，2.88%
永修县，6.90%
都昌县，6.90%
湖口县，3.42%
星子县，2.51%
进贤县，11.07%
新建县，11.61%
九江市，2.19%
鄱阳县，14.92%
九江县，4.01%
南昌市，1.00%
彭泽县，4.61%
南昌县，13.91%

(c) 农田

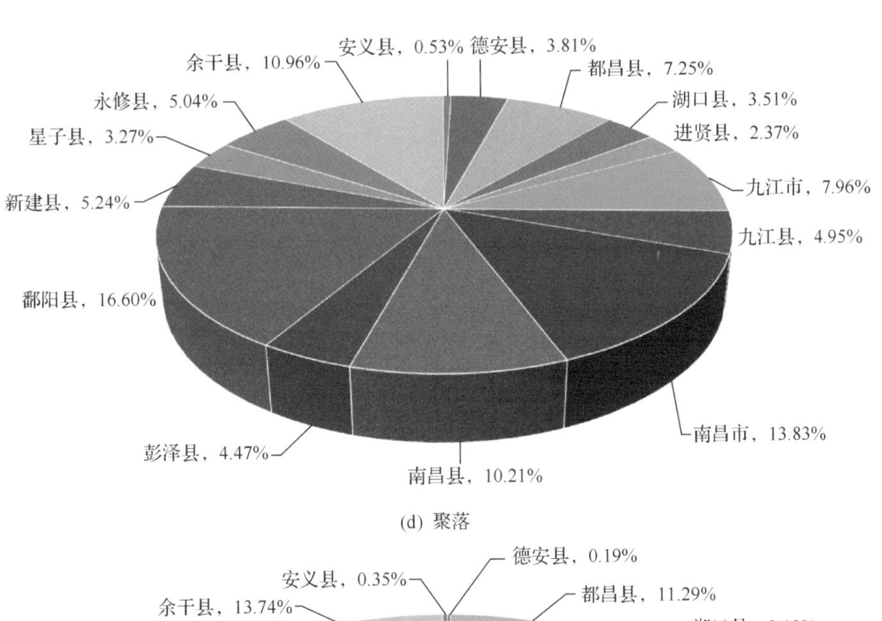

(d) 聚落

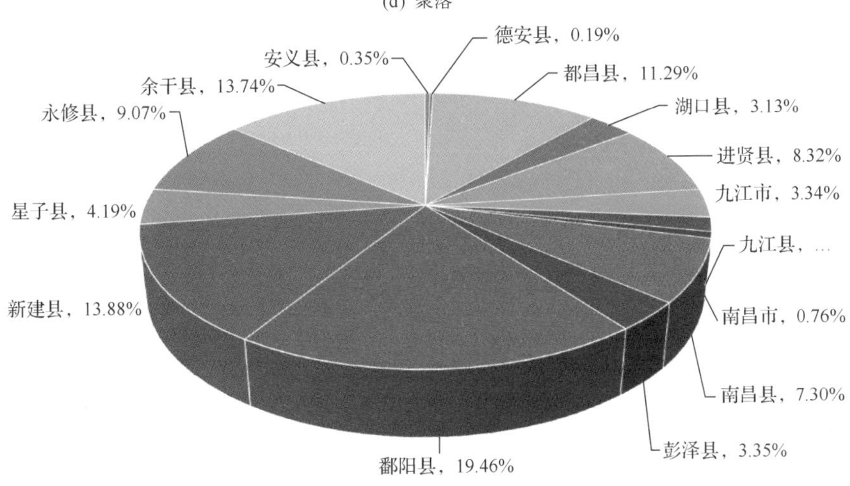

(e) 湿地水体

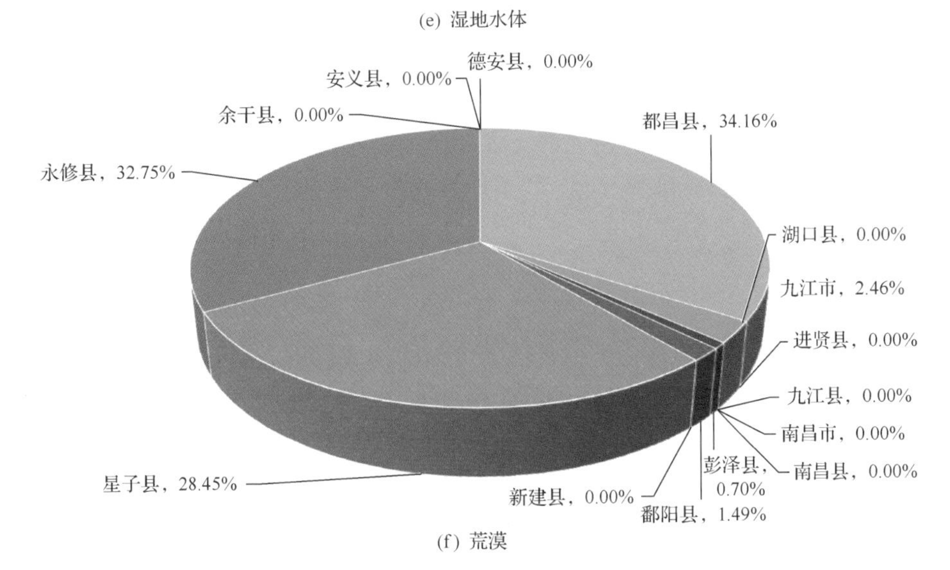

(f) 荒漠

图 5-5　土地覆盖类型在各县(市)分布比例

表 5-3　土地覆盖类型在各县(市)分布比例

地区名称	森林/%	草地/%	农田/%	聚落/%	湿地水体/%	荒漠/%
安义县	4.23	1.07	4.20	0.53	0.35	0.00
德安县	9.25	3.34	2.88	3.81	0.19	0.00
都昌县	7.83	17.38	6.90	7.25	11.29	34.16
湖口县	1.69	1.58	3.42	3.51	3.13	0.00
进贤县	5.10	6.43	11.07	2.37	8.32	0.00
九江市	3.27	2.03	2.19	7.96	3.34	2.46
九江县	4.13	2.87	4.01	4.95	1.65	0.00
南昌市	3.25	1.00	1.00	13.83	0.76	0.00
南昌县	0.32	0.46	13.91	10.21	7.30	0.00
彭泽县	11.94	18.14	4.61	4.47	3.35	0.70
鄱阳县	21.54	22.53	14.92	16.60	19.46	1.49
新建县	6.25	2.17	11.61	5.24	13.88	0.00
星子县	2.84	3.15	2.51	3.27	4.19	28.45
永修县	11.44	8.55	6.90	5.04	9.07	32.75
余干县	6.92	9.28	9.86	10.96	13.74	0.00
合计	100	100	100	100	100	100

由图 5-5 和表 5-3 可以看出：①森林类型主要分布在鄱阳县、彭泽县、永修县和德安县，所占比例分别为 21.54%、11.94%、11.44%和 9.25%；比例最小的为南昌县，仅为 0.32%。②草地类型所占比例较大的县(市)有鄱阳县、彭泽县、都昌县，所占比例分别为 22.53%、18.41%、17.38%；草地类型所占比例较少的有南昌县和南昌市，所占比例均不超过 1%。③农田类型所占比例较大的县(市)有鄱阳县、南昌县、新建县和进贤县，所占比例均超过 10%；农田类型最少的为南昌市。④聚落类型所占比例较大的为鄱阳县、南昌市，所占比例分别为 16.60%、13.83%；所占比例最小的为安义县。⑤湿地、水体资源较丰富的为鄱阳县、新建县和余干县。⑥土地沙化较严重的县(市)有都昌县、星子县、永修县，这几个县应注意防止沙化进一步严重，并应采取一定措施治理已沙化土地。

2) 土地覆盖模式的县域间差异分析

分别统计五种一级土地覆盖类型在各县(市)的构成比例，然后根据这个比例对各个县(市)土地覆盖构成比例进行排序，然后计算出每一个县(市)百分比之和大于 50%的覆盖类型，其代表本县(市)的主体覆盖类型(高志强等，1999)。将鄱阳湖各县(市)中不同覆盖类型所占该县(市)覆盖总面积数量的百分比计算出来，获得各县(市)土地覆盖类型结构比例(表 5-4)，然后，计算得出各县(市)的土地覆盖模式分类图(图 5-6)。

表 5-4　各县(市)土地覆盖类型构成

类型	安义县/%	德安县/%	都昌县/%	进贤县/%	九江市/%	九江县/%	南昌市/%	南昌县/%	彭泽县/%	鄱阳县/%	新建县/%	星子县/%	永修县/%	余干县/%	湖口县/%
森林	36.0	60.0	23.2	15.7	27.4	30.2	37.8	1.0	46.1	30.5	15.7	23.3	34.0	17.5	15.1
草地	1.2	2.8	6.6	2.5	2.2	2.7	1.5	0.2	8.9	4.1	0.7	3.3	3.2	3.0	1.8
农田	59.2	31.0	33.9	56.5	30.5	48.5	19.3	71.3	29.5	35.0	48.4	34.1	33.9	41.4	50.6
聚落	0.9	5.1	4.4	1.5	13.8	7.5	33.2	6.5	3.6	4.9	2.7	5.6	3.1	5.7	6.5
湿地水体	2.7	1.1	31.1	23.8	26.0	11.2	8.2	21.0	12.0	25.6	32.4	31.9	25.0	32.3	26.0
荒漠	0.0	0.0	0.8	0.0	0.2	0.0	0.0	0.0	0.0	0.0	0.0	1.8	0.7	0.0	0.0
合计	100	100	100	100	100	100	100	100	100	100	100	100	100	100	100

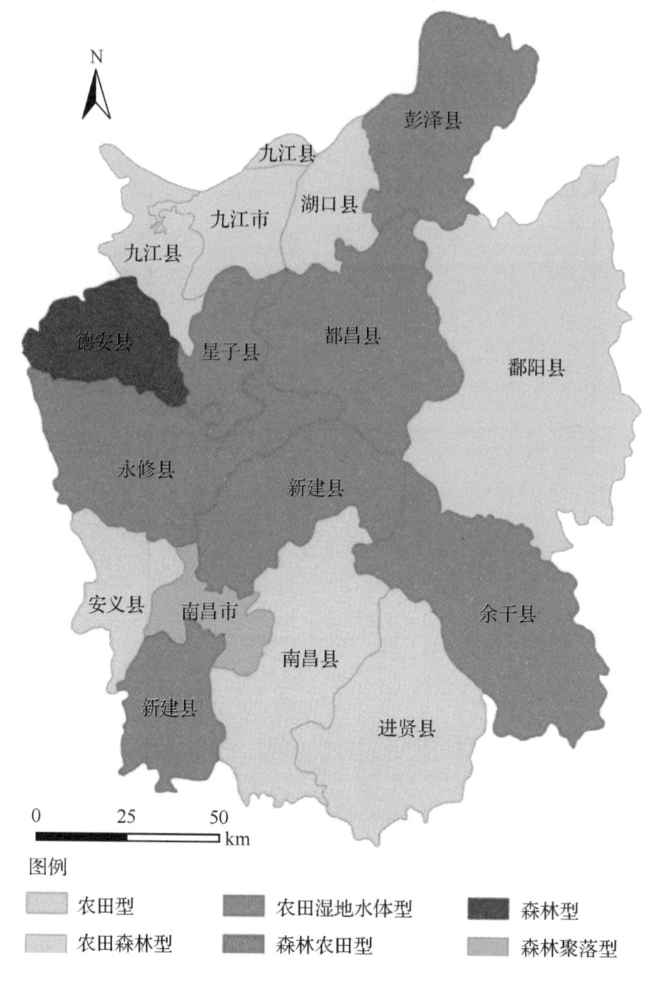

图 5-6　鄱阳湖地区各县(市)土地覆盖模式分类图

由表 5-4 可以看出,研究区各县(市)主要以森林和农田为基质,其中,德安县、南昌市、彭泽县和永修县以森林为基质,其他县(市)均以农田为基质。农田所占比例最大的为南昌县,为 71.3%;森林所占比例最大的为德安县,为 40.02%;草地所占比例最大的为彭泽县,为 8.9%;聚落所占比例最大的为南昌市,为 33.2%;湿地水体所占比例最大的为新建县,为 32.4%;荒漠所占比例最大的为星子县,为 1.8%。

由图 5-6 可以看出,鄱阳湖地区共分出 6 种覆盖类型,每一种覆盖类型代码赋一色值,生成鄱阳湖地区土地覆盖模式分类图,其分类为两种单一型,4 种复合型。农田型的县(市)有湖口县、南昌县、安义县和进贤县;农田森林型的县(市)有九江县、九江市和鄱阳县;农田湿地水体型的县(市)有星子县、都昌县、新建县、余干县;森林农田型的县(市)有彭泽县、永修县;森林型县(市)为德安县;森林聚落型县(市)为南昌市。

5.3.2　景观指数县域间差异分析

利用 Path Analyst 等软件分别计算每个县(市)的景观水平上的香农多样性指数、香农均匀度指数、斑块形状指数、平均斑块分维数和斑块平均大小，结果见图 5-7。

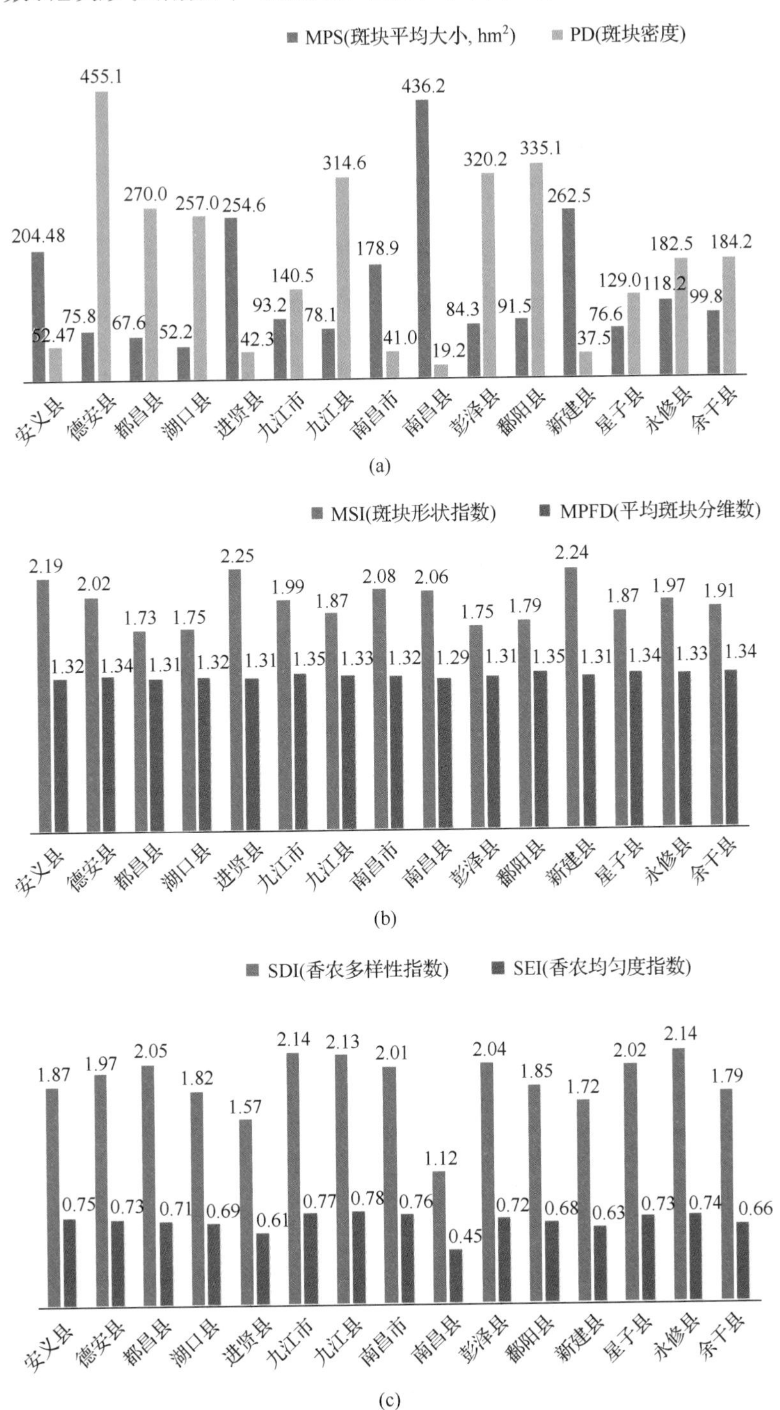

图 5-7　鄱阳湖地区 2010 年各县(市)景观指数

(a)斑块平均大小和斑块密度；(b)斑块形状指数和平均斑块分维数；(c)香农多样性指数和香农均匀度指数

1）斑块面积特征指数差异

由图 5-7(a)可以看出，平均斑块面积较大的为南昌县、新建县、进贤县、安义县，分别为 436.2hm^2、262.5hm^2、254.6hm^2、204.5hm^2，这主要是因为这几个县均以农田为基质，并且地势平坦，农田易形成面积较大的斑块。平均斑块面积较小的县(市)为湖口县、都昌县、德安县、星子县，其中德安县以森林为基质，森林所占比例远高于其他县(市)，山区、丘陵地形较多，呈现森林与农田相间分布的状态，不易形成面积较大的景观类型；湖口县斑块平均面积最小主要是因为湖口县是环鄱阳湖水运进入长江的必经之地，景观分布受人类活动影响较大，景观破碎化程度高。都昌县和星子县各主要景观(森林、农田、湿地水体)所占比例分布相当，各类型景观相间分布，不易于形成较大景观斑块。

斑块密度最大的为德安县，这与德安县平均斑块面积较小的原因基本相同；斑块密度较小有南昌县、新建县、南昌市、进贤县，南昌县、进贤县新建县斑块密度较小的原因与斑块平均面积较大的原因相似，南昌市斑块密度较小主要是因为南昌市城市化发展，城镇建设用集中分布。

2）斑块形状特征指数差异

由图 5-7(b)可以看出，斑块形状指数较大的县(市)有进贤县、新建县、安义县、南昌市、南昌县，这些县(市)均位于鄱阳湖西部，且以南昌市为中心。而鄱阳湖东部各县(市)形状指数相对较小。

鄱阳湖各县(市)斑块分维数相差不大，其中，南昌县的分维数最低。

3）香农多样性指数和均匀度指数差异

由图 5-7(c)可以看出，香农多样性指数最高的为九江市，其次为九江县、永修县，这说明这些县(市)由多种景观类型构成，且各种景观类型所占比例相差不大；香农多样性指数最低的为南昌县，其次为安义县、德安县，其中，南昌县、安义县主要以农田土地覆盖类型为主，景观类型比较单一，德安县以森林类型为主，景观类型也比较单一。

从均匀度指数来看，南昌市、九江市、余干县景观类型分布较为均匀，主导景观的分布优势不明显；而南昌县、安义县、德安县主导景观的优势较为明显。

香农多样性指数与香农均匀性指数相关性较高，为进一步分析各研究区域，将景观多样性指数依数值大小分为高、中、低 3 组。

第一组　SDI＞2.0，土地覆盖类型多样，地物优势度较低。

第二组　1.8＜SDI＜2.0，土地覆盖类型多样性中等，地物优势度中等。

第三组　SDI＜1.8，土地覆盖类型单一，优势地类较明显。

由图 5-8 可以看出，土地覆盖类型多样，地类优势度较低的县(市)集中分布于九江市周围的各县(市)(星子县、九江县、彭泽县、永修县等)，其中，九江市、南昌市森林、农田和建设用地所占比例相差不大，没有较明显的优势地类，其他县(市)建设地类的优势不明显，但由于处于鄱阳湖上游湖面较大的区域，并且山地地形较多，所以农田、湿地水体及森林的比例相当，也没有较明显的优势地类。土地覆盖类型单一，地类优势度较高的县(市)集中分布于鄱阳湖南部地区，这些县(市)地势平坦，农业比较发达，形成了以农田地类为主导的景观格局。

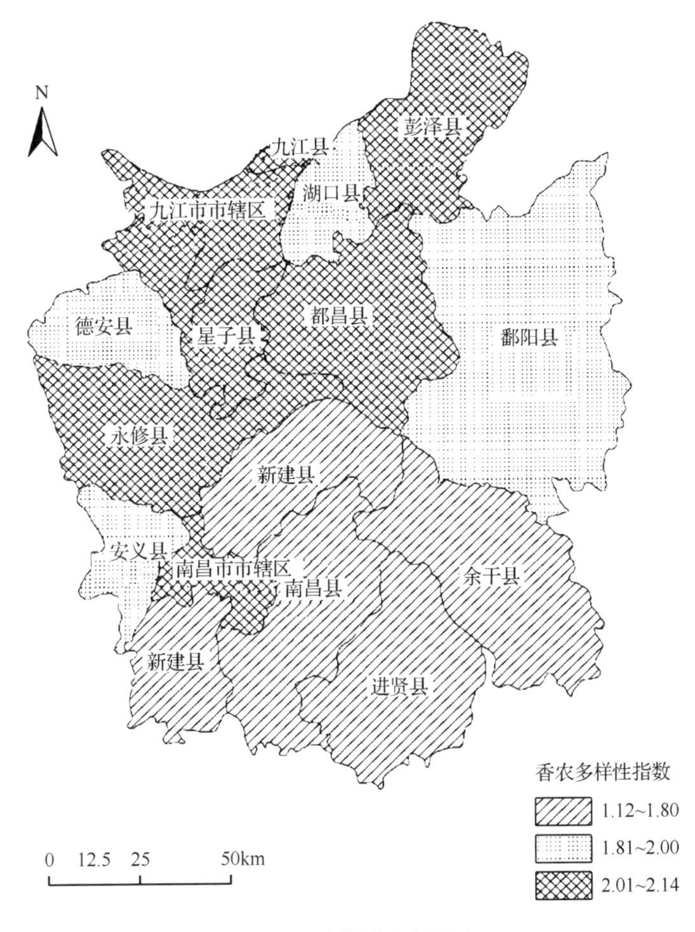

图 5-8 多样性空间分布

5.3.3 景观格局指数相关性分析

本书主要计算了 13 个县(南昌市和九江市除外)的生态环境指数、总人口、国土面积、GDP、人均 GDP、财政总收入、人口密度、工业总产值(当年价格)、森林面积比例、农田面积比例与生态格局指数的相关指数，并对相关指数进行了分析。其中，生态环境指数来源于相关文献(郭墨瀚，2011)，社会经济数据来源于 2010 年《江西统计年鉴》(江西统计局和国家统计局江西调查总队，2010)，具体数据见表 5-5。

表 5-5　鄱阳湖地区各县(市)生态环境质量指数与社会经济数据

县(市)	生态环境质量指数	总人口/万人	国土面积/km^2	GDP/万元	人均 GDP/万元	财政总收入/万元	人口密度/(人/hm^2)	工业总产值(当年价格)/万元
安义县	78.02	28.0	69 726.50	527 742	1.88	38 581	4.02	618 391
德安县	86.11	16.6	91 391.61	373 049	2.25	45 980	1.82	828 899
都昌县	78.19	81.7	199 784.74	449 963	0.55	46 519	4.09	500 715
湖口县	74.89	29.2	66 315.73	643 127	2.20	100 518	4.40	1 586 300
进贤县	70.39	82.0	192 478.67	1 652 433	2.02	76 898	4.26	1 475 557
九江县	78.71	32.6	81 191.85	463 567	1.42	50 170	4.02	678 909
南昌县	67.16	99.9	191 501.93	3 062 254	3.07	356 525	5.22	3 579 141
彭泽县	84.38	37.8	153 697.87	376 581	1.00	46 056	2.46	630 048
鄱阳县	78.64	157.2	418 747.49	802 756	0.51	53 008	3.75	432 913
新建县	72.88	70.5	235 450.25	1 771 596	2.51	128 265	2.99	2 052 964
星子县	75.88	26.0	72 145.21	334 435	1.29	41 742	3.60	461 325
永修县	80.89	38.2	199 557.56	632 840	1.66	67 216	1.91	1 360 537
余干县	77.02	100.0	233 872.74	656 977	0.66	55 000	4.28	903 551

表 5-6　景观指数相关性指数

相关因素	MPS	PD	MSI	MPFD	SDI	SEI
生态环境质量指数	−0.74	0.80	−0.42	0.55	0.80	0.77
总人口/万人	0.30	−0.14	−0.03	−0.01	−0.47	−0.54
国土面积/km^2	0.15	0.00	−0.04	0.12	−0.22	−0.34
GDP/万元	0.94	−0.65	0.53	−0.69	−0.92	−0.94
人均 GDP/万元	0.69	−0.45	0.63	−0.54	−0.60	−0.51
财政总收入/万元	0.83	−0.48	0.26	−0.67	−0.86	−0.89
人口密度/(人/hm^2)	0.40	−0.46	0.01	−0.35	−0.61	−0.52
工业总产值(当年价格)/万元	0.84	−0.56	0.43	−0.67	−0.83	−0.86
森林面积比例	−0.56	0.71	−0.16	0.45	0.67	0.69
农田面积比例	0.80	−0.70	0.56	−0.62	−0.79	−0.63

由表 5-6 可以看出，生态环境质量指数与斑块平均大小、斑块形状指数呈现负相关，相关系数分别为−0.74、−0.42，与斑块密度、平均分维数、香农多样性指数、香农均匀度指数均呈现显著的正相关。这主要是因为鄱阳湖地区平均斑块面积较大、斑块形状较复杂的地区多以农田为主或以城镇建设用地为主，即主要是以南昌地区为中心的一些县(市)，这些县(市)生态环境质量较低；而斑块较小和斑块密度较大的地区多分布在以林地和农田相间分布格局为主的一些县(市)，这些地区生态环境质量相对高一些。

总人口和人口密度与斑块平均大小为正相关，而与斑块密度、平均斑块分维数、香农多样性指数为负相关。这主要是因为鄱阳湖地区人口越多的地区，往往需要更多的耕地资源，需要各类地物的集中化发展，而在一些山区、丘陵，由于人口等经济发展的压力，一些山谷低洼地区均以北开垦成农田，山区、丘陵地区人口密度并不大。最终呈现出人口密度越大的地区景观多样性越低，景观均匀度指数也越低、景观优势度越高。GDP 与斑块平均大小呈显著正相关关系，相关系数为 0.94，这说明鄱阳湖地区经济越发达的地区斑块平均大小越大，也就是以南昌为中心的一些区域(即以农田为主的一些区域)。财政总收入和工业总产值与景观指数的相关系数也呈现了相同的状况。这说明一个地区的社会经济发展状况与其景观格局密切相关。

从农田和森林比例与各景观指数的相关指数可以看出：以森林为主的一些地区，景观斑块大小较小，斑块密度较大，景观多样性较高，景观均匀度指数较大；而以农田为主的区域正好相反。这主要是因为鄱阳湖地区森林资源受到开垦耕地的原因，不易形成较大斑块，森林与农田及建设用地、草地相间分布，景观多样性高，斑块优势不明显。而在农田比例较高的县(市)，由于经济发展水平及地形地势的影响，农田、建设用地越来越集中化发展，并且一些草地、河湖滩地等也被开垦成农田。这充分说明了鄱阳湖地区各县(市)景观的差异，在今后的发展中，在一些经济发展落后的山区、丘陵地区要注意增加一些斑块面积较小的地类，以利用土地的集约化利用与生物多样性的增加。而在一些平原县(市)应注意缩小斑块面积，防止农田过于集中和城镇建设用地的大面积扩张，这样才能有利于生物多样性的保护。

第6章　1980～2010年鄱阳湖地区土地覆盖与景观格局变化分析

通过获得的三期土地覆盖数据及第5章对2010年土地覆盖与景观格局特征分析，本章主要利用三期土地覆盖数据，采取土地覆盖变化分析的方法分析土地覆盖类型的变化特征，并通过分析景观指数的变化分别分析景观与景观类型的变化特征。

6.1　土地覆盖变化特征分析

6.1.1　分析指标选取与构建

本书利用ArcGIS的spatial statistics工具分别统计了1980年、2005年、2010年三期土地覆盖类型(二级类)的面积之和，然后利用以下土地覆盖变化分析模型对研究区1980～2010年的土地覆盖类型的面积变化特征进行分析。

(1) 区域土地覆盖类型面积变化反映了不同土地覆盖类型在总量上的变化。通过分析土地覆盖类型的总量变化，可以了解土地覆盖变化总的态势和土地覆盖结构的变化以及该时段内人类对土地资源利用变化的强弱程度(刘殿伟，2006；鲍文东，2007)。

(2) 土地覆盖类型动态度(王秀兰和包玉海，1999；宋开山等，2008)是某研究区一定时间范围内某种土地覆盖类型的数量变化情况，其表达式为

$$K=\frac{U_a-U_b}{U_a}\times\frac{1}{T}\times 100\% \quad (6\text{-}1)$$

式中，K为研究时段内某一土地利用类型的总变化动态度；U_a、U_b分别为研究初期及研究末期某一种土地覆盖类型的面积；T为研究时段的间隔年数。

6.1.2　土地覆盖类型变化特征分析

本书根据1980年、2005年、2010三期土地覆盖数据，分别统计了研究区各类型构成比例变化及面积变化幅度。土地覆盖面积变化的统计结果见图6-1和表6-1。

由图6-1和表6-1可以看出，水田、内陆水体、常绿阔叶林和旱地为研究区主要土地覆盖类型，这四类占研究区总面积的70%左右；在1980～2010年的30年间，各土地覆盖类型的面积均发生了不同程度的变化，其中，变化比较明显的是内陆水体、水田、城镇建设用地、农村聚落、河湖滩地。

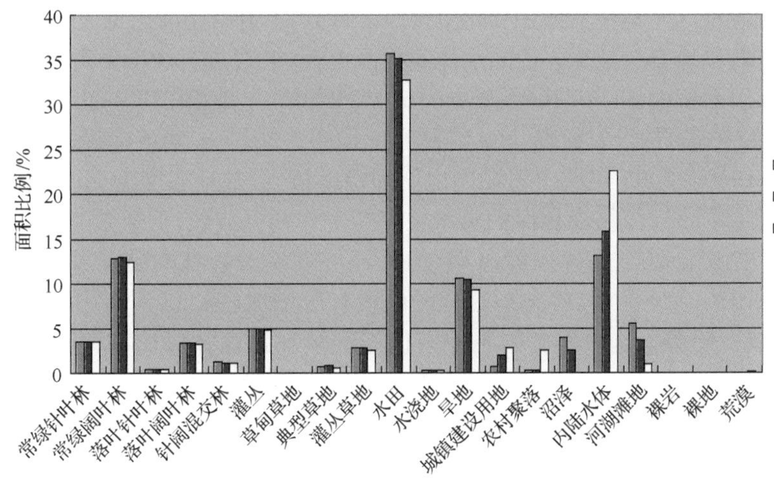

图 6-1　1980 年、2005 年、2010 年土地覆盖类型的面积比例柱状图

表 6-1　鄱阳湖地区 1980～2010 年土地覆盖类型构成及变化幅度

类型	1980 年的面积/hm²	2005 年的面积/hm²	2010 年的面积/hm²	1980～2005 年总变化量/hm²	1980～2005 年变化动态度	2005～2010 年总变化量/hm²	2005～2010 年变化动态度
常绿针叶林	82 540	83 071	81 408	531	0.03	−1 686	−0.41
常绿阔叶林	298 732	301 616	289 442	2 884	0.04	−12 601	−0.84
落叶针叶林	9 935	10 255	9 689	320	0.13	−567	−1.11
落叶阔叶林	78 248	79 521	76 046	1 273	0.07	−3 434	−0.86
针阔混交林	28 054	24 929	24 808	−3 125	−0.45	−121	−0.10
灌丛	115 781	114 148	112 205	−1 633	−0.06	−1 996	−0.35
草甸草地	684	676	643	−8	−0.05	−474	−14.02
典型草地	17 389	18 336	14 717	947	0.22	−3 637	−3.97
灌丛草地	66 063	65 297	60 691	−766	−0.05	−4 679	−1.43
水田	830 923	817 968	763 044	−12 955	−0.06	−56 436	−1.38
水浇地	5 985	6572	5118	587	0.39	−1079	−3.28
旱地	247 082	241 291	215 591	−5 791	−0.09	−26 221	−2.17
城镇建设用地	18 022	44 268	64 755	26 246	5.83	20 773	9.39
农村聚落	5 675	7 112	57 696	1 437	1.01	50 597	142.29
沼泽	90 195	60 003	747	−30192	−1.34	−58 814	−19.60
内陆水体	303 449	368 806	524 722	65 357	0.86	156 635	8.49
河湖滩地	129 166	84 052	22 251	−45 114	−1.40	−60 092	−14.30
裸岩	66	66	111	0	0	45	13.64
裸地	82	82	98	0	0	16	3.90
沙地	0	0	4 287	0	0	4 287	857

1980～2010 年，鄱阳湖地区土地覆盖面积变化呈现以下特点：①退田还湖已见成效，内陆水体面积持续增加，水田、旱地有所减少。内陆水体面积由 1980 年的 303 449hm² 增加到 2010 年的 525 441hm²，水田面积由 830 923hm² 减少为 761 532hm²，旱地由 247 082hm² 减少为 215 070hm²。②城镇扩张明显，农村经济得到发展。1980～2010 年城镇建设用地、农村聚落面积持续增加，1980～2005 年城镇建设用地增加幅度最大，其动态度为 5.83%，2005～2010 年其动态度为 9.39%。③森林保护及水土保持工作初见成效，但成效并不显著。1980～2010 年，研究区经济处于迅速发展时期，但其经济发展对森林的破坏并不明显，森林面积变化不大。1980～2005 年，各类型森林的面积有所增加，但 2005～2010 年，森林面积却呈现稍微的减少趋势。这说明鄱阳湖地区仍需继续加强森林保护，以利于水土保持、水源涵养等生态功能的加强。④沼泽、河湖滩地、草甸草地等绿色湿地资源减少。1980～2005 年，河湖滩地减少幅度最大，变化幅度为－1.4%，其次为沼泽。2005～2010 年，沼泽和河湖滩地面积也均减少。鄱阳湖地区沼泽、河湖滩地是鸟类的重要栖息地，对生物多样性保护具有重要作用。

6.1.3　土地覆盖空间变化特征分析

通过对历史土地覆盖数据及现状数据的整理，并采用 ArcGIS 的出图工具可以规范输出地图数据框外，还可以添加其他的地图元素，如指北针、标题、图例、比例尺和其他文本信息等。对三期土地覆盖数据统一配色，其空间可视化结果见图 6-2。

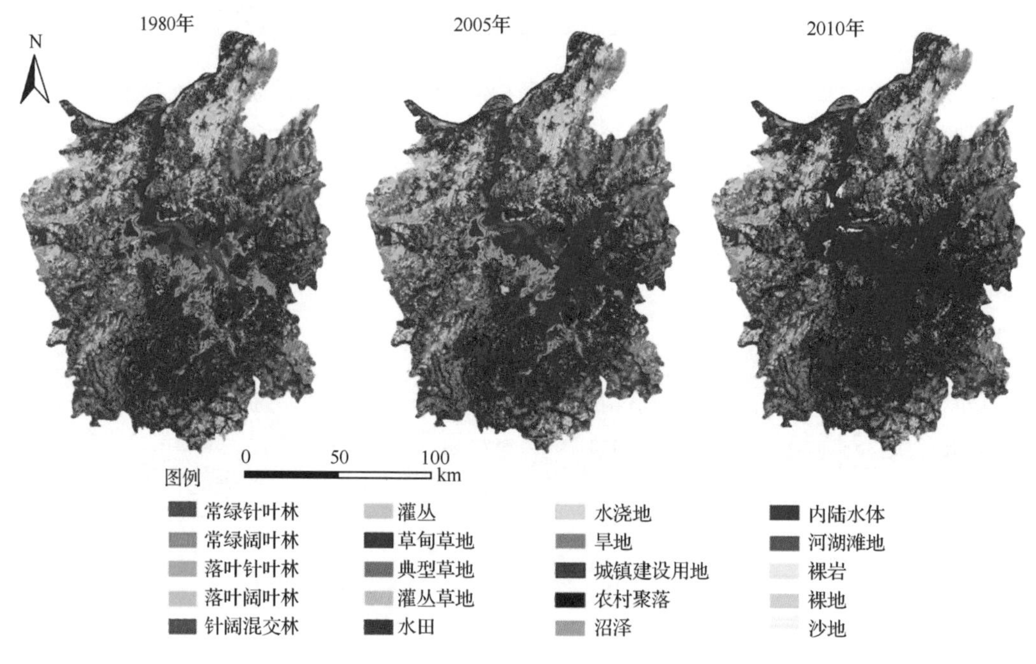

图 6-2　1980 年、2005 年、2010 年鄱阳湖地区土地覆盖图

采用 ArcGIS 的 Intersect 工具分别对 1980 年与 2005 年、2005 年与 2010 年的影像进行叠加分析，得到两期土地覆盖变化，然后对其进行空间可视化，得到 1980～2005 年土地覆盖变化空间分布图[图 6-3(a)]和 2005～2010 年土地覆盖变化空间分布图[图 6-3(b)]。

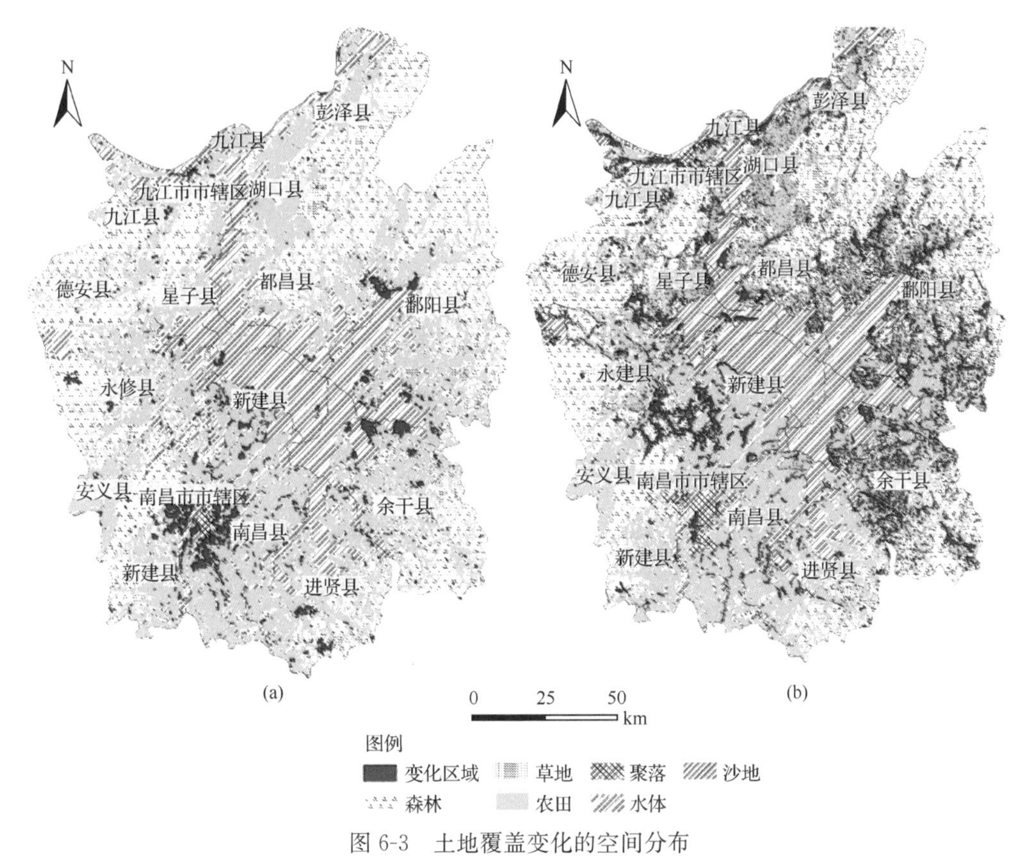

图 6-3　土地覆盖变化的空间分布

(a)1980～2005 年变化空间分布图；(b)2005～2010 年变化空间分布图

从空间来看(图 6-3)，总体土地覆盖变化较大的区域发生在南昌市周边地区、余干县和鄱阳县交界处；农田向聚落的转化主要分布在南昌市和九江市；水体转向农田主要分布在余干县与鄱阳县交界处、新建县北部区域；水体转向农田的区域差异不明显，只是局部的小面积转化。从以上分析可以看出：鄱阳湖地区城镇化明显，占用耕地过多；虽有水体转化为农田，但转化斑块的面积较小，不利于水域生态环境保护；仍有大面积水域转化为农田，说明有些地区仍在围湖造田。

6.2　土地覆盖类型的转移特征分析

土地覆盖的转移一是研究时段内由一种土地覆盖类型转变为其他土地覆盖类型的面积，即转出的面积；二是研究时段内由其他土地覆盖类型转变为此土地覆盖类型的面积，即转入面积。

转移矩阵的计算步骤如下：在 ArcMap 中打开两个时相数据，在 ArcToolbox 中选择 Intersect 工具，分别对 1980 年与 2005 年、2005 年与 2010 年进行叠加分析，得到两个叠加分析土地覆盖图；计算两个叠加分析得到的土地覆盖图各个斑块的面积并导出属性表；在 Excel 中选中所有数据(不要点左上角，只选择有效数据)，利用数据透视表工具得到转移矩阵，分析表 6-2 和表 6-3。

表 6-2　1980～2005 年鄱阳湖地区土地覆盖转换矩阵

（单位：hm^2）

土地覆盖类型编号		2005																			
		11	12	13	14	15	16	21	22	26	31	32	33	41	42	51	53	54	61	62	总计
1980	11	82 368	4			4	65				69		18	14							82 540
	12	10	296 551		7		165			364	513		782	231			79	30			298 732
	13			9 921	10						3										9 935
	14		27		78 030		30			13	31		52	22			43				78 248
	15	11	24			24 795	357			451	136		434	1 818	28						28 054
	16	212	2 720		228	80	111 968			6	252		202	43			43	28			115 781
	21							670									13				684
	22								17 299				16	48			26				17 389
	26	75	848	35	1 040	18	132			61 898	655		89	347		98	481	348			66 063
	31	61	468	6	124	11	51		282	2 047	800 190		1 682	15 409	1 064	1 345	6 157	2 028			830 923
	32		28							12		5 946									5 985
	33	266	395	86	25	22	139	6	11	14	931		236 876	6 063	664	237	813	534			247 082
	41													17 846		177					18 022
	42													366	5 309						5 675
	51				3						109		197	76		57 693	31 989	129			90 195
	53	69	414		30		1 238		23	142	11 897	626	719	1 519	27	397	280 452	5 895			303 449
	54		138	208	24		3		721	348	3 182		225	469	20	56	48 712	75 060			129 166
	61																		66		66
	62																			82	82
	总计	83 071	301 616	10 255	79 521	24 929	114 148	676	18 336	65 297	817 968	6 572	241 291	44 268	7 112	60 003	368 806	84 052	66	82	2 328 070

表 6-3　2005～2010 年鄱阳湖地区土地覆盖转换矩阵

（单位：hm^2）

土地覆盖类型编号		2010																				
		11	12	13	14	15	16	21	22	26	31	32	33	41	42	51	53	54	61	62	63	总计
2005	11	80 174	10			33	201				316		176	197	1227		734				2	83 070
	12		287 372		7	16	302			91	721	36	178	1 819	4 268		6 327	59			419	301 615
	13			9 497							167		21	62	452		42	7			7	10 255
	14		4		74 985		37	41			474		171	411	2 032		1 267	18		29	53	79 522
	15		0			24 364					72			96	135		262					24 929
	16	764	83		0	0	110 077			0	377		255	393	1201		937	61				114 148
	21							155			7			0	7		507					676
	22		6						14 305		266		2	609	1 065		1976	32			75	18 336
	26		25				352		2	60 001	200		197	401	1292		2747	80				65 297
	31	360	471	84	166	96	334	37	18	133	717 625		2 789	10 551	30 260	44	53 399	1 474		12	113	817 966
	32										1 391	5 082			55		44					6 572
	33	82	89	36	436	283	108	183	2		5 488		209 772	5 162	8 609		9 163	224	45		1 608	241 290
	41		70				14		30	7	710		91	42 216	167		963					44 268
	42				182		86			3	629		37	360	5 445		371					7113
	51		14					0	20	25	987		15	23	55	703	57 996	145			20	60 003
	53	13	1 049	36	202	16	687	227	330	328	16 298		1 380	2 250	733		341 907	2 820			530	368 806
	54	15	249	36	68		7	0	10	103	17 316		507	205	693		46 055	17 331			1 460	84 055
	61														0				66			66
	62																25			57		82
	总计	81 408	289 442	9 689	76 046	24 808	112 205	643	14 717	60 691	763 044	5 118	215 591	64 755	57 696	747	524 722	22 251	111	98	4 287	2328 069

从表6-2和表6-3中可以看出，研究区1980～2010年相互转移较多的有水田、内陆水体、常绿阔叶林和城镇建设用地，下面将详细分析上述几类土地覆盖类型的转入和转出情况。

1）水田转移特点分析

水田与其他土地覆盖类型的转移情况呈现以下特点（表6-2，表6-3，图6-4）：1980～2005年，水田转出类型中，最多的是转化为城镇建设用地，转化面积为15 409hm^2；水田转入类型中，转入面积最大的为内陆水体，面积为11 897hm^2，而同时又有6157hm^2 的水田转化成了内陆水体；水田与内陆水体之间相互转化的强度较大。另外，水田与河湖滩地、旱地、灌丛草地之间也有相互转移；而水田与城建建设用地、农村聚落之间只发生了单向转移。2005～2010年，水田的转移特点基本与1980～2005年相同，但转移为内陆水体和农村聚落的面积更多，相应地，河湖滩地及内陆水体转化为水田的面积增加。

2）内陆水体的转移特点分析

内陆水体与其他土地覆盖类型转移呈现以下特点（表6-2，表6-3，图6-5）：1980～2005年，对内陆水体增加贡献较大的为河湖滩地、沼泽和水田，转入面积分别为48 712hm^2、31 989hm^2 和6157hm^2；内陆水体减少的最大原因是转化成了水田，另外，有部分内陆水体转化为了河湖滩地和城镇建设用地。2005～2010年，转入内陆水体的类型更多，河湖滩地、沼泽、水田、旱地、草地和常绿阔叶林均有部分转为内陆水体，并且转入内陆水体的面积较大。

3）城镇建设用地的转移特点分析

城镇建设用地与其他土地覆盖类型转移呈现以下特点（表6-2，表6-3，图6-6）：1980～2005年期间，城镇建设用地增加较为明显，对其增加影响较大的为水田、旱地、针阔混交林及内陆水体，其中水田转移的面积高达15 409 hm^2，建设用地基本没有转移为其他土地覆盖类型；2005～2010年，城镇建设用地面积增加的来源基本与以上相同，但有部分城镇建设用地转化为水田、旱地和常绿阔叶林等。

4）常绿阔叶林转移特点分析

常绿阔叶林与其他土地覆盖类型的转移呈现以下特点（表6-2，表6-3，图6-7）：1980～2005年，常绿针叶林面积增加贡献最大的为灌丛，水田、旱地和灌丛草地与常绿阔叶林之间存在一定量的转换；2005～2010年，有大量常绿阔叶林转换成了内陆水体、农村聚落与城镇建设用地，对常绿阔叶林面积增加贡献较大的仍然是灌丛。

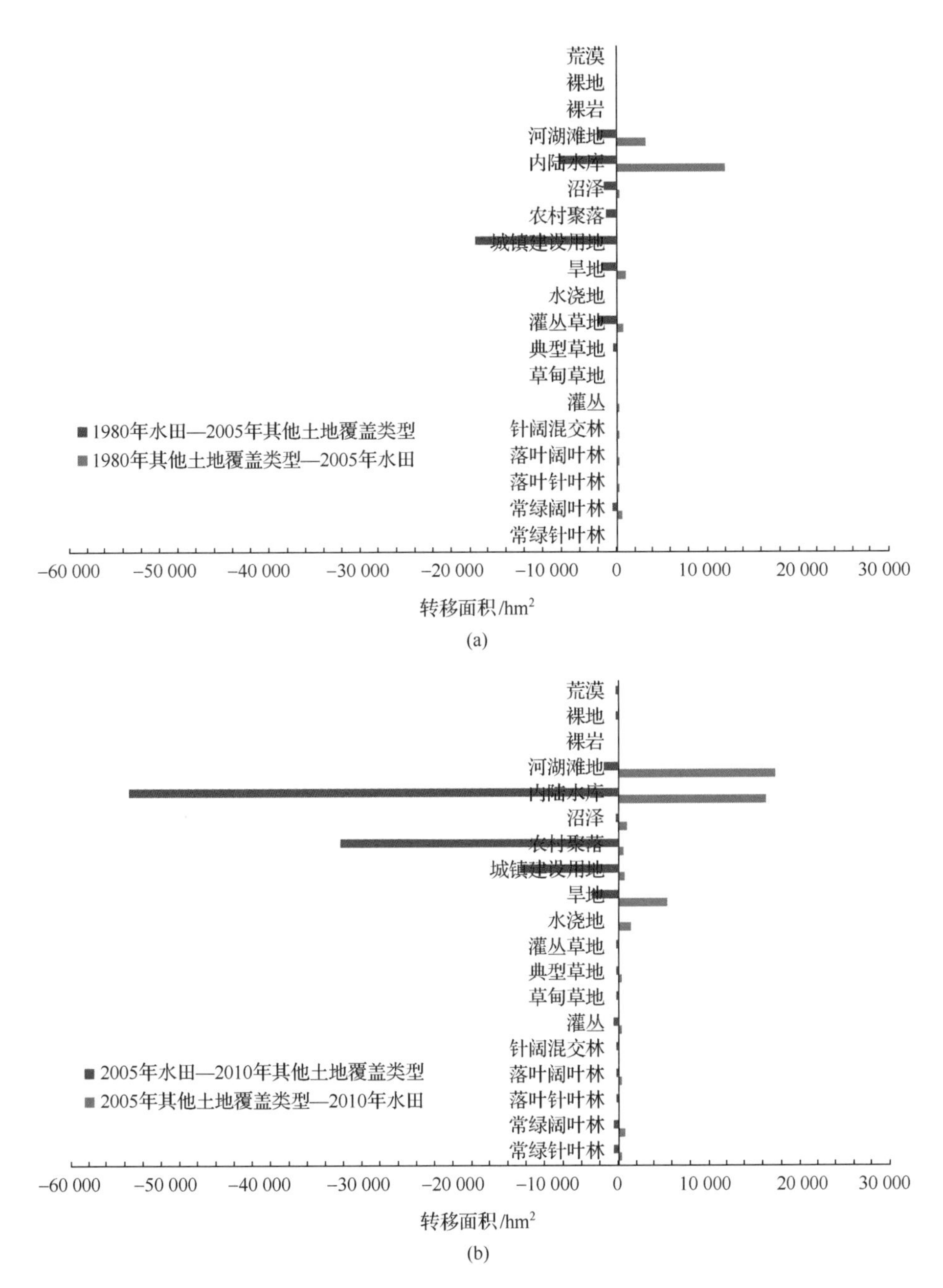

图 6-4　1980 年、2005 年、2010 年水田转移柱状图

(a)1980～2005 年其他土地覆盖类型对水田面积变化的贡献；(b)2005～2010 年其他土地覆盖类型对水田面积变化的贡献

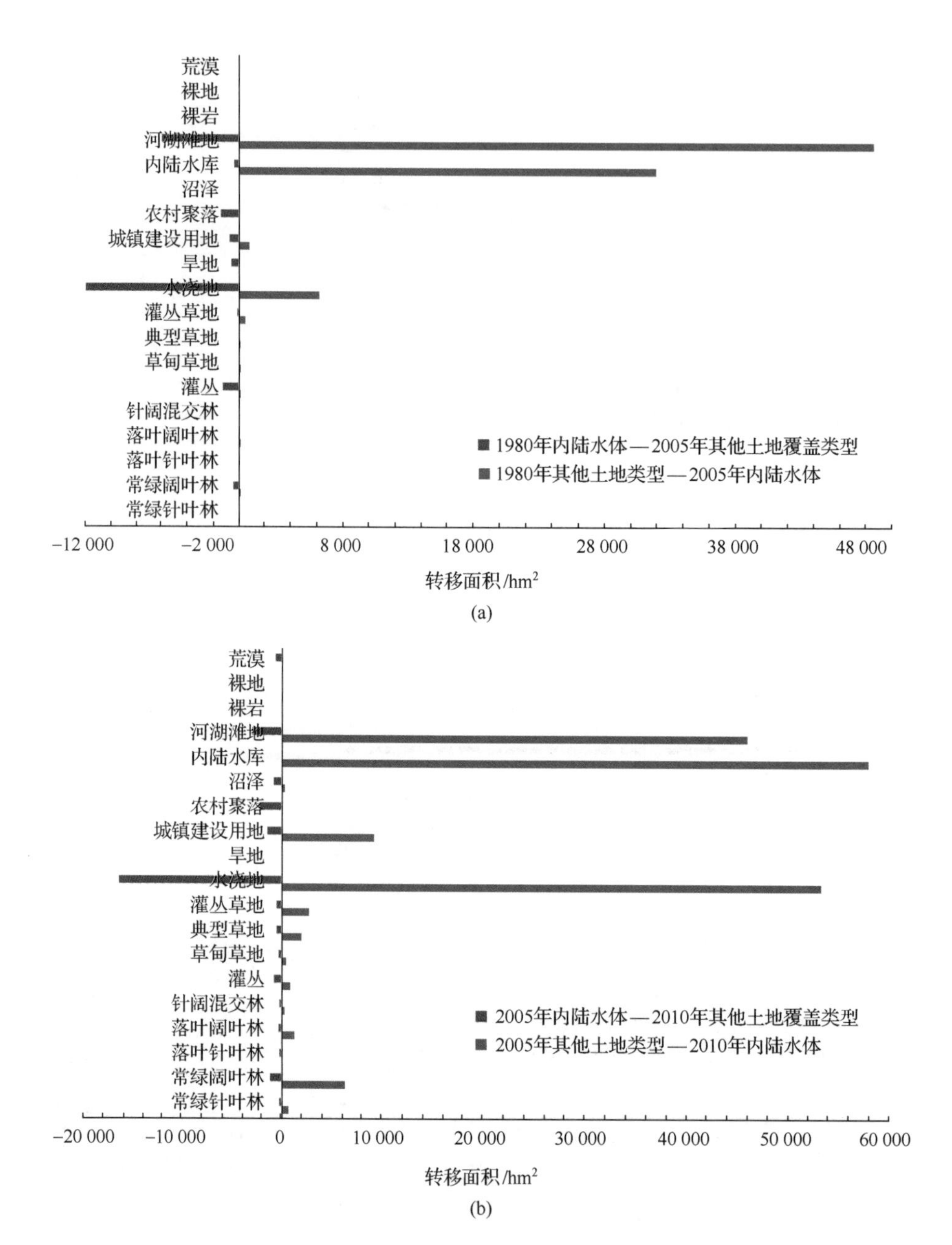

图 6-5　1980 年、2005 年、2010 年内陆水体转移柱状图

(a)1980～2005 年其他土地覆盖类型对内陆水体面积变化的贡献；(b)2005～2010 年其他土地覆盖类型对内陆水体面积变化的贡献

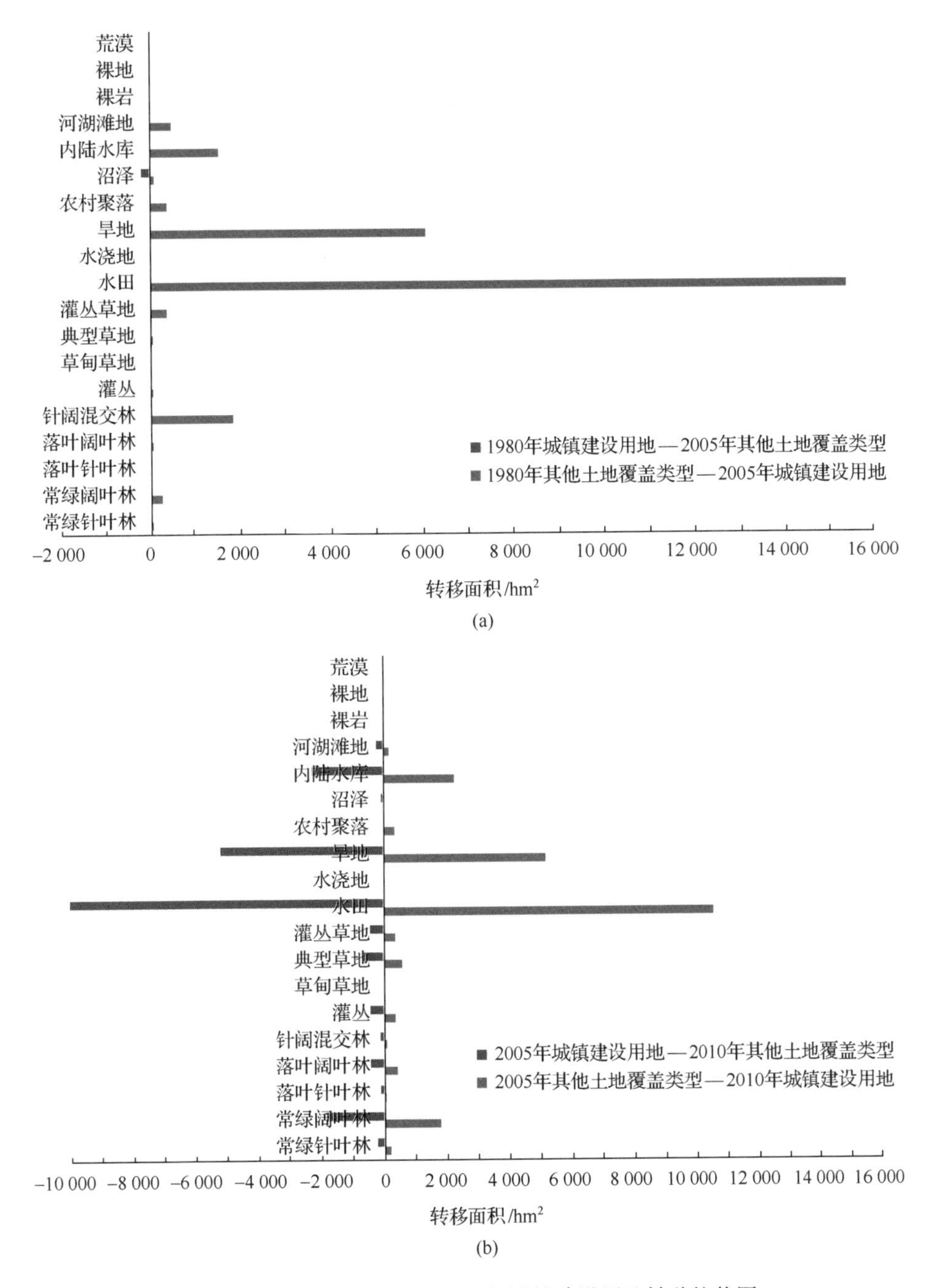

图 6-6 1980 年、2005 年、2010 年城镇建设用地转移柱状图

(a)1980～2005 年其他土地覆盖类型对城镇建设用地面积变化的贡献；(b)2005～2010 年其他土地覆盖类型对城镇建设用地面积变化的贡献

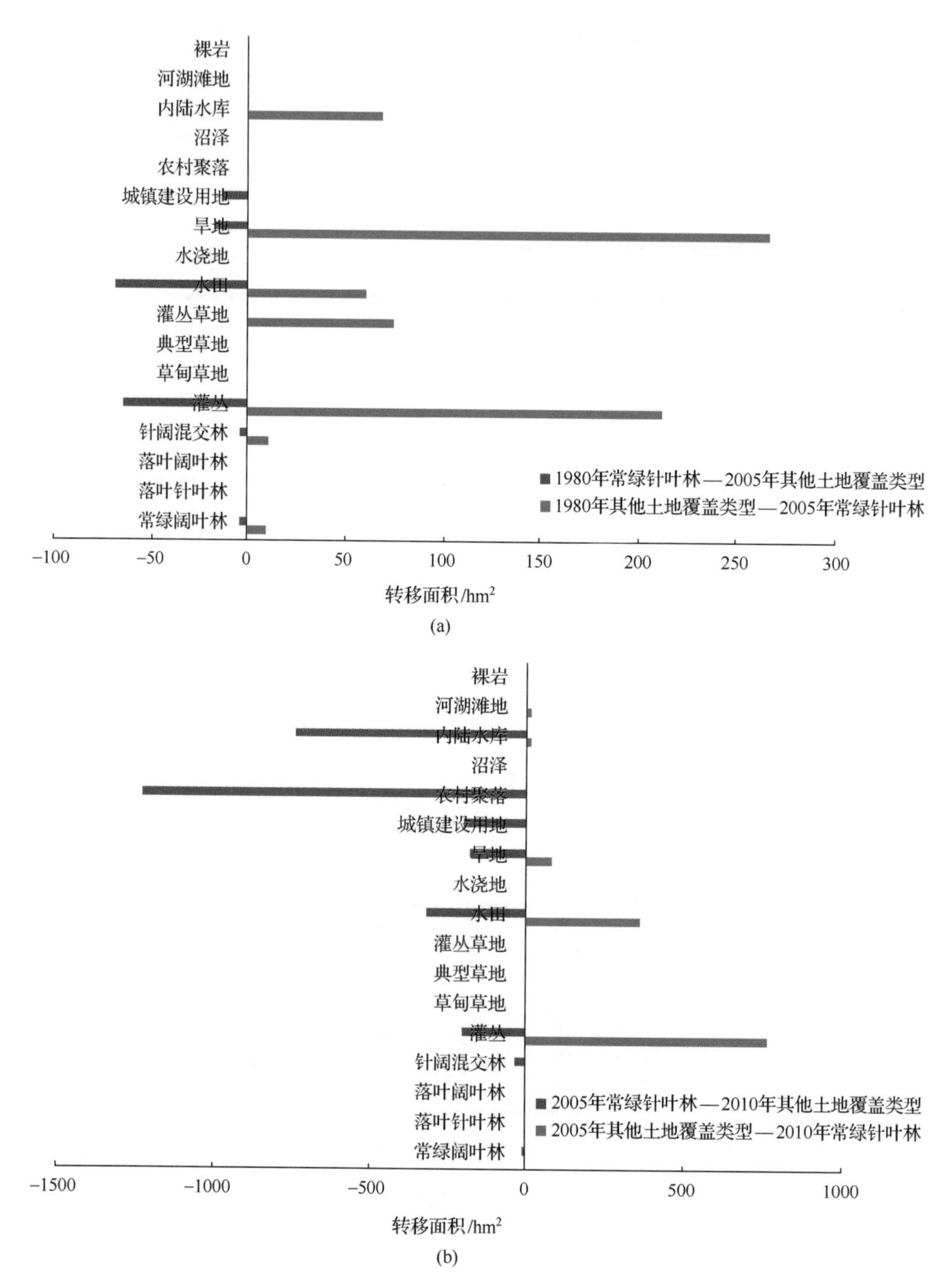

图 6-7　1980 年、2005 年、2010 年常绿阔叶林转移柱状图

(a)1980～2005 年其他土地覆盖类型对常绿针叶林面积变化的贡献；(b)2005～2010 年其他土地覆盖类型对常绿针叶林面积变化的贡献

6.3 景观格局变化特征分析

6.3.1 景观格局变化分析指标选取与构建

本书主要采用了斑块类型和景观水平上的斑块个数、斑块平均大小、形状指数、平均分维数、边缘密度指数的变化来分别分析研究区1980～2005年的各景观类型格局与总体景观格局变化。

6.3.2 景观级别上的景观指数变化分析

利用Path Analyst等软件分别分析研究区1980年、2005年和2010年的景观水平上的香农多样性指数(SDI)、香农均匀度指数(SEI)、形状指数(MSI)、平均斑块分维数、边缘密度(ED)、斑块平均大小(MPS)、斑块个数(NUMP)和斑块面积标准差(PSSD),计算结果如表6-4所示。

表6-4 鄱阳湖地区1980～2010年景观格局指数

年份	SDI	SEI	MSI	MPFD	ED	MPS	NUMP	PSSD
1980	2.09	0.71	2.33	1.3	49.59	289	8 048	2 786
2005	2.08	0.71	2.33	1.3	48.03	298	7 799	3 670
2010	2.02	0.68	1.87	1.33	54.27	118	19 630	3 163

鄱阳湖地区斑块个数在1980～2005年有稍微的下降(表6-4),从8048个减少为7799个,而到2010年增长到19 630个。这说明鄱阳湖地区的斑块破碎度1980～2005年并没有增加,而2005～2010年有显著增加(2010年斑块数量大量增加的原因之一是2010年的土地覆盖数据分类精度更高,大量的乡村居民点被提取出来)。

斑块面积标准差(PSSD)反映出土地覆盖类型的均匀性,PSSD值越大,反映出区域土地覆盖类型越不均匀。鄱阳湖地区斑块面积标准差由1980年的2786增加到2005年的3670(表6-4),增加相对较为明显。这说明2005年鄱阳湖地区的土地覆盖类型面积差异较大。

鄱阳湖地区边缘密度(ED)在三个时期分别为48.59、48.03和54.27。因此,2010年时期的鄱阳湖土地覆盖的异构性最高,而2005年最低。另外,边缘密度越大,说明土地覆盖类型的边界越弯曲,这也越有利于鄱阳湖地区各类地区与外界的物质、能量的交换。

鄱阳湖地区的形状指数1980～2005年并没有发生变化,2010年形状指数降低。鄱阳湖地区三期的MPFD指数均为1.3,基本没发生变化,但比较接近1,表明该区景观受干扰程度相对还是比较大的。

本书的景观要素类型数为基本固定值(2010年多增了沙地),对于这种景观要素类型一定的景观而言,景观多样性与各要素的空间分布格局相关,各景观要素类型面积分配得越均匀,其景观多样性越高。由表6-4可知,1980年、2005年、2010年的香农多样性指数(SDI)分别为2.09、2.08、2.02。在1980～2010年期间,香农多样性指数呈降低趋势,说明2005年时各景观类型的面积比例差异相对较大，景观异质性大。香农均匀度指数反映了一种或几种景观斑块支配景观格局的程度，表示景观多样性对最大多样性之间的偏差。香农均匀度指数越大，表明各景观类型面积比例差别越大，其中，某一种或某几种景观类型占优势。经计算，1980年、2005年、2010年研究区的香农均匀度指数分别为0.71、0.71、0.68(表6-4)，1980～2010年鄱阳湖地区的香农均匀度指数并没有发生较大的变化，这说明鄱阳湖地区一直由几类(水田、内陆水体等)地类占有绝对优势地位。

通过以上分析可以看出，虽然鄱阳湖地区受到人口增长及经济发展的严重影响，但其景观破碎度、景观多样性并没有发生大幅度的改变。这反映鄱阳湖地区1980年以来高度重视生态环境保护并实施的大量环境保护工程为区域生态环境的稳定性做出了贡献。但其景观多样性呈现下降的趋势，景观形状趋于简单、景观异质性减小。因此，在以后土地开发利用及生态环境保护中，要依据土地覆盖各类型的结构特点，加强土地利用集约化和生物多样性保护。

6.3.3 斑块类型水平上的景观指数变化分析

利用Path Analyst计算了1980年和2005年景观一级类的景观类型指数，结果如表6-5所示。

表6-5 1980年、2005年不同土地覆盖类型的景观指数

景观指数	年份	森林	草地	农田	聚落	水体	荒漠
NUMP	1980	1 466	630	498	241	450	3
	2005	1 451	605	527	289	357	3
MPS	1980	418.3	133.5	2 176.7	98.3	1 161.8	49.2
	2005	422.8	139.4	2 022.5	177.8	1 436.6	49.2
MSI	1980	2.32	2.05	2.87	1.96	2.38	1.84
	2005	1.30	1.29	1.33	1.29	1.31	1.28
MPFD	1980	1.30	1.29	1.34	1.29	1.31	1.28
	2005	1.30	1.29	1.33	1.29	1.31	1.28
ED	1980	10.37	2.24	13.80	0.66	4.96	0.01
	2005	10.32	2.21	13.66	0.97	4.64	0.01
PSSD	1980	3 066	325	16 366	362	19 904	14
	2005	3 122	342	15 245	1062	22 491	14

1）景观面积指数

由表6-5可知，森林斑块个数减少，平均斑块大小增加，斑块面积标准差增加，但总体面积指数变化不大，这说明鄱阳湖地区森林景观总体变化不大；草地斑块个数减少，斑块平均大小增加，斑块面积标准差增加。农田类型斑块个数增加，但斑块平均大小及斑块面积标准差都在减少，这说明农田类型破碎化程度增加；聚落类型斑块个数增加，斑块平均大小增加，斑块面积标准差增加较大，这说明鄱阳湖地区在城镇化快速扩张的同时，伴有城镇化过于集中的趋势;水体类型斑块个数减少,斑块平均大小增加,斑块面积标准差增加,这说明在发展过程中有些水体斑块消失。

2) 边缘密度指数

边缘密度指数增加的土地覆盖类型为聚落,边缘密度减少较为明显的是农田和水体,变化不明显的是森林和草地。这说明聚落的开放性变大,与周围的物质、能量交换能力增强,而水体与农田则相反,所以在实施退耕还湖等政策时不能只考虑面积的增减。

3) 形状指数

所有土地覆盖类型的形状指数均减小,这说明所有土地覆盖类型的形状均趋于规整化、简单化;斑块分维数(MPFD)与平均分维数(AWMPFD)均变化不大。

第7章　1980～2005年鄱阳湖地区各生态功能区变化特征分析

7.1　鄱阳湖地区生态功能区划

生态功能区划是根据生态环境要素、生态环境敏感性与生态服务功能空间分异规律，将区域划分成不同生态功能区，为制定区域环境保护与建设规划、维护区域生态安全和资源合理开发利用与工农业生产布局、保育区域生态环境提供科学依据，同时也为环境管理和决策部门提供管理信息和管理手段。

7.1.1　生态功能区划分的原则

生态功能区的划分以自然-社会-经济复合系统理论和景观生态学理论为指导(周文斌和万金保，2012)，遵循：①生态结构的一致性原则，包括自然属性和社会属性。②主导因子和综合分析相结合的原则。以区域内生态结构和地域个体本身的综合特征作为区划的基础，强调区域的主导功能，突出区域在生态保护与生态建设中的主攻方向和地位。③建设目标的一致性原则。鄱阳湖区的生态建设以生态、经济和社会复合生态系统的协调发展为目标。但各个区域由于在生态建设中的主功能不同，生态建设的措施和主攻方向也不同。④尽可能与行政辖区相协调的原则。

7.1.2　鄱阳湖地区生态功能区的划分

鄱阳湖位于江西省北部，地处长江中下游交接处。南岸与湖北省黄冈市、安徽省安庆市和池州市隔江相望，东连赣东山地生态区，南邻赣中丘陵盆地生态区，西接赣西山地丘陵生态区。根据研究区内的气候、地貌和所属行政区划，并参照江西省生态功能分区(汪宏清等，2006)，将鄱阳湖地区划分为鄱阳湖平原西北部水质保护与防洪生态功能区、鄱阳湖平原东北部农业环境与生物多样性保护生态功能区、赣江抚河下游滨湖农业环境保护与分蓄洪区生态功能区、南昌市郊生活环境与水质保护生态功能区、信江饶河下游滨湖农业环境保护与防洪分蓄洪区生态功能区，各区域的生态功能及其所包含的区域见图7-1。

1) 鄱阳湖平原西北部水质保护与防洪生态功能区

该区位于鄱阳湖平原的西北部，范围包括九江市、永修县、九江县、星子县、德安县和安义县。地势总体呈西高东低格局，北部河流直接与长江相连，中部众多短小河流直接流向鄱阳湖，而南部广大地区则地处修水下游，修水干流在修水县城接纳其主要支流——潦河后向东注入鄱阳湖。

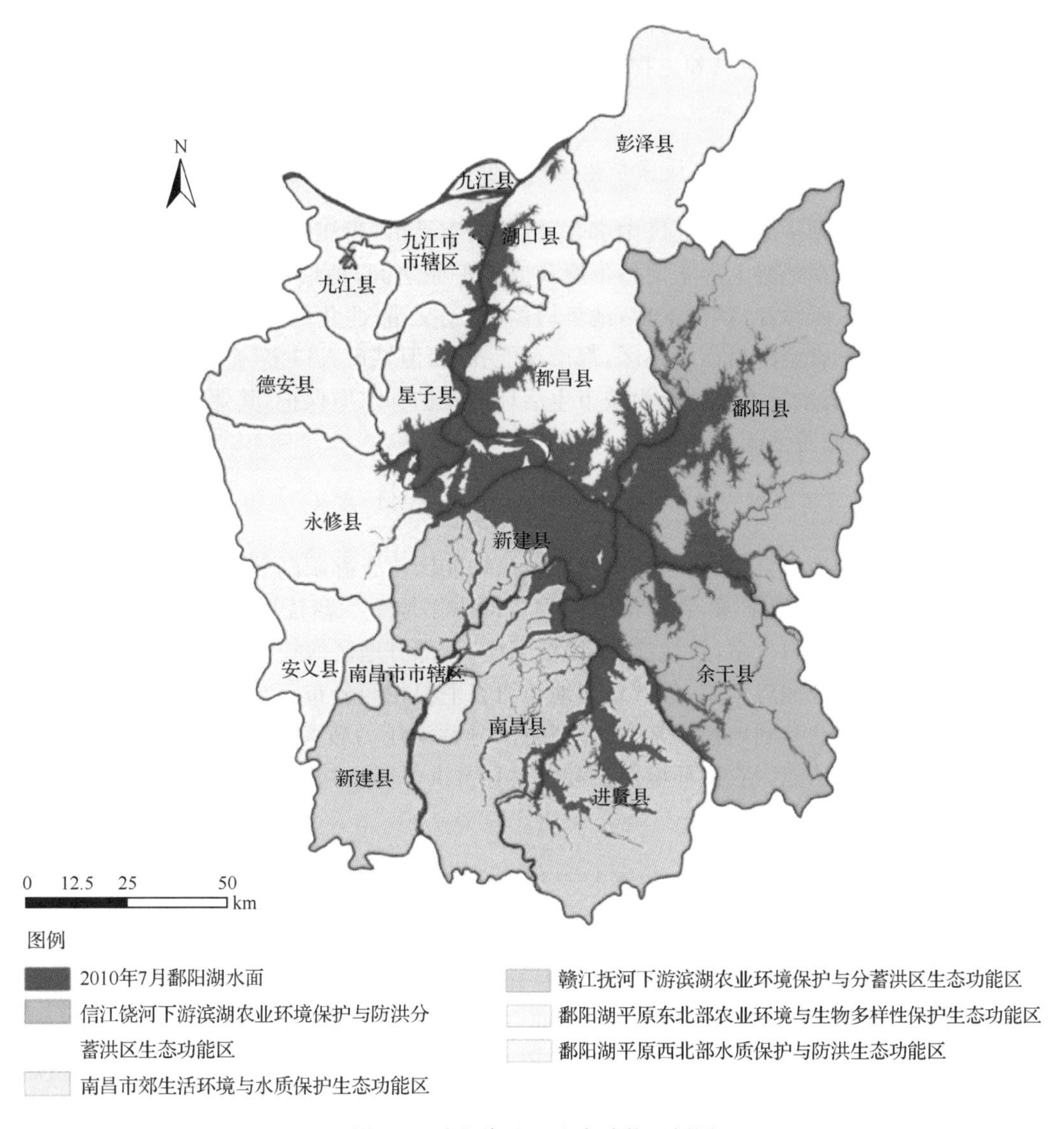

图 7-1 鄱阳湖地区生态功能区划图

九江市市区位于该区内,“三废”和生活污水排放对生态环境,特别是水质影响较大,同时防洪任务重。该区拥有庐山、云居山和峤岭 3 个省级自然保护区和庐山国家级风景名胜区,其生态服务功能主要为水质保护和防洪,其他有农业环境与生物多样性保护、旅游休闲及城市生活环境保护、水土保持。

2) 鄱阳湖平原东北部农业环境与生物多样性保护生态功能区

该区位于鄱阳湖平原东北部,范围包括九江市的都昌、彭泽和湖口三县。地势与鄱阳湖平原西北部生态功能区相对,呈东高西低的总体格局。东南部为黄山支脉盘踞,低山高丘绵亘,中部低丘岗地连绵,间杂众多河谷平原,北部和西部为滨江滨湖平原,湖泊(非鄱阳湖)众多,水网密布。

该功能区农业地位突出，但防洪压力大，同时丘陵面积较多，因而其生态系统服务功能主要为农业环境保护、防洪和生物多样性保护，其他功能主要有水土保持、水源涵养和水质保护。

3）南昌市郊生活环境与水质保护生态功能区

该区地处鄱阳湖平原南部亚区中部，范围包括南昌市，为江西省人口密度最大的一个功能区。该功能区在地势上界于河谷平原和滨湖平原之间，地形可明显分为东南和西北两部分。东南部位于赣江、抚河下游，地势坦荡，河湖交错；西北部为连绵低山、浅丘。

该区为江西省省会南昌市所在区，都市功能齐全，但城市人口多、企业多，水质安全问题突出，因而其生态系统主要功能为城市生活环境保护和水质保护，其他功能有农业环境保护、水土保持和旅游休闲。

4）赣江抚河下游滨湖农业环境保护与分蓄洪区生态功能区

该区范围包括南昌县、新建县和进贤县。该功能区位于鄱阳湖平原腹部，北部与鄱阳湖毗连，地处赣江和抚河下游，省内最大的河口冲击平原——赣抚平原构成全区主体，因而地面低洼、平坦，湖泊众多，耕地连片，堤垸纵横，大部分地区海拔为15～40m，仅在除滨湖方向外地边缘地区地势稍高，且低丘岗地与河谷平原相间分布。

该功能区的农业基础地位非常突出，但防洪分蓄洪压力较大，工业企业较多，因而其生态系统主要服务功能为农业环境保护和防洪分蓄洪，其他功能还有水质保护、水土保持和生物多样性保护。

5）信江饶河下游滨湖农业环境保护与防洪分蓄洪区生态功能区

该生态功能区范围包括上饶市的鄱阳县和余干县，地处信江饶河下游，西与鄱阳湖毗连，地势东高西低，土地利用以林地和耕地为主。主要地貌类型为平原，其余主要为丘陵。该功能区所属两县均属于江西省人口众多的大县，且农业在产业结构中占有重要地位。

该功能区农业人口众多，农业基础地位非常突出，但防洪分蓄洪形式比较严峻，因而其生态系统主要服务功能为农业环境保护和防洪分蓄洪，其他功能为水土保持和水源涵养。

7.2 鄱阳湖地区各生态功能区土地覆盖变化特征分析

7.2.1 功能区土地覆盖类型变化特征分析

1）功能区土地覆盖类型面积变化

利用有关工具分别对各个生态功能区内各类型1980年和2005年的土地覆盖面积进行统计，并计算了面积变化量，如表7-1所示。

表 7-1　1980～2005 年鄱阳湖地区不同生态功能区土地覆盖面积变化

（单位：hm^2）

土地覆盖类型	鄱阳湖平原西北部水质保护与防洪生态功能区			鄱阳湖平原东北部农业环境与生物多样性保护生态功能区			赣江抚河下游滨湖农业环境保护与分蓄洪区生态功能区			南昌市郊生活环境与水质保护生态功能区			信江饶河下游滨湖农业环境保护与防洪分蓄洪区生态功能区		
	1980 年	2005 年	面积变化	1980 年	2005 年	面积变化	1980 年	2005 年	面积变化	1980 年	2005 年	面积变化	1980 年	2005 年	面积变化
森林	214 925	215 510	586	130 843	130 834	−9	69 584	69 863	279	19 834	19 276	−558	178 104	178 058	−46
草地	19 129	17 458	−1 671	30 436	30 048	−389	7 306	7 059	−248	753	758	6	26 512	28 987	2 475
农田	238 563	235 876	−2 687	168 072	167 923	−148	367 831	356 487	−11 344	15 536	7 632	−7 904	293 989	297 913	3 924
聚落	5 527	7 610	2 083	1 795	4 376	205	5 598	20 483	14 885	7 005	16 729	9 724	3 773	4 558	786
水体	106 490	108 179	1 689	89 347	89 688	341	169 101	165 529	−3 572	7 861	6 593	−1 268	150 010	142 872	−7 139
荒漠	66	66	0	31	31	0	0	0	0	0	0	0	51	51	0

从表 7-1 中可以看出，在五大功能区中森林面积增加的功能区为鄱阳湖平原西北部水质保护与防洪生态功能区、赣江抚河下游滨湖农业环境保护与分蓄洪区生态功能区，增加面积分别为 586hm^2、279hm^2；其他三个功能区的面积均减少，其中，南昌市郊生活环境与水质保护生态功能区面积减少最多，为－558hm^2。草地面积减少的功能区为鄱阳湖平原西北部水质保护与防洪生态功能区、鄱阳湖平原东北部农业环境与生物多样性保护生态功能区、赣江抚河下游滨湖农业环境保护与分蓄洪区生态功能区，减少面积分别为－1671hm^2、－389hm^2、－248hm^2。其他两个生态区面积增加，其中，信江饶河下游滨湖农业环境保护与防洪分蓄洪区生态功能区面积增加明显，增加面积为 2475hm^2。农田类型只有信江饶河下游滨湖农业环境保护与防洪分蓄洪区生态功能区为增加趋势，其他生态区均为减少趋势，其中，赣江抚河下游滨湖农业环境保护与分蓄洪区生态功能区减少最明显，减少面积为 11 344hm^2。各生态区聚落类型的面积均呈增加趋势，其中，赣江抚河下游滨湖农业环境保护与分蓄洪区生态功能区聚落类型的面积增加最多，而信江饶河下游滨湖农业环境保护与防洪分蓄洪区生态功能区聚落的面积增加最少。水体类型的面积在鄱阳湖平原西北部水质保护与防洪生态功能区和鄱阳湖平原东北部农业环境与生物多样性保护生态功能区为增加趋势，增加面积分别为 1689hm^2、341hm^2，其他生态区水体类型的面积均减少，其中，信江饶河下游滨湖农业环境保护与防洪分蓄洪区生态功能区的水体类型面积减少最大，减少的面积为 7139hm^2。

2）各功能区土地覆盖类型相对变化率及土地覆盖综合动态度

由于自然、社会与经济等条件的差异，不同类型土地利用的变化也呈现出明显的区域特点。将局部地区的类型变化率与全区的类型变化率进行比较，用以分析研究区范围内特定土地利用类型变化的区域差，采用土地覆盖相对变化率(R)来分析不同土地覆盖类型变化的区域差异(朱会义等，2001)，其公式为

$$R=\frac{|K_{\mathrm{b}}-K_{\mathrm{a}}|\times C_{\mathrm{a}}}{K_{\mathrm{a}}\times|C_{\mathrm{b}}-C_{\mathrm{a}}|} \tag{7-1}$$

式中，K_{a}、K_{b} 分别为区域某一特定土地利用类型研究初期及研究末期的面积；C_{a}、C_{b} 分别为全研究区某一特定土地利用类型研究初期及研究期末的面积。

土地覆盖综合动态度是描述整个区域土地覆盖变化的速度，综合考虑了研究期内土地覆盖类型间的转移，其模型为

$$C=\frac{\sum_{i=1}^{n}|U_{\mathrm{I}i}-U_{\mathrm{O}i}|}{\sum_{i=1}^{n}U_{i}}\times\frac{1}{T}\times 100\% \tag{7-2}$$

式中，C 为土地覆盖综合动态度；$U_{\mathrm{I}i}$ 为研究期内其他土地覆盖类型转变为 i 类的面积之和，即转入量；$U_{\mathrm{O}i}$ 为研究期内 i 类型转变为其他类型的面积之和，即转出量；U_i 为研究初期第 i 类土地覆盖类型面积。

按上述方法分别计算了各功能区的1980～2005年的相对变化率和综合动态度，如图7-2和图7-3所示。

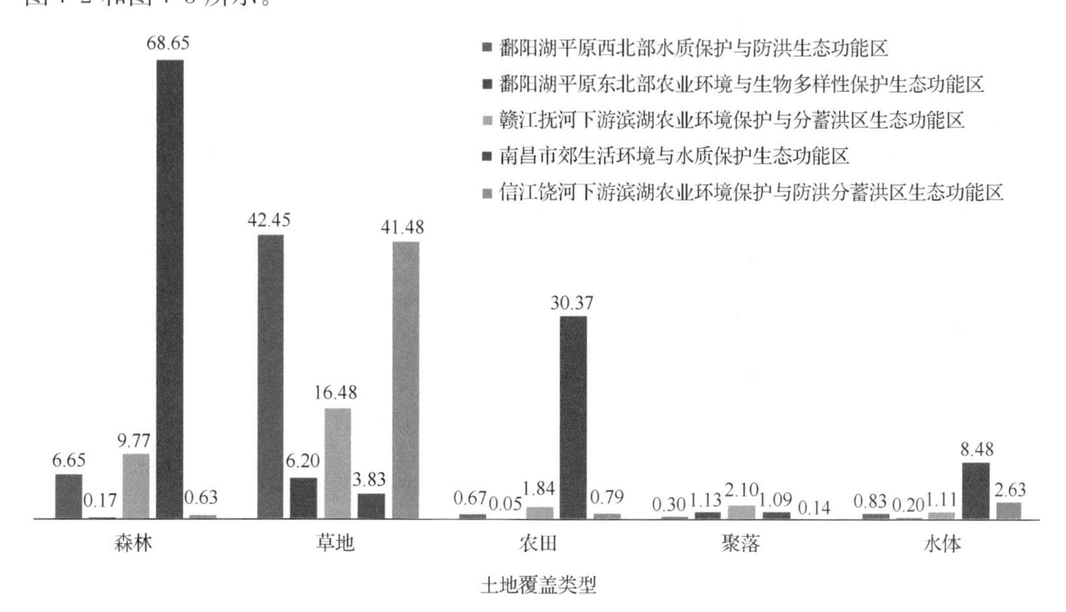

图7-2　不同生态功能区土地覆盖相对变化率(%)

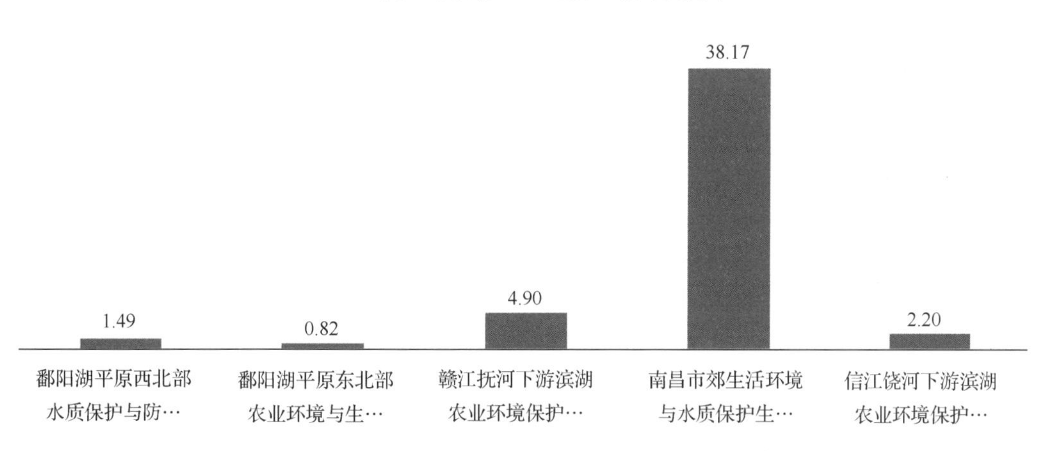

图7-3　不同生态功能区土地覆盖综合动态度(%)

由图7-2和图7-3可以看出，南昌市郊生活环境与水质保护生态功能区的森林类型、农田类型、水体类型的相对变化率最高，分别为68.65%、30.37%和8.48%；该区土地覆盖综合动态度也是所有生态区中最好的，其动态度为38.17%。

鄱阳湖平原西北部水质保护与防洪生态功能区草地类型的相对变化率是最高的，为42.45%；其次为森林类型的相对变化率，为6.65%；其他类型均低于整个区域的变化率；该区土地覆盖综合动态度为1.49，居第四位。

鄱阳湖平原东北部农业环境与生物多样性保护生态功能区相对变化率最高的为草地类型，相对变化率为6.20%，其次为聚落类型，其他类型的变化率均低于整个区域的变化率；其土地覆盖综合动态度为0.82，为所有区域中土地覆盖综合动态度最低的区域。

赣江抚河下游滨湖农业环境保护与分蓄洪区生态功能区相对变化率最高的为草地类型，其次为森林类型，相对变化率分别为16.48%、9.77%，农田、聚落、水体类型的变化率也均高于整个区域的变化率，相对变化率分别为1.84%、2.10%、1.11%；其土地覆盖综合动态度为4.90，居第二位。

信江饶河下游滨湖农业环境保护与防洪分蓄洪区生态功能区相对变化率最高的为草地类型，其次为水体类型，其相对变化率分别为41.48%、2.63%，其他类型的相对变化率均小于整个区域的变化率；其动态度为2.20，居第三位。

7.2.2 功能区景观格局变化分析

利用Path Analyst计算了各功能区1980年和2005年景观水平上的景观多样性指数、景观均匀度指数、斑块形状指数等，结果如表7-2所示。

表7-2 不同生态功能区的景观格局指数

区域	年份	SDI	SEI	MSI	ED	MPS	NUMP	PSSD
鄱阳湖平原西北部水质保护与防洪生态功能区	1980	2.23	0.77	2.40	55.60	235.67	2481	1145
	2005	2.24	0.77	2.41	55.37	238.65	2450	1199
鄱阳湖平原东北部农业环境与生物多样性保护生态功能区	1980	2.08	0.74	2.37	53.66	246.06	1709	1791
	2005	2.10	0.74	2.40	54.78	248.18	1704	1825
南昌市郊生活环境与水质保护生态功能区	1980	2.19	0.83	2.23	54.95	184.74	276	445
	2005	2.06	0.78	2.20	47.15	211.57	241	765
赣江抚河下游滨湖农业环境保护与分蓄洪区生态功能区	1980	1.75	0.63	2.25	43.00	331.24	1870	2495
	2005	1.81	0.65	2.25	42.75	332.84	1861	2280
信江饶河下游滨湖农业环境保护与防洪分蓄洪区生态功能区	1980	1.92	0.69	2.28	49.11	333.22	1958	2869
	2005	1.79	0.65	2.27	44.45	366.95	1778	3860

由表7-2可见，1980～2005年各生态区景观格局指数均发生了不同程度的变化，具体变化特征如下：①鄱阳湖平原西北部水质保护与防洪生态功能区与鄱阳湖平原东北部农业环境与生物多样性保护生态功能区的景观指数变化趋势相同，即香农多样性指数、香农均匀度指数和形状指数均没发生明显变化，边缘密度指数减小，斑块个数减少，斑块平均面积增加，斑块面积标准差增加，因而这两个生态功能区的总体景观格局变化特征不明显，但斑块破碎化程度稍微减弱。②南昌市郊生活环境与水质保护生态功能区是土地覆盖变化最为明显的区域，其景观格局也发生了较大的变化。香农均匀度指数和香农多样性指数均称下降趋势，形状指数减少，边缘密度指数变小，斑块平均面积增大，斑块个数减少，面积标准差增大。因而，该区景观格局变化特征为景观多样性减少，景观破碎化程度

降低，各类型斑块发展差异显著，景观格局受人类影响较大。③赣江抚河下游滨湖农业环境保护与分蓄洪区生态功能区香农多样性指数和香农均匀度指数均增大，形状指数和边缘密度指数基本不变，斑块个数减少，平均斑块面积增大，斑块面积标准差减小。因此，该区景观格局变化特征是香农多样性指数稍微增加，景观形状基本不变，景观破碎化程度减弱，但变化不明显。④信江饶河下游滨湖农业环境保护与防洪分蓄洪区生态功能区香农多样性指数、香农均匀度指数和边缘密度指数均减少，斑块个数减少，斑块面积标准差增大。因此，该区的景观格局变化特点为景观多样性减少，破碎度减少，景观总体受人类影响较大。

第三篇　鄱阳湖水环境遥感监测与环境影响分析

第8章 鄱阳湖湖区水环境遥感调查

8.1 鄱阳湖湖区水质参数测量

8.1.1 采样点布设

本书共进行了3次水质采样和同步水体光谱测量工作，时间分别为2011年10月、2012年7月和2012年10月，其中，2012年7月为大规模采样。本试验区采样点布设为中国科学院南京地理与湖泊研究所鄱阳湖湖泊湿地观测研究站的24个常规观测点，以及根据湖面情况、水质变化等条件增加的部分样点。常规监测点对鄱阳湖水质变化特征明显且具有代表性意义，其主要分布在湖区和五河入口处(图8-1)。同时在丰水期(7月)水位较高时进行了大规模采样，如2012年7月鄱阳湖湖区采样点分布情况见图8-2。

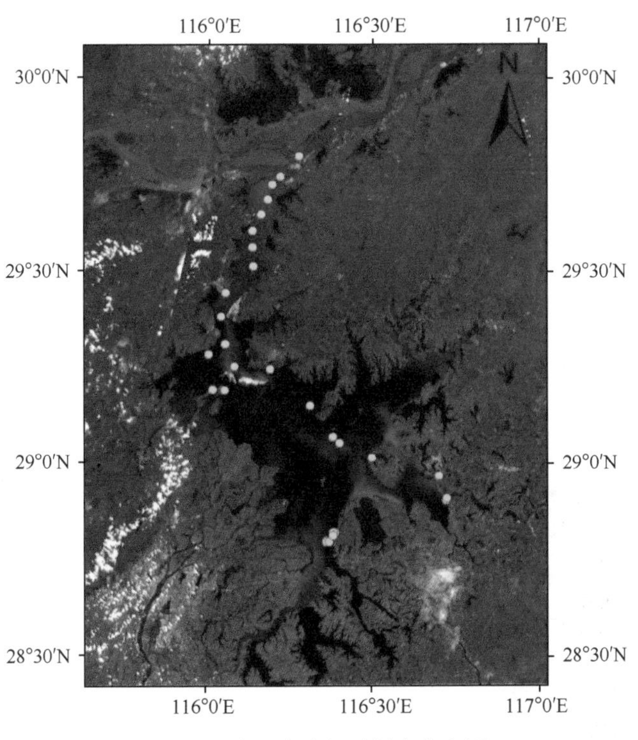

图8-1 鄱阳湖常规采样点分布图

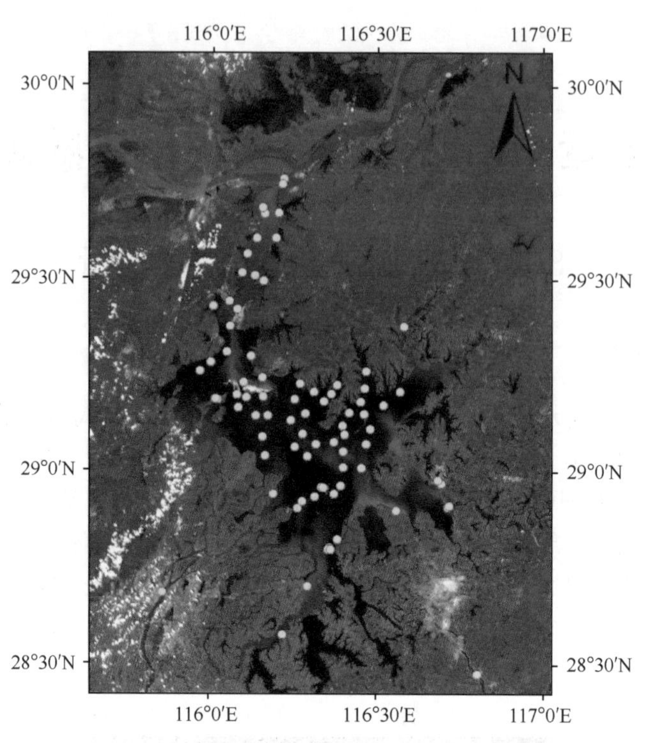

图 8-2　2012 年 7 月鄱阳湖采样点分布图

8.1.2　采样与分析

野外采样的工作由水质测量人员和光谱测量人员共同参与。如图 8-3 所示的是 2011 年 10月，光谱测量和水质同步获取的工作照片。

图 8-3　2011 年 10 月鄱阳湖湖区水质采样工作

本书用到的水质实验数据是由中国科学院南京地理与湖泊研究所鄱阳湖湖泊湿地观测研究站工作人员进行现场采集和室内分析。现场采集水样，在船上进行预处理，湖上试验结束后带回实验室进行分析测定，提供叶绿素 a 浓度测值。现场采集数据的同时，记录该点现场监测数据，主要有采样日期、采样点名称、地理坐标、天气状况、风速、风向、水温、叶绿素、透明度、pH、DO(溶解氧)等数据。水样在实验室内分析的主要水质参数有：悬浮物、总磷、总氮、叶绿素 a。采集的样品必须当天实验测定。本书仅用到实验室内分析得到的叶绿素 a 浓度。水体叶绿素 a 浓度在实验室测定的步骤为：样品过滤—滤膜冷冻—溶解叶绿素—再次过滤—比色(754 紫外—可见分光光度计)—计算得到叶绿素 a 浓度。

8.2 鄱阳湖湖区水色光谱采集

本书共进行了 3 次同步水体光谱测量，分别为 2011 年 10 月、2012 年 7 月和 2012 年 10 月。每次的实验分为野外水体光谱实验和实验室内化验。

8.2.1 原理与方法

水质遥感是利用表观光学量反演水体各组分的浓度，其基本量是离水辐亮度 L_w 和水面入射辐照度 $E_d(0+)$，二者均不能直接测量(李云梅等，2010)。利用光谱仪测量水面光谱的目的是获取水面反射率，并导出离水辐射 L_w、归一化离水辐射 L_{wn}、遥感反射率 R_{rs} 等参数。

通过计算可求得以下表观光学量：

$$R_{rs} = \frac{L_w}{E_d(0^+)}$$

$$L_w = L_{sw} - rL_{sky} \tag{8-1}$$

$$E_d(0^+) = \frac{\pi \cdot L_p}{\rho_p}$$

式中，R_{rs} 为遥感反射率；L_w 为离水辐亮度；r 为气-水界面对天空光的反射率；$E_d(0^+)$ 为水面入射辐照度；L_p 为标准灰板的测量值；ρ_p 为标准灰板的反射率。

表观光学量由水面以上测量方法测得，水面以上测量方法有垂直测量法和倾斜测量法(刘剋，2006)。为了尽可能避免水体对太阳的直射反射，减少太阳耀斑和船体对水面光谱的影响，水面光谱的观测采用如图 8-4 所示的观测几何(唐军武等，2004)。

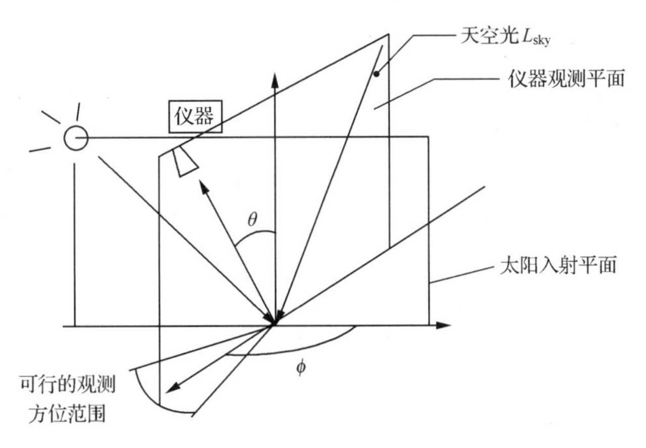

图 8-4 水体光谱测量几何(李云梅等，2010)

$\phi=135°, \theta=40°$

8.2.2 采样设备

野外光谱测量使用的仪器有美国 ASD 公司制造的便携式近红外光谱仪 FieldSpec HH 一台，反射率为 25%的灰板一个，装有便携式近红外光谱仪软件的手提电脑一台。其中，便携式近红外光谱仪测定的光谱范围为 350～1050nm，光谱分辨率为 1nm，前视场角为 25°。

8.2.3 野外实测数据获取与处理

利用仪器直接测量，得到如下四个参数：L_{sw}（仪器对着水面测量获得的测量值）、L_{sky}（仪器对着天空光的测量值）、L_{p}（仪器对着参考板的测量值）、L_{pdif}（仪器对着遮挡太阳光后的漫反射参考板获得的测量值）。其中，仪器对着天空测量选择以下观测几何：仪器对着水面测量后，旋转 180°，θ 仍为 40°，φ 不变。测量漫反射参考板时，仪器在板的正上方垂直向下测量。

测量步骤如下：仪器提前预热—暗电流测量—标准板测量 L_{p}—遮挡直射阳光的标准板测量 L_{pdif}—目标测量 L_{sw}—天空光测量 L_{sky}—标准板测量 L_{p}—遮挡直射阳光的标准板测量 L_{pdif}。

实验操作过程应注意：

快速连续测量多条曲线，并可设置采样间隔，以便测量时间能够跨越波浪周期。

按空格键后能够听到提示音，此时表明光谱曲线已保存。保存数据时界面是否提示出现饱和。若饱和，则存储数据前必须重新优化。

目标测量曲线每个不得少于 10 条，且测量时间至少跨越一个波浪周期，以修正因测量平台摇摆而导致的误差。测量水体目标时，不能让仪器进行自动增益调整或内部平均，否则易将随机的太阳直射反射带入平均结果中。

由于即使在 1s 内水面的太阳直射反射和白帽也会有很大变化，因此积分时间最好为 100～200ms，更短的时间会导致仪器信噪比太差。

操纵光谱仪的人在记录光谱数据前要观察曲线的形状，如果曲线形状比较正常，且比较稳定，则拍下空格键，记录曲线。

2011 年 10 月野外光谱测量情况见表 8-1。鄱阳县饶河处的两个样点均因太阳高度角太低，光谱未测出。还有一些样点是在中午 12 时左右测得的，光谱曲线总是达到饱和，重新优化了多次。

表 8-1　水体光谱测量记录表

编号	湖泊所编号	文件夹名称	灰板测量	遮光灰板测量	目标测量	天空光测量	灰板测量	遮光灰板测量	备注
1	10	1	0～14	15～29	33～47	48～62	63～77	78～92	30～3
2	9	2	30～44	45～59	60～74	75～89	90～104	105～119	0～29
3	8	3	0～14	15～29	30～44	45～59	60～74	75～89	
					90～104	105～119	120～134	135～149	坏

续表

编号	湖泊所编号	文件夹名称	灰板测量	遮光灰板测量	目标测量	天空光测量	灰板测量	遮光灰板测量	备注
4	6	4	0～14	15～29	30～44	45～59	60～74	75～89	
5	7	5	0～14	15～29	30～44	45～59	60～74	75～89	
6	5	6	0～14	15～29	30～44	45～59	60～75	76～90	多一条
7	3	7	0～14	15～29	30～44	45～59	60～74	75～89	
8	1	8	0～14	15～29	30～44	45～59	63～77	78～92	60～62
9	2	9	0～14	15～29	30～44	45～59	66～80	81～95	60～65
10	4	10	0～14		15～29	30～44	45～59		
11	15	11	1～15	16～30	31～45	46～60	61～75	76～90	0 坏
12	14	12	0～14	15～29	30～44	45～59	60～74	75～89	
13	加 1	13	0～14	15～29	30～44	45～59	60～74	75～89	
14	13	14	0～14	15～29	30～44	45～59	60～74	75～89	
15	12	15	0～14	15～29	30～44	45～59	60～74	75～89	
16	加 2	16	0～14	15～29	30～44	48～62	63～77	78～92	46～47
17	11	17	0～14	15～29	30～44	45～59	60～74	75～89	
18	CJ_0	18	0～14	15～29	30～44	45～59	60～74	75～89	
19	加 3	19	0～14	15～29	30～44	45～59	60～74	75～89	
20	20	20	0～14	15～29	30～44	45～59	60～74	75～89	
21	16	21	0～14	15～29	30～44	45～59	60～74	75～89	
22	17	22	0～14	15～29	30～44	45～59	60～74	75～89	
23	18	23	0～14	15～29	30～44	45～59	60～74	75～89	
24	21	24	0～14	15～29	51～65	66～80	81～95	96～110	30～50
25	22	25	0～14	15～29	30～44	45～59	63～77	78～92	60～62
26	23	26	21～35	36～50	51～65	66～80	87～101	102～116	81～86
27	24	27	0～14	15～29	30～44	45～59	60～74	75～89	
28	加 4	28	0～14	15～29	30～44	45～59	60～74	75～89	
29	加 5	29	0～14	15～29	30～44	45～59	60～74	75～89	

将野外采集的光谱数据带回实验室,在 ViewSpec Pro (V2.10)中进行处理。主要的处理工作是对每一采样点各参数的 15 条光谱曲线进行剔除处理,然后求各参数的平均值,最后根据式(8-1)求得每一采样点的水体光谱。如 2011 年 3 号样点目标光谱曲线(图 8-5),舍弃坏线或极值线,并对剩余曲线进行平均值计算,得出唯一的目标光谱曲线。同样步骤,得出其余 3 个参数的光谱曲线。由于数据格式为非文本数据格式(*.nm),将其转化成文本文件格式(*.txt),导入 Excel 中,最后通过式(8-1)得出该样点的水体反射率。数据处理的结果以 2011 年 10 月鄱阳湖 3 号采样点的反射率曲线为例(图 8-6)。鄱阳湖水体光谱普遍较高,特别是在 12 号、17 号、加 1 号和加 2 号点,反射率居前 4 位,最大反射率均大于 0.07,12 号、加 1 号和加 2 号点的最大反射率高于 0.10,经调查发现,这几个点在采样时期内泥沙浓度较高,这可能是导致其反射率偏高的主要原因。

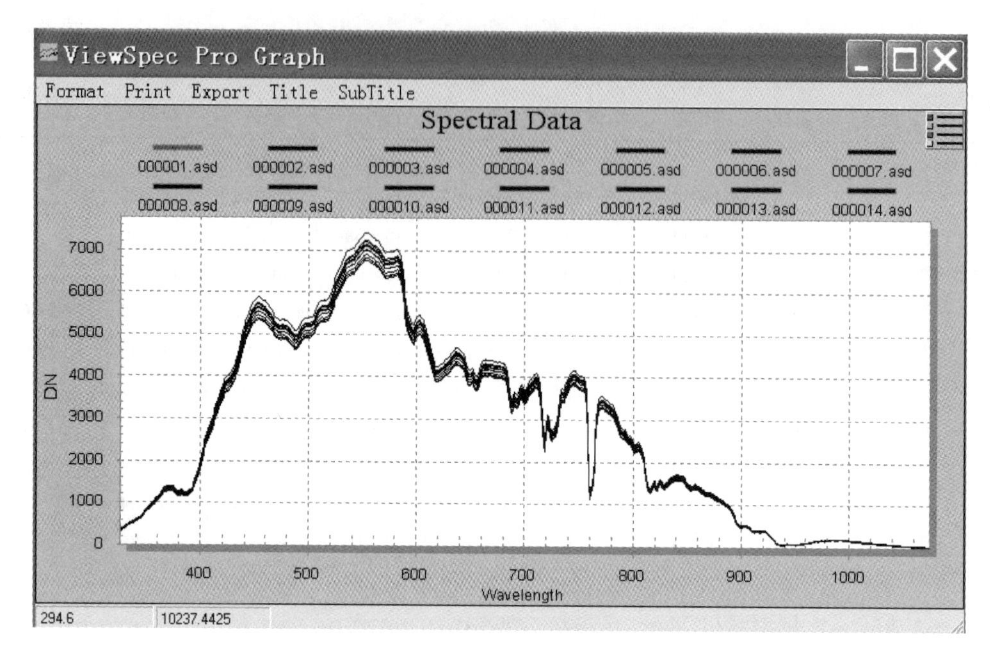

图 8-5　3 号采样点的目标光谱 DN 值

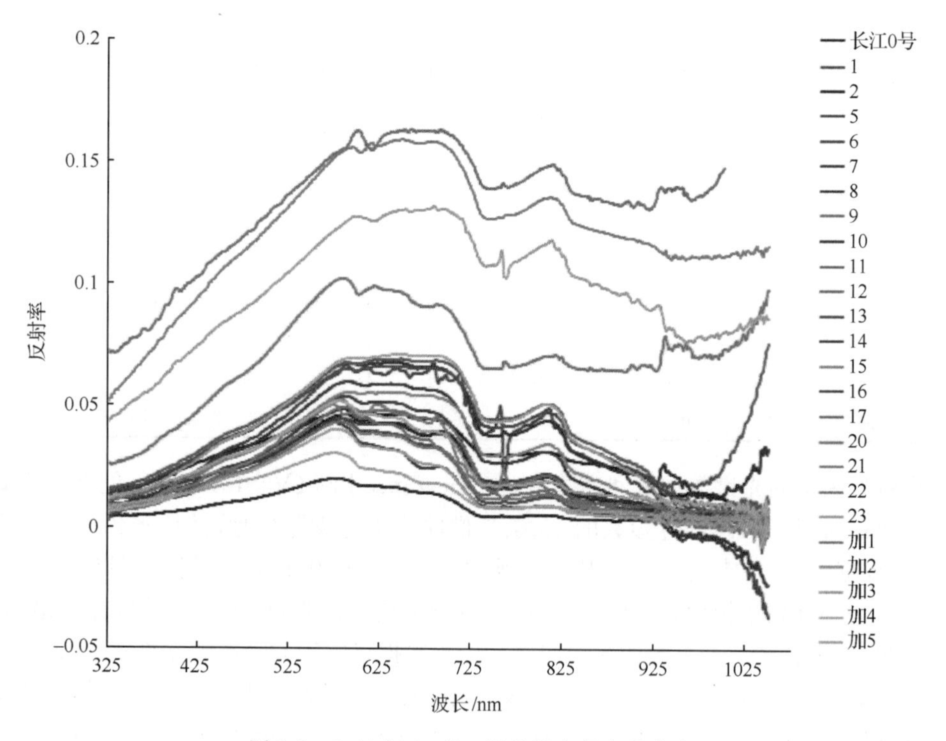

图 8-6　2011 年 10 月 3 号采样点的光谱曲线

第 9 章　基于高光谱数据的鄱阳湖水体光谱特征分析

9.1　水体光谱的特征分析

9.1.1　原始光谱特征分析

由于人为操作失误或环境条件恶劣等因素可能造成采样点光谱曲线异常，为此首先要进行异常剔除处理。剔除异常后，3 次实验分别得到 21 条、29 条、15 条水体反射率光谱曲线(图 9-1)。鄱阳湖水体光谱特征表现为：在波长 570nm 附近呈现反射峰，这是由于叶绿素和胡萝卜素弱吸收及细胞的散射作用形成的；在 624nm 附近出现谷值或呈现肩状，与藻清蛋白的吸收峰 624nm 处的吸收系数较大有关；在 670nm 附近呈现吸收峰，出现了部分异常，如 2011 年 10 月实验的 1 号点在该处附近并没有吸收峰，这可能是由于该处的叶绿素浓度过低，只有 1.88μg/L。在 700nm 附近出现荧光峰，它的出现是含藻类水体最显著的特征；在 811nm 附近呈现肩状峰，这是水体的悬浮物引起的。大部分采样点的叶绿素光谱特性并不显著，其主要原因是该区域的叶绿素浓度绝对值并不是很高，且常年捞沙作业使得湖区泥沙含量较大，透明度较低(邬国丰和崔丽娟，2008)。由图 9-1 可知，2011 年 10 月与 2012 年 10 月的水体反射率光谱特征不明显，2012 年 7 月的水体反射率的光谱特征较显著，尤其是 670nm 附近的吸收峰与 700nm 附近的反射峰(该两处的反射率值也是学者们经常用来估算叶绿素浓度的波段值)。光谱特征出现明显差异的原因可能是枯水期(1 月)与丰水期(7 月)相比，水体面积、水体含沙量、水体叶绿素浓度都相差很多。

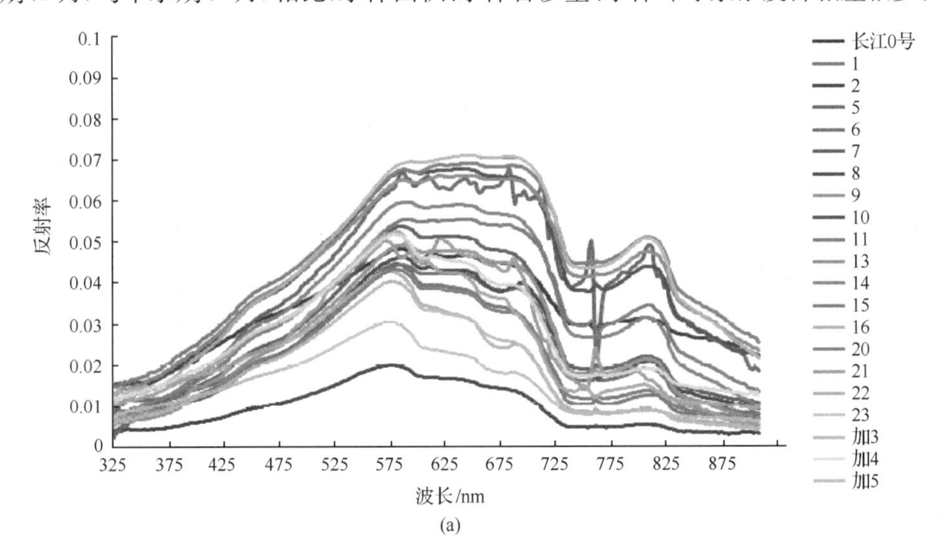

(a)

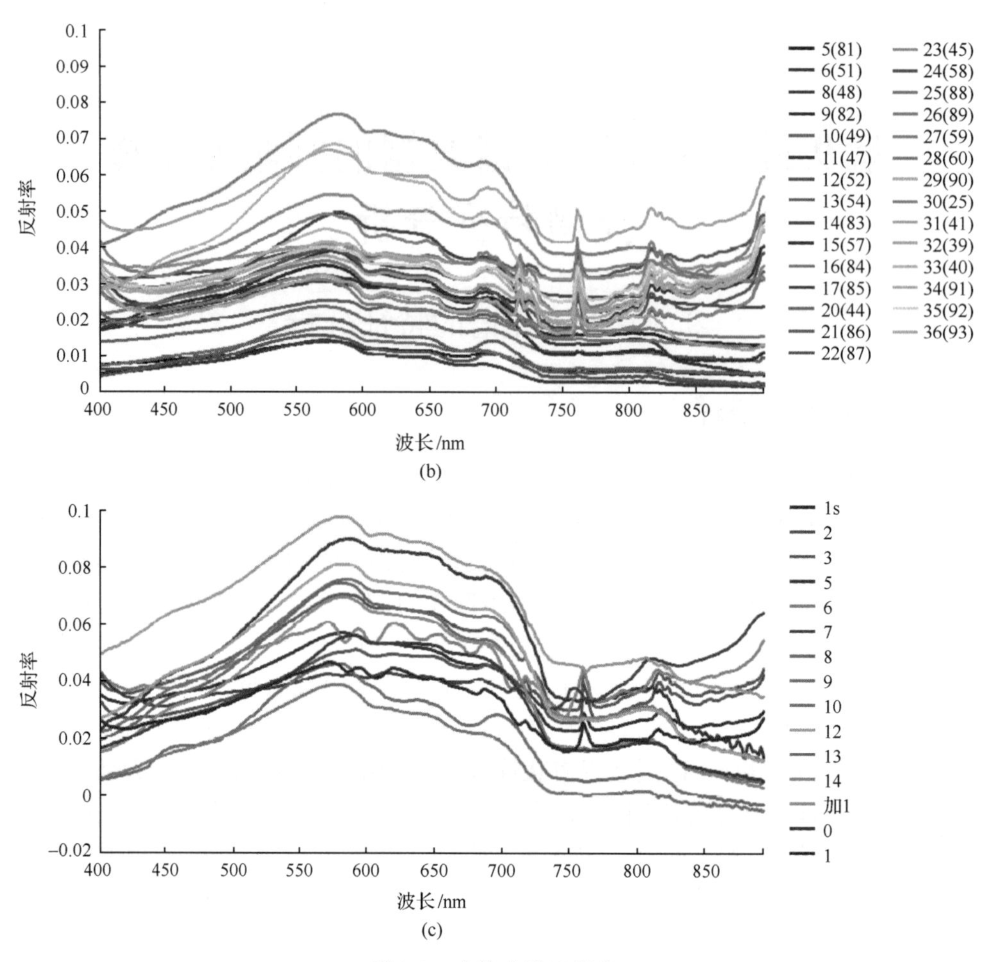

图 9-1　水体光谱反射率

(a)2011 年 10 月；(b)2012 年 7 月；(c)2012 年 10 月

9.1.2　光谱归一化处理

为使环境遮挡、测量角度变化等条件下测量得到的水体光谱具有可比性，将异常点剔除后的光谱曲线进行归一化处理，对遥感反射率进行归一化采用的方法是：首先对每条反射光谱利用其在可见光(400～877nm)的波段反射率做平均，然后各点的各个波段的相应反射率除以对应的均值，见式(9-1)。鄱阳湖水体样点的归一化遥感反射率光谱见图 9-2。与图 9-1 相比，归一化处理后的曲线变得相对集中，抑制和消除了环境因素不同对光谱曲线的整体影响。尤其是 2012 年的光谱曲线，670nm 附近的吸收峰与 700nm 附近的反射峰更加显著。有

$$R_{\mathrm{N}}(\lambda_i)=\frac{R(\lambda_i)}{\frac{1}{n}\sum_{i=400}^{877}R(\lambda_i)} \tag{9-1}$$

式中，$R_{\mathrm{N}}(\lambda_i)$ 是归一化后的水体反射率；$R(\lambda_i)$ 是原始水体反射率；n 是 400～877nm 波段的波段数。

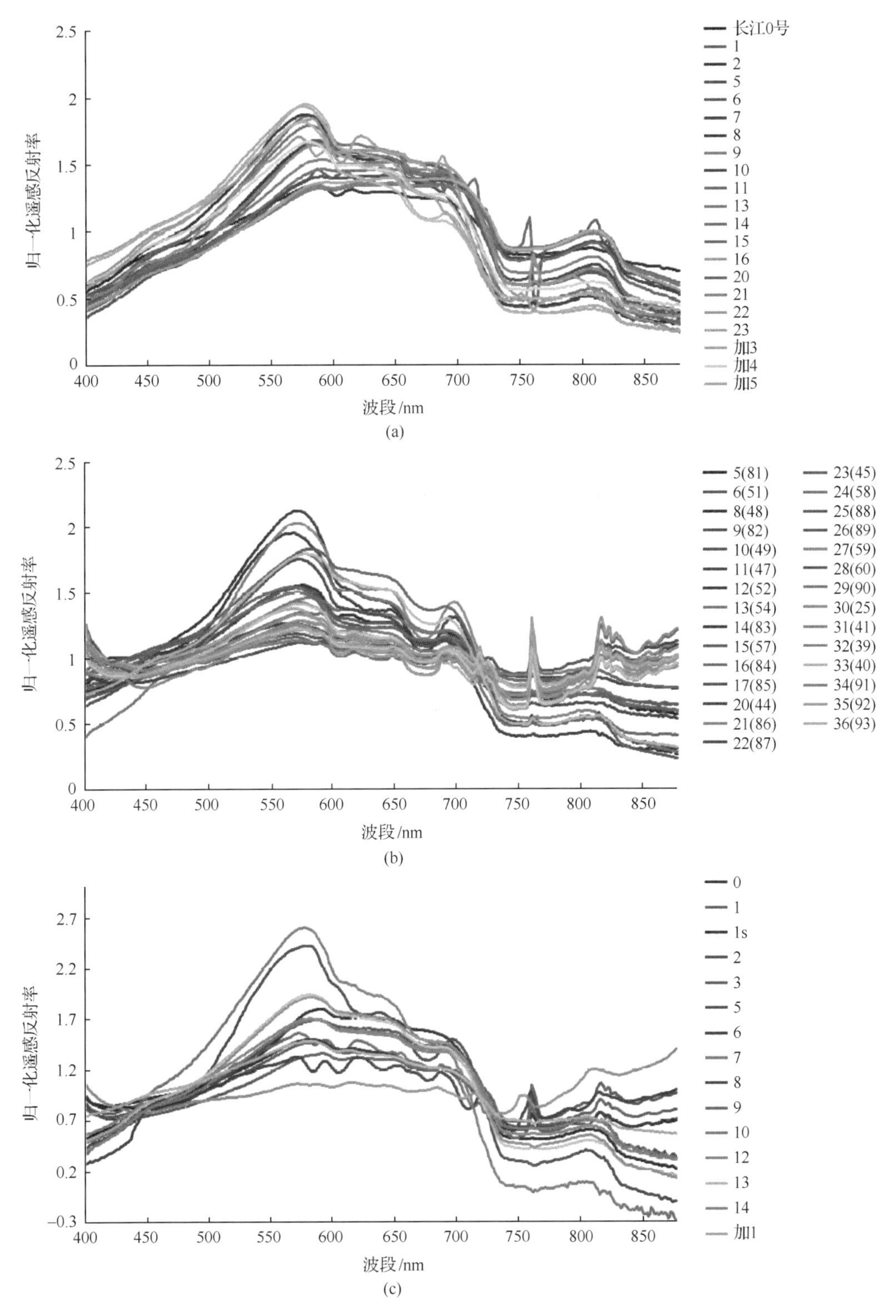

图 9-2　水体归一化遥感反射率

(a)2011 年 10 月；(b)2012 年 7 月；(c)2012 年 10 月

9.1.3 一阶微分光谱处理

微分处理可以去除部分线性或接近线性的环境背景、噪声光谱对目标光谱的影响。对于光谱仪采集的离散型数据，光谱数据的一阶微分近似计算见式(9-2)。实测归一化遥感反射率的一阶微分光谱见图 9-3。图 9-3(a)显示，2011 年 10 月光谱曲线的近红外反射峰与叶绿素的红光反射峰之间，遥感反射率的一阶微分值变化幅度并不大，光谱的吸收和反射特征并不突出。已有的研究成果显示一阶微分值变化幅度最大的位置是在近红外反射峰与叶绿素的红光反射峰之间的 690nm 附近，且光谱特征明显(吕恒等，2006；李素菊等，2002)。出现差异的原因可能是鄱阳湖的水质特别浑浊，且富营养化程度低，导致光谱向长波方向移动，且叶绿素的光谱特征不明显。由图 9-3(b)可以看出，2012 年 7 月原始光谱曲线的弯曲点，以及最大、最小反射率的波长位置变得更加突出。处于近红外反射峰与叶绿素的红光反射峰之间的 690nm 附近，遥感反射率的一阶微分值变化幅度最大，且很好地突出了光谱的吸收和反射特征，与已有的研究成果一致。图 9-3(c)的结果显示，2012 年 10 月光谱曲线的近红外反射峰与叶绿素的红光反射峰之间的 690nm 和 760nm

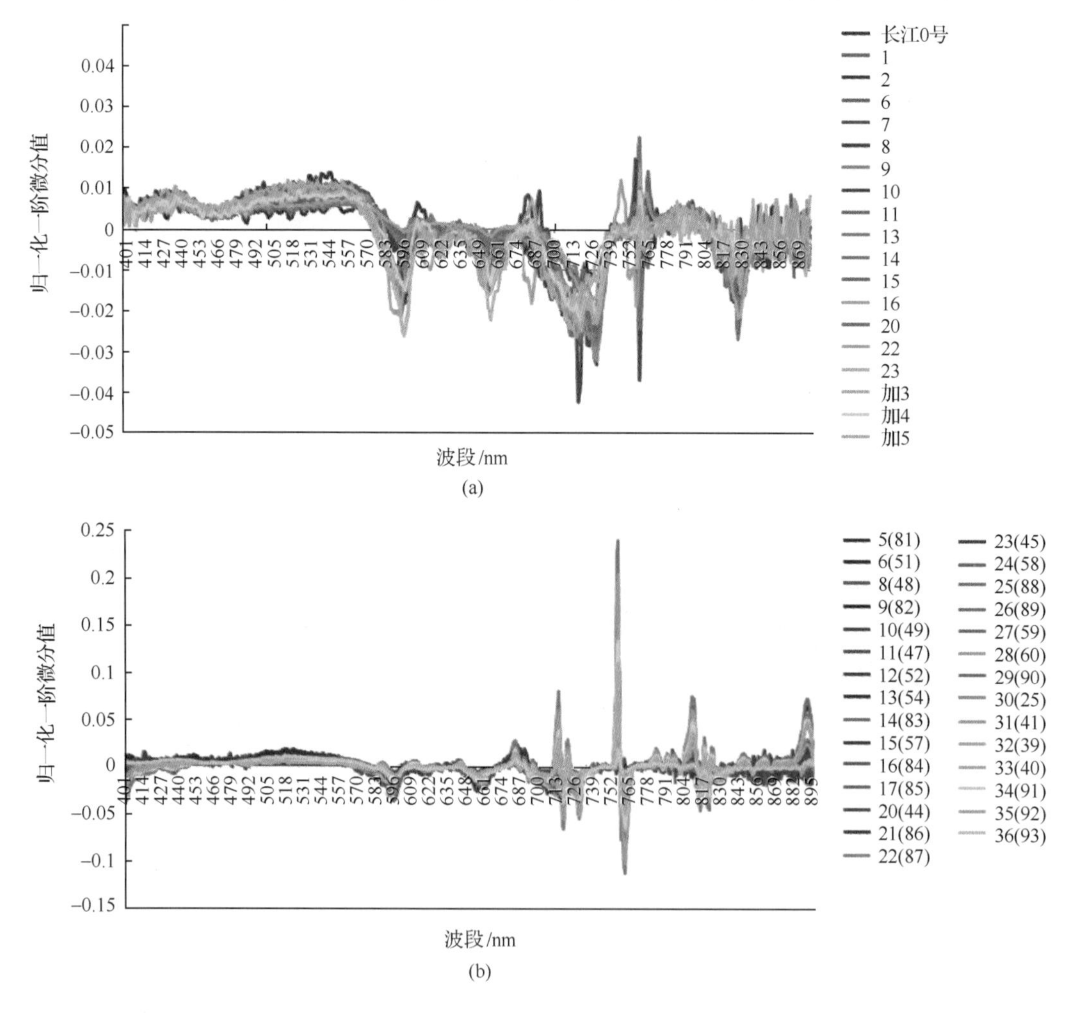

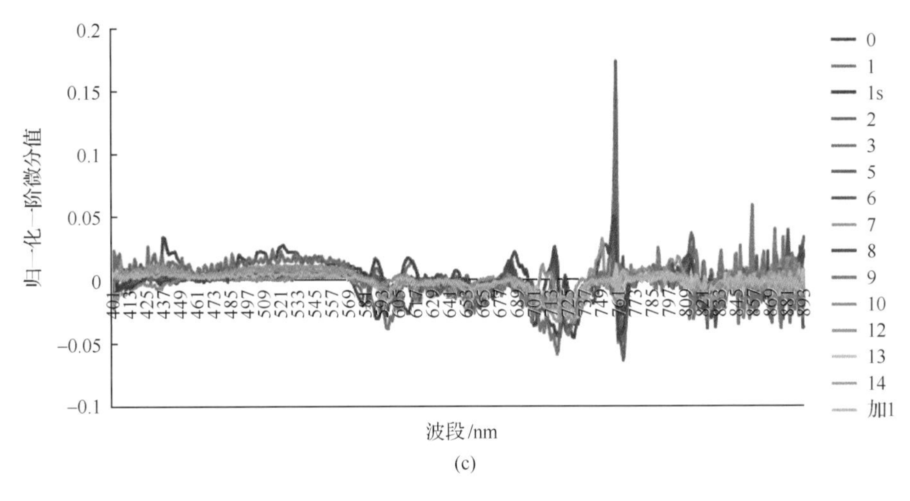

(c)

图 9-3　归一化一阶微分值

(a)2011 年 10 月；(b)2012 年 7 月；(c)2012 年 10 月

附近，遥感反射率的一阶微分值变化幅度最大，且很好地突出了光谱的吸收和反射的特征。有

$$R(\lambda_i)=\frac{R(\lambda_{i+1})-R(\lambda_{i-1})}{\lambda_{i+1}-\lambda_{i-1}} \tag{9-2}$$

式中，$R(\lambda_i)$ 为 λ_i 的一阶微分反射光谱；$R(\lambda_{i+1})$ 和 $R(\lambda_{i-1})$ 为原始数据的反射光谱值；λ_{i-1}、λ_i、λ_{i+1} 为相邻波长。

9.2　敏感波段的分析与选择

采用 2011 年、2012 年的三次水体实测光谱数据和同步水质采样分析数据，对水体实测光谱值，按照式(9-1)的数据处理流程得到水体的归一化遥感反射率和一阶微分处理值。然后，结合水体的叶绿素 a 数据，通过相关性分析选择叶绿素 a 浓度反演的敏感波段区间。

9.2.1　光谱指数的建立

通过构造光谱指数寻找敏感波段，可以使水体叶绿素光谱敏感特性最大化，外部影响因素最小化。通常采用任意两个波段反射率组合的差值、比值、归一化差值等方法获得(刘克等，2012)。本书构造了 4 种光谱指数，即差值指数(D)、比值指数(SR)、归一化差值指数(ND)和单波段指数(R)，如表 9-1 所示(其中，R_{λ_1}、R_{λ_2} 分别为波长 λ_1 nm、λ_2 nm 处的光谱反射率)。利用常规最小二乘方法(OLS)将光谱指数与水体叶绿素浓度进行迭代回归分析，计算出决定系数(R_2)、均方根误差(RMSE)和平均相对误差(PRMSE)。R^2 最大的波段组合所构造的光谱指数即为最佳光谱指数。

表 9-1　估算叶绿素浓度的高光谱指数

光谱指数	公式
D	$R_{\lambda_1}-R_{\lambda_2}$
SR	$R_{\lambda_1}/R_{\lambda_2}$
ND	$(R_{\lambda_1}-R_{\lambda_2})/(R_{\lambda_1}+R_{\lambda_2})$
R	R_{λ_1}

9.2.2　敏感波段的分析与选择

剔除掉噪声影响较大的波段(325～400nm，878～1050nm)，在400～877nm波段范围内，利用采集的样点(除去异常点)光谱数据与同步获得的水体叶绿素浓度，通过光谱指数，寻找敏感波段，结果如表9-2、表9-3、表9-4所示。光谱指数共分三组，分别基于原始光谱数据、归一化光谱数据和归一化一阶微分光谱数据。

表 9-2　基于 2011 年 10 月光谱的水体叶绿素光谱响应特征

光谱	光谱指数	λ_1/nm	λ_2/nm	a	b	R^2	RMSE /(μg/L)	PRMSE /%
原始光谱	SR	671	671	−184.35	185.46	0.41	3.48	60.33
	ND	671	671	1.11	371.88	0.41	3.48	60.34
	D	655	655	0.73	414.83	0.53	2.76	47.88
	R	809	809	1.68	−4.91	0.07	4.42	76.62
归一化光谱	SR	865	867	−45.31	46.41	0.62	3.02	47.68
	ND	675	691	1.8	−44.98	0.62	2.29	36.2
	D	675	691	1.8	−16.84	0.62	2.39	37.85
	R	678	—	5.2	−2.74	0.17	4.59	72.53
归一化一阶微分光谱	SR	511	535	−3.92	5.71	0.65	2.88	45.54
	ND	651	663	1.68	−1.71	0.68	3.01	47.6
	D	509	510	1.14	−909.74	0.67	5.03	79.49
	R	866	—	1.12	−219.99	0.52	3.49	55.12

表 9-3　基于 2012 年 7 月光谱的水体叶绿素光谱响应特征

光谱	光谱指数	λ_1/nm	λ_2/nm	a	b	R^2	RMSE /(μg/L)	PRMSE /%
原始光谱	SR	689	699	16.32	−13.79	0.5	5.03	39.44
	ND	689	699	2.52	−27.2	0.5	5.1	39.99
	D	689	699	2.6	−683.35	0.53	4.14	32.42
	R	877	—	1.68	−4.91	0.03	7.56	59.26

续表

光谱	光谱指数	λ_1/nm	λ_2/nm	a	b	R^2	RMSE /(μg/L)	PRMSE /%
归一化光谱	SR	690	698	19.46	−16.91	0.5	5.11	40.03
	ND	690	698	2.54	−33.43	0.5	5.17	40.49
	D	690	698	2.51	−13.32	0.46	5.62	44.04
	R	716	—	−0.71	3.32	0.2	6.76	52.95
归一化一阶微分光谱	SR	691	713	2.35	−1.49	0.56	4.29	33.59
	ND	691	713	1.68	−0.4	0.53	4.66	36.51
	D	489	691	2.62	−109.37	0.56	5.02	39.37
	R	691	—	2.29	89.38	0.42	6	47.03

表 9-4 基于 2012 年 10 月光谱的水体叶绿素光谱响应特征

光谱	光谱指数	λ_1/nm	λ_2/nm	a	b	R^2	RMSE /(μg/L)	PRMSE /%
原始光谱	SR	610	638	−22.57	23.3	0.56	2.06	41.67
	ND	610	638	0.72	48.73	0.56	2.07	41.99
	D	610	638	0.46	645.24	0.67	2.58	52.32
	R	874	—	1.65	−13.86	0.19	3.8	77.03
归一化光谱	SR	610	638	−22.57	23.3	0.56	2.06	41.67
	ND	610	638	0.72	48.73	0.56	2.07	41.99
	D	786	790	2.47	64.05	0.52	3.41	69.19
	R	538	—	−0.67	1.43	0.33	3.32	67.37
归一化一阶微分光谱	SR	687	771	1.53	0.02	0.8	1.22	24.62
	ND	407	865	1.36	0.02	0.79	2.09	42.34
	D	423	569	1.88	282.95	0.78	1.71	34.73
	R	787	—	2.11	−153.74	0.56	3.95	80.03

1) 2011 年 10 月 21 个样点(除去异常点)光谱数据处理分析的结果

对比分析认为:①利用迭代分析法基于原始光谱数据寻找的敏感波段决定系数普遍较小。以 655nm 和 669nm 组成的 D 指数相关系数最高,R^2 为 0.53,RMSE 为 2.76。其次为以 671nm 和 673nm 组成的 SR 指数和 ND 指数,R^2 为 0.41,RMSE 为 3.48。单波段对水体叶绿素浓度解释性最差,仅在 809nm 处,R^2 为 0.07。②基于归一化光谱数据寻找的敏感波段决定系数除了单波段外均为 0.62,对水体叶绿素浓度解释较原始数据好。③基于归一化一阶微分光谱数据寻找的敏感波段决定系数与原始数据、归一化数据相比,均有所增大。以 661nm 和 653nm 组合的 ND 指数相关系数最高,为 0.68;单波段对水体叶绿素浓度解释性也较原始数据有很大改善。总体来说,除了部分单波段指数外,其他光谱指数模型的相关性均达到 $P=0.01$ 的显著水平，但是总体相关性并不高。

为了突出显示最佳波段组合，图 9-4 绘出了 400～877nm 光谱区间各光谱指数与水体叶绿素浓度的线性相关决定系数的等势图。图 9-4 中最佳波段组合区域颜色深浅表示决定系数 R^2 的高低，等势线上的数字表示 R^2 的起点。图 9-4(a)显示，基于原始光谱的决定系数等势图中，各指数对水体叶绿素浓度的敏感波段范围相似，以 680～710nm 与 654～700nm 光谱区间组合为高敏感区。由图 9-4(b)得出，基于归一化光谱的水体叶绿素浓度高敏感区为：689～710nm 与 665～690nm 光谱区间组合。从图 9-4(c)中可看出，基于归一化一阶微分光谱数据的光谱响应的敏感区域非常窄，为：673～680nm 与 650～665nm 光谱区间组合、680～691nm 与 650～670nm 光谱区间组合、662～671nm 与 700～720nm 光谱区间组合。

2) 2012 年 7 月 29 个样点(除去异常点)光谱数据处理分析的结果

对比分析认为：①基于原始光谱数据与叶绿素的相关性分析和基于归一化光谱数据与叶绿素的相关性分析，两种情况均在 690nm 和 700nm 附近相关系数最高。②与原始光谱与叶绿素的相关性相比，归一化光谱数据没有明显提高，可能是由于本次测量的原始光谱受环境因素的影响较小。但是基于原始光谱与归一化光谱数据寻找的敏感波段范围相似且较宽。这为下一步应用到遥感影像的研究提供了依据。③基于归一化一阶微分光谱数据与叶绿素的相关性与前面的原始光谱及归一化光谱与叶绿素的相关性相比，有明显提高。在 690nm 和 713nm 附近相关系数最高。④本次的一阶微分数据的光谱特征比 2011 年秋季得到的一阶微分明显。

为了突出显示最佳波段组合，图 9-5 绘出了 400～877nm 光谱区间各光谱指数与水体叶绿素浓度的线性相关决定系数的等势图。其中，最佳波段组合区域颜色深浅表示决定系数 R^2 的高低，等势线上的数字表示 R^2 的起点。得出 SR、ND 和 D 指数对水体叶绿素浓度的敏感波段范围较宽且相似(红色和橙色部分)，集中分布于 660～700nm 和 682～720nm 波段。敏感波段范围比 2011 年 10 月的宽且集中。

3) 2012 年 10 月 15 个样点(除去异常点)光谱数据处理分析的结果

对比分析认为：①基于原始光谱数据与叶绿素的相关性分析和基于归一化光谱数据与叶绿素的相关性分析，两种情况均在 610nm 和 638nm 附近相关系数最高。②与原始光谱与叶绿素的相关性相比，归一化一阶微分光谱数据有明显提高，达 0.80 以上。这为下一步应用遥感影像的研究提供了依据。③与 2011 年 10 月相比，整体精度明显提高，这可能是由于 2012 年秋季采集的光谱质量要比 2011 年 10 月高。

为了突出显示最佳波段组合，图 9-6 绘出了 400～877nm 光谱区间各光谱指数与水体叶绿素浓度的线性相关决定系数的等势图。其中，最佳波段组合区域颜色深浅表示决定系数 R^2 的高低，等势线上的数字表示 R^2 的起点。由图 9-6 得出，SR、ND 和 D 指数对水体叶绿素浓度的敏感波段范围较宽且相似(红色和橙色部分)，集中分布于 590～700nm 和 540～620nm。归一化一阶微分的光谱数据对水体叶绿素浓度的敏感波段范围窄但较多。

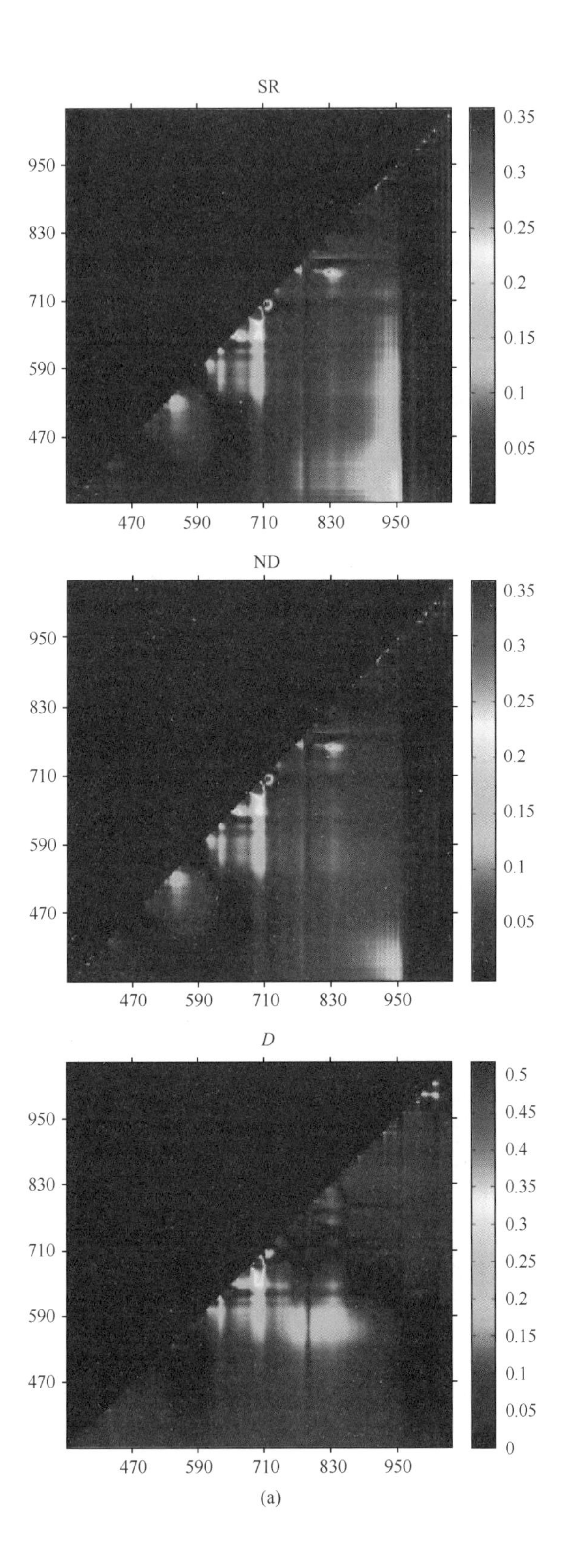
SR
950
830
710
590
470
470
590
710
830
950
0.35
0.3
0.25
0.2
0.15
0.1
0.05
ND
950
830
710
590
470
470
590
710
830
950
0.35
0.3
0.25
0.2
0.15
0.1
0.05
D
950
830
710
590
470
470
590
710
830
950
0.5
0.45
0.4
0.35
0.3
0.25
0.2
0.15
0.1
0.05
0

(a)

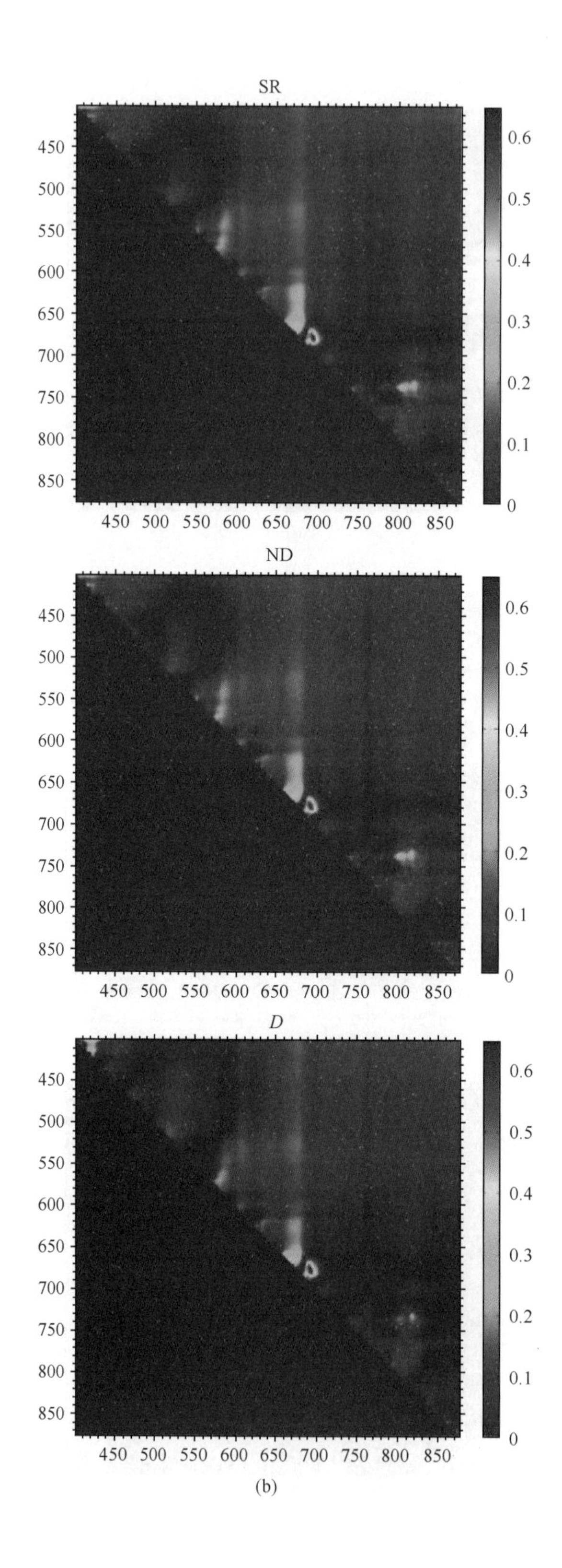
SR
450
500
550
600
650
700
750
800
850
450 500 550 600 650 700 750 800 850
0.6
0.5
0.4
0.3
0.2
0.1
0
ND
450
500
550
600
650
700
750
800
850
450 500 550 600 650 700 750 800 850
0.6
0.5
0.4
0.3
0.2
0.1
0
D
450
500
550
600
650
700
750
800
850
450 500 550 600 650 700 750 800 850
0.6
0.5
0.4
0.3
0.2
0.1
0

(b)

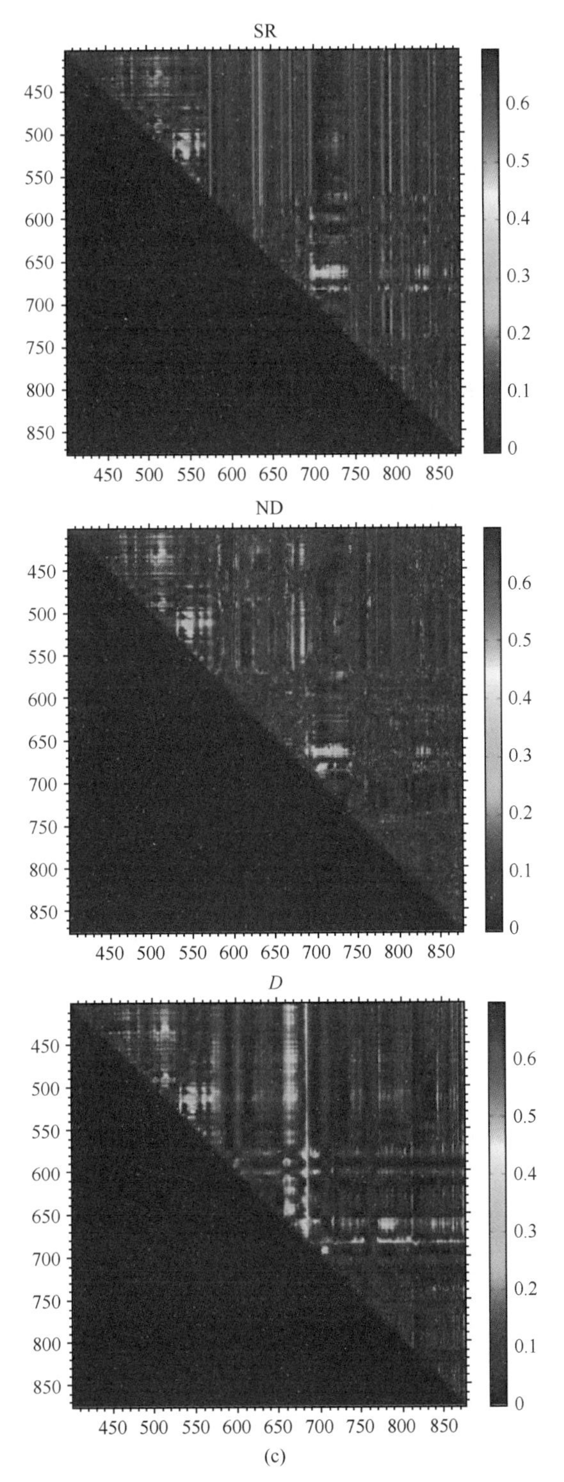

图 9-4　光谱指数与叶绿素浓度的线性相关决定系数等势图

(a)基于原始光谱数据；(b)基于归一化光谱数据；(c)基于归一化一阶微分光谱数据

坐标轴为光谱区间;单位:nm

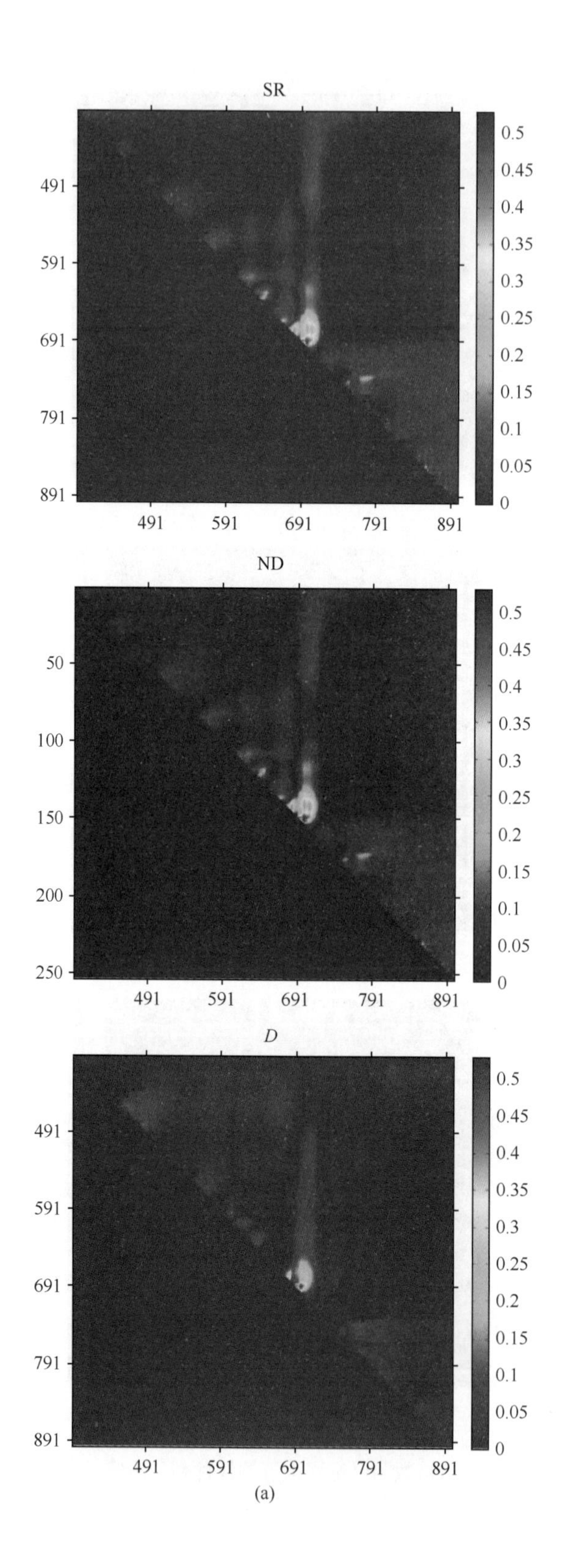

SR
491
591
691
791
891
491
591
691
791
891
0.5
0.45
0.4
0.35
0.3
0.25
0.2
0.15
0.1
0.05
0
ND
50
100
150
200
250
491
591
691
791
891
0.5
0.45
0.4
0.35
0.3
0.25
0.2
0.15
0.1
0.05
0
D
491
591
691
791
891
491
591
691
791
891
0.5
0.45
0.4
0.35
0.3
0.25
0.2
0.15
0.1
0.05
0

(a)

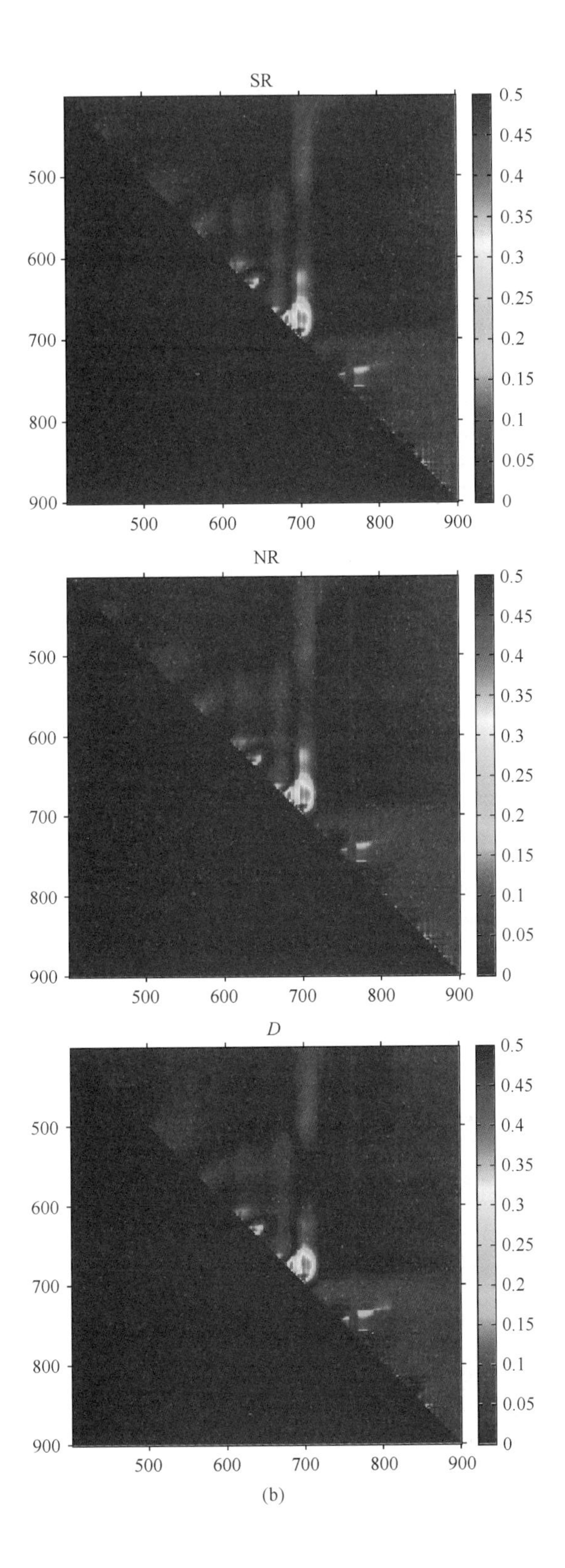

(b)

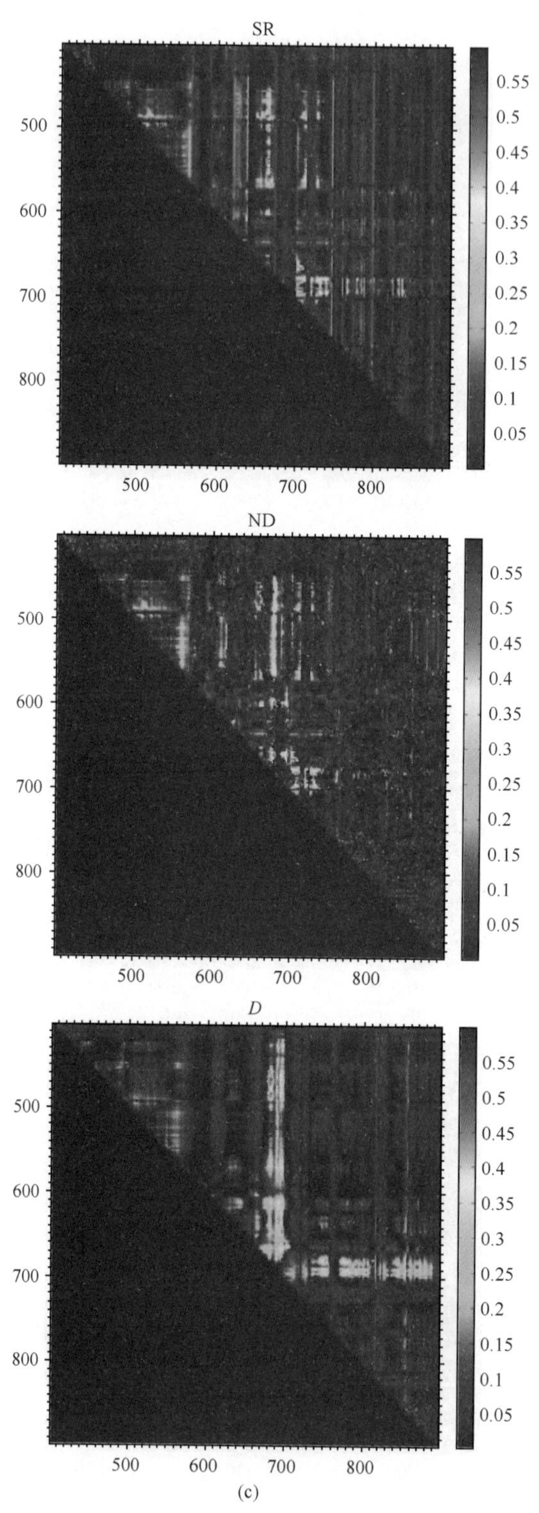

图 9-5　光谱指数与叶绿素浓度的线性相关决定系数等势图

(a)基于原始光谱数据；(b)基于归一化光谱数据；(c)基于归一化一阶微分光谱数据

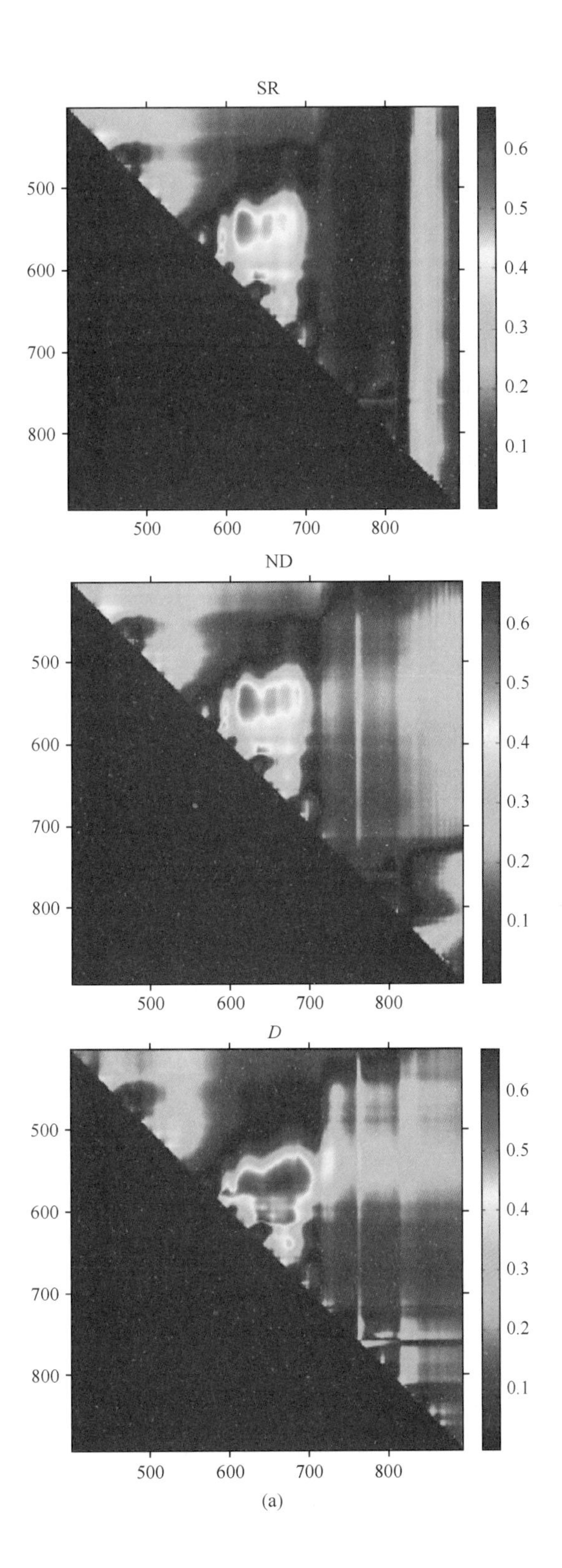

(a)

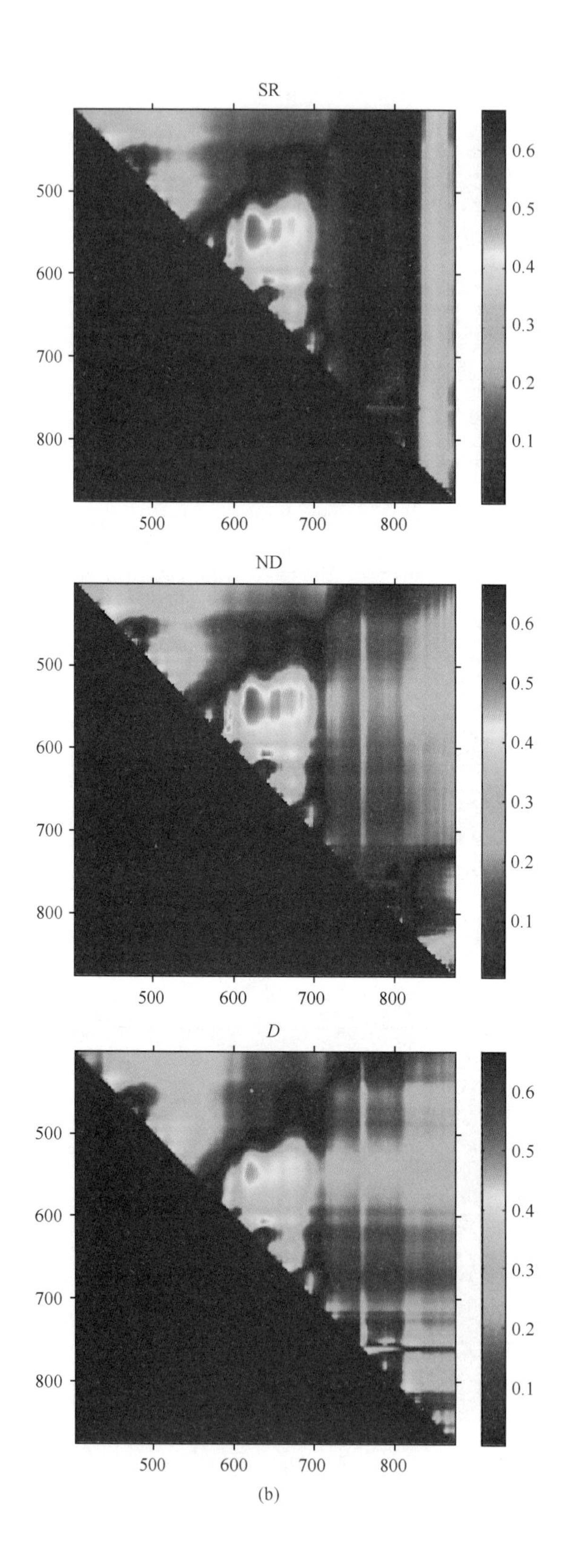
SR
500
600
700
800
500
600
700
800
0.6
0.5
0.4
0.3
0.2
0.1
ND
500
600
700
800
500
600
700
800
0.6
0.5
0.4
0.3
0.2
0.1
D
500
600
700
800
500
600
700
800
0.6
0.5
0.4
0.3
0.2
0.1
(b)

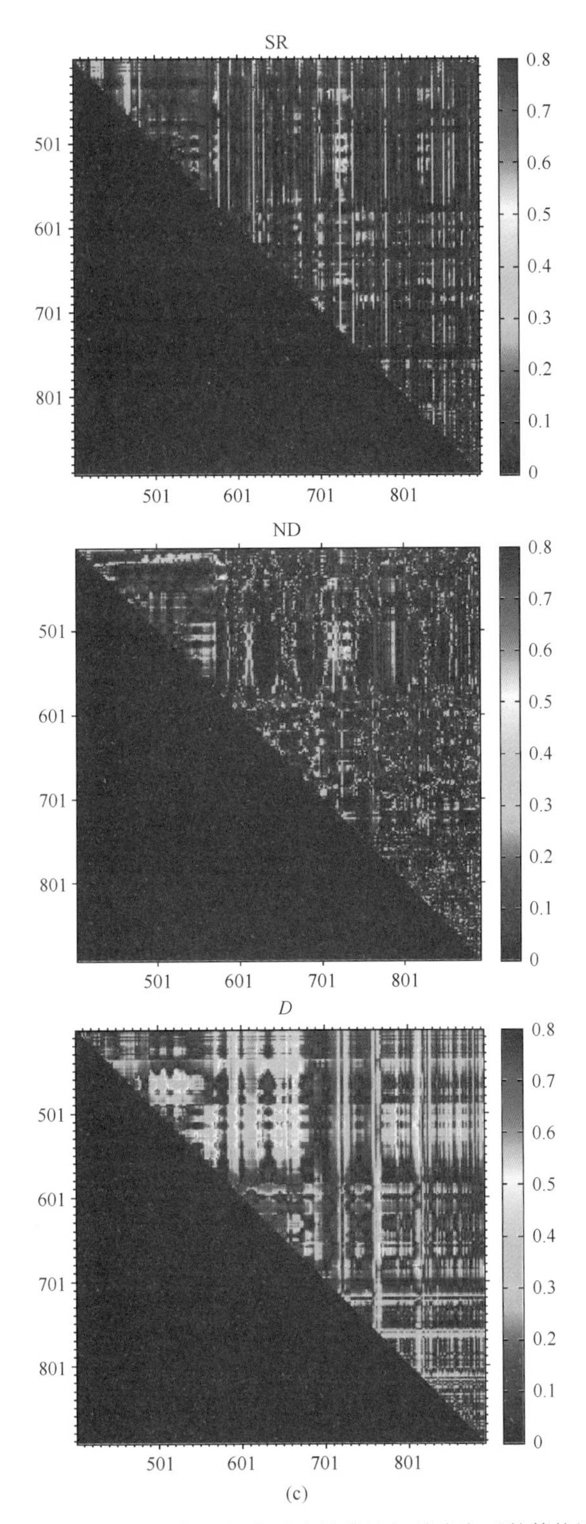

图 9-6　光谱指数与叶绿素浓度的线性相关决定系数等势图

(a)基于原始光谱数据；(b)基于归一化光谱数据；(c)基于归一化一阶微分光谱数据

总体分析认为，2011 年 10 月光谱信息较弱；2012 年 7 月光谱基于不同光谱指数寻找的敏感波段较集中，均为 690nm 与 700nm 附近，与已有的部分研究相符（吴敏和王学军，2005；Harma et al.，2001），但是敏感波段范围较窄；2012 年 10 月基于不同光谱指数寻找的敏感波段为 610nm 与 638nm，与已有的相关研究结论相符（刘小丽等，2009），且敏感波段范围较宽，整体相关性也较 2011 年 10 月与 2012 年 7 月有所提高。

第10章　2009～2012年鄱阳湖叶绿素a浓度反演

10.1　遥感影像预处理

10.1.1　遥感影像预处理

1）重投影

MODIS产品数据的投影一般是Sinusoidal形式，不符合我们正常使用数据的查看方式，因此需要进行重新投影。大多数遥感处理软件都没有Sinusoidal与其他投影方式转换的转换工具，如ENVI。因此，利用专门处理MODIS标准二级以上产品的工具MRT软件，将影像重投影为Albers Conical Equal Area形式。

2）切割

利用ENVI软件，调用resize data模块[envi-basic tools-resize data（spatial/spectral）]，选择需要切割的影像，在spatial subset操作的基础上，人工勾绘出鄱阳湖所在的矩形区域，完成研究区的影像裁剪。

3）地表反射率转化

调用ENVI软件band math模块，通过公式band×0.0001将地表反射率转换到0～1。

4）重采样

将分辨率为500m影像的第1波段和第4波段重采样成250m的影像上，调用ENVI软件resize data模块。将250m的第1～4波段合成一个文件，调用ENVI软件的layer stacking模块，选择需要合成一个文件的各波段数据。

10.1.2　水体提取

由于鄱阳湖独特的水位变动，其枯、丰水期的面积相差很大，如枯水期时，大湖面演变成众多小湖泊及支流，因此需要采用合适的方法准确识别、提取鄱阳湖水体范围。目前常用来进行水体范围提取的方法有归一化植被指数法（NDVI）（Lunetta et al.，2006；Jain et al.，2005）、归一化水体指数法（NDWI）（Xu，2006；周成虎等，2003）、谱间关系法（Hu，2009）等。但是，这些常用方法并不能排除气溶胶、水生植物和观测条件等的干扰。胡传民（2009）提出的浮游藻类指数法（FAI）进行信息提取，可以消除这些环境变量的影响，并且可固定阈值（Feng et al.，2012）。本书采用浮游藻类指数法（FAI）进行水体提取，该方法是基于MODIS数据提出的，它采用红光、近红外和短波红外波段的有效组合提取水体信息，如式(10-1)所示：

$$\mathrm{FAI} = R_{\mathrm{rc}859} - R'_{\mathrm{rc}859}$$
$$R'_{\mathrm{rc}859} = R_{\mathrm{rc}645} + (R_{\mathrm{rc}1240} - R_{\mathrm{rc}645}) \times (859 - 645)/(1240 - 645) \tag{10-1}$$

式中，$R_{\mathrm{rc}645}$、$R_{\mathrm{rc}859}$、$R_{\mathrm{rc}1420}$分别为 MODIS 影像的红光、近红外和短波红外波段的遥感反射率。

由于水体在近红外波段的强吸收作用，水体的 FAI 值比陆地的 FAI 值低很多。通过确定潜在的 FAI 阈值可以获取水体范围边界。本书即采用梯度法(Ekstrand，1992)来确定该 FAI 阈值。FAI 影像上的水体、陆地像元交界处会出现一个明显的梯度。由邻近 3×3 像元公式[式(10-2)]，获取像元的梯度，进而生成梯度影像。水体、陆地交界处的最大梯度值设为水体边界的阈值。该最大梯度值不是来自于一个像元，而是来自于水体、陆地交界处的一组像元(直方图模型)，即利用 FAI 梯度值而不是 FAI 值来计算直方图寻找与最大梯度值有关的像元，取这些梯度值最大的像元 FAI 平均值作为阈值。水体信息则通过提取 FAI 值小于 FAI 阈值的像元获得。有

$$\mathrm{gradient} = \sqrt{\frac{1}{8}\sum_{i=1}^{8}\left(\frac{\mathrm{d}y_i}{\mathrm{d}x_i}\right)^2} \tag{10-2}$$

式中，$\mathrm{d}y_i$ 表示每一个像元与邻近 8 个像元的 FAI 增量；$\mathrm{d}x_i$ 表示像元间对应 $\mathrm{d}y_i$ 的距离增量。

利用式(10-1)和式(10-2)计算像元的 FAI 值和 FAI 的梯度值，提取鄱阳湖水体边界，提取结果(图 10-1)。由图 10-1 可见，基于 MODIS 数据提出的浮游藻类指数法利用决策树遥感图像分析提取水体信息，表明该方法适用于鄱阳湖这种水位变化较大、枯水期水体分布连续性弱的湖泊。

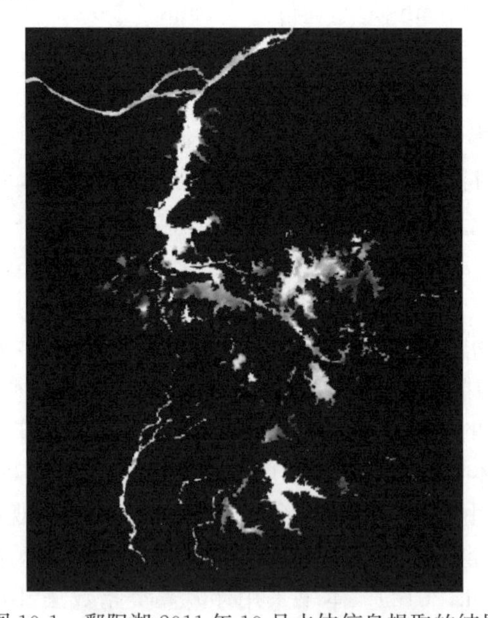

图 10-1　鄱阳湖 2011 年 10 月水体信息提取的结果

10.2 鄱阳湖叶绿素 a 浓度遥感反演建模

鄱阳湖在不同的季节，由于水体范围、水体组分含量不同，估算叶绿素 a 浓度所使用的参数和方法就会有差异，建立的模型及其精度和适用性等方面都会存在不同。

本书采用的原始数据是中国科学院南京地理与湖泊研究所鄱阳湖站（2009～2012年）每年 4 次的季度采样数据。采样时间分别为 1 月中旬、4 月中旬、7 月中旬、10 月中旬，每次采样持续天数为 5～10d。因此，本书以 1 月、4 月、7 月、10 月来区分各季度反演模型。

10.2.1 模型构建及精度分析

叶绿素 a 浓度反演的敏感波段区间：2011 年 10 月 680～710nm 和 654～700nm 光谱区间组合、2012 年 7 月 660～700nm 和 682～720nm 光谱区间组合、2012 年 10 月 590～700nm 和 540～620nm 光谱区间组合。MODIS 传感器的 MOD09 数据的波段对应实测光谱数据的范围如图 10-2 所示，可以看出，2011 年 10 月 680～710nm 和 654～700nm 光谱区间组合仅覆盖了 B_1；2012 年 7 月 660～700nm 和 682～720nm 光谱区间组合同样仅覆盖了 B_1；2012 年 10 月 590～700nm 和 540～620nm 光谱区间组合覆盖了 B_1 与 B_4。下面分期对鄱阳湖叶绿素 a 浓度进行模型构建。

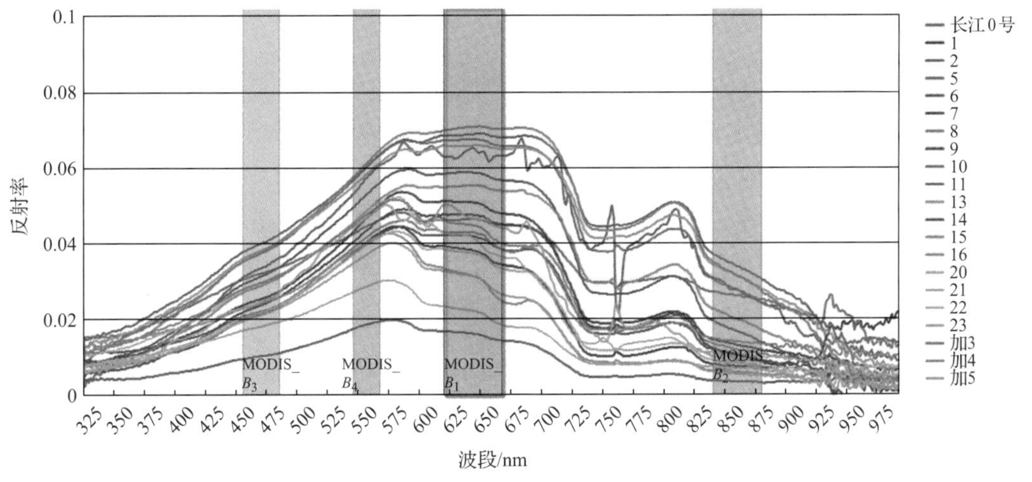

图 10-2 MOD09 数据波段对应实测光谱的范围

1）2011 年 10 月鄱阳湖叶绿素 a 浓度的模型构建

已有的相关研究指出，MODIS 数据的通道 1、3、4 波段组合与水体叶绿素浓度具有很好的相关性（吴敏和王学军，2005；Harma et al.，2001），TM、SPOT 等传感器通道中与 MODIS 波段范围相对应的常用波段组合同样具有类似的结果（刘小丽等，2009；Baban，1993），尝试上述的波段组合，发现没有任何一种波段的组合可以较好地反映鄱阳湖水体叶绿素 a 浓度（相关系数均小于 0.4）。主要原因可能在于鄱阳湖水体悬浮泥沙浓度较大，使得大量水体叶绿素光谱信息向长波方向移动。

综合以上分析，选择近红外波段作为提取水体叶绿素浓度的信息源。由于 MODIS 通道 2(841～876nm)处于近红外波段范围内，重新尝试 MODIS 通道 1、2、3、4 波段组合，选择相关系数较好的组合，发现以 $R_4/(R_1+R_2+R_3)$ 为光谱指数建立的指数模型相关性最好，其中 R_1、R_2、R_3、R_4 分别为 MODIS 通道 1、2、3、4 的地表反射率。通过回归分析，建立 $R_4/(R_1+R_2+R_3)$ 光谱指数与鄱阳湖水体叶绿素浓度 $C_{chl\text{-}a}$ 的指数模型(图 10-3)，其中，显示叶绿素浓度随着光谱指数的增加而指数减小，基本服从指数关系式：$y=e^{ax+b}$，模型拟合度相对较好。

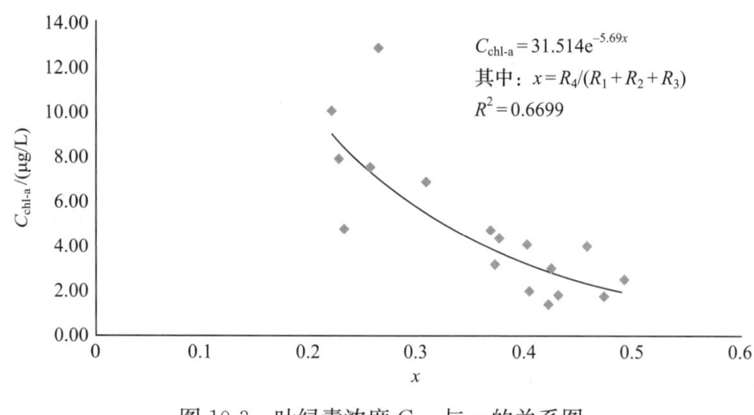

图 10-3 叶绿素浓度 $C_{chl\text{-}a}$ 与 x 的关系图

2) 2012 年 7 月鄱阳湖叶绿素 a 浓度的模型构建

针对鄱阳湖夏季的水体光谱特征，同理尝试上述 MODIS 1、3、4 的波段组合，发现 $R_1/(R_3+R_4)$ 可以较好地反映鄱阳湖水体叶绿素 a 浓度。其中 R_1、R_3、R_4 分别为 MODIS 通道 1、3、4 的地表反射率。通过回归分析，建立 $R_1/(R_3+R_4)$ 光谱指数与鄱阳湖水体叶绿素浓度 $C_{chl\text{-}a}$ 的指数模型(图 10-4)，图中显示叶绿素浓度随着光谱指数的增加而指数减小，基本服从指数关系式：$y=e^{ax+b}$，模型拟合度相对较好。

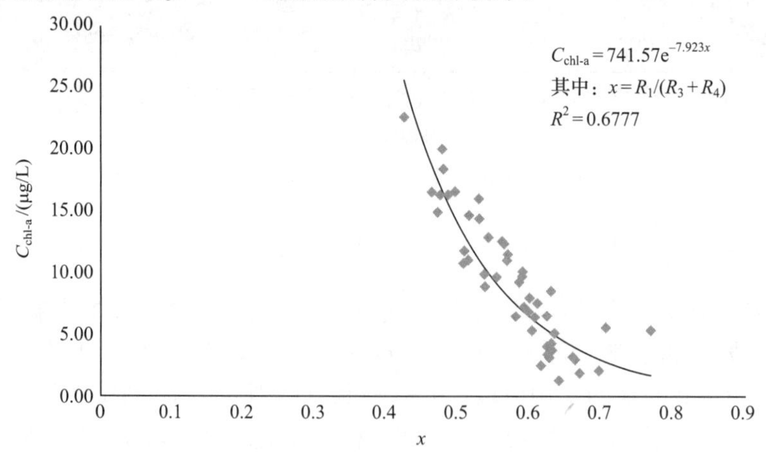

图 10-4 叶绿素浓度 $C_{chl\text{-}a}$ 与 x 的关系图

3) 2012 年 10 月鄱阳湖叶绿素 a 浓度的模型构建

2012 年 10 月叶绿素 a 浓度反演的敏感波段区间组合 590～700nm 和 540～620nm 覆盖了 B_1 与 B_4。分别尝试建立光谱指数 D、SR、ND，发现 D 指数相关性最好。通过回归分析，建立 D 光谱指数与鄱阳湖水体叶绿素浓度 $C_{\text{chl-a}}$ 的指数模型(图 10-5)，其中，显示叶绿素浓度随着光谱指数的增加而指数减小，基本服从指数关系式：$y=e^{ax+b}$，模型拟合度相对较好。

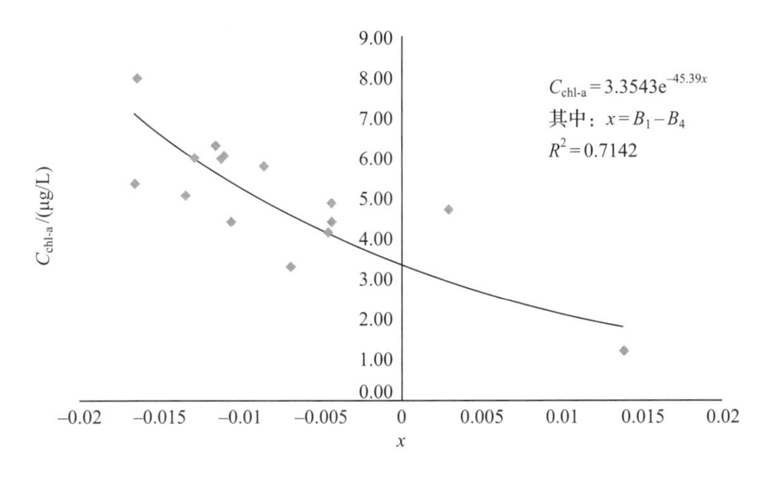

图 10-5　叶绿素浓度 $C_{\text{chl-a}}$ 与 x 的关系图

基于中国科学院南京地理与湖泊研究所鄱阳湖站提供的 2009～2012 年四季度的常规监测数据，2011 年 1 月、4 月、7 月、2012 年 1 月、7 月及 2009～2010 年每年四期的叶绿素 a 浓度反演是建立在经验方法基础上的，结合上述已建立的模型，通过叶绿素 a 浓度与准同步的 MODIS 数据建立回归关系来实现。

以 MODIS 数据波段各种组合为光谱指数，分别建立光谱指数与叶绿素 a 浓度的回归关系，选择决定系数最大、均方根误差最小的模型作为叶绿素 a 浓度的反演模型。不同年份不同时期精度较高的模型所对应的光谱指数如表 10-1 所示。

表 10-1　2009～2012 年 MODIS 数据最佳波段组合

光谱指数	日期
$(B_1-B_2)/(B_1+B_2)$；$B_1/(B_2+B_3+B_4)$	2012 年 1 月
$B_1/(B_2+B_3+B_4)$	2012 年 4 月
$B_4/(B_2+B_3+B_1)$	2011 年 1 月
$B_1/(B_2+B_3+B_4)$	2011 年 4 月
$B_1/(B_2+B_3+B_4)$	2011 年 7 月
$B_4/(B_1+B_2+B_3)$	2010 年 1 月
$B_1/(B_3+B_4)$	2010 年 4 月
$B_1/(B_3+B_4)$	2010 年 7 月

续表

光谱指数	日期
$B_4/(B_1+B_2+B_3)$	2010 年 10 月
$B_4/(B_1+B_2+B_3)$	2009 年 1 月
$B_4/(B_1+B_2+B_3)$	2009 年 4 月
$B_1/(B_3+B_4)$	2009 年 7 月
$B_1/(B_2+B_3+B_4)$	2009 年 10 月

结合前面 2011 年 10 月、2012 年 7 月、2012 年 10 月的反演模型，可以发现：在水位较高，悬浮泥沙浓度较低时，MODIS 数据的通道 1、3、4 波段组合与水体叶绿素浓度具有很好的相关性；而在水位较低、悬浮泥沙浓度较高时，则需加入通道 2 波段（近红外波段）。

本书 2009～2012 年 1 月、4 月、7 月、10 月的反演模型如表 10-2 所示，用均方根误差 RMSE 和 F 统计评价模拟的效果，确定回归拟合模型的可靠程度，计算得到的分期模型 RMSE、F 及 P 值见表 10-2。结果表明，由 2009～2012 年分期建立的叶绿素 a 浓度反演模型总体具有较高的可靠性。其中，2012 年 1 月、2009 年 1 月、2009 年 4 月精度不到 0.5，其原因可能是建模的采样点少，且叶绿素 a 浓度较低，最高值不超过 2μg/L。

表 10-2　2009～2012 年鄱阳湖叶绿素 a 浓度回归模型

模型指数	反演模型	日期	R^2	RMSE	F	P
$x=B_1/(B_2+B_3+B_4)$	$y=0.7969e^{-2.6605x}$	2012 年 1 月	0.453	0.27	7.44	0.0232
$x=B_1/(B_2+B_3+B_4)$	$y=19.148e^{-3.235x}$	2012 年 4 月	0.513	2.11	13.68	0.0027
$x=B_1/(B_3+B_4)$	$y=741.57e^{-7.923x}$	2012 年 7 月	0.678	2.22	107.23	3.8×10^{-14}
$x=B_1-B_4$	$y=3.354e^{-45.39x}$	2012 年 10 月	0.714	0.95	32.49	7.3×10^{-5}
$x=B_1/(B_2+B_3+B_4)$	$y=66.414e^{-4.925x}$	2011 年 1 月	0.678	1.64	14.71	0.0064
$x=B_1/(B_2+B_3+B_4)$	$y=24.77e^{-4.632x}$	2011 年 4 月	0.724	2.73	26.25	0.0004
$x=B_1/(B_2+B_3+B_4)$	$y=26.606e^{-4.093x}$	2011 年 7 月	0.793	1.49	33.3669	0.0001
$x=B_4/(B_1+B_2+B_3)$	$y=31.514e^{-5.69x}$	2011 年 10 月	0.670	1.89	30.45	5.9×10^{-5}
$x=B_4/(B_1+B_2+B_3)$	$y=23.967e^{-10.65x}$	2010 年 1 月	0.538	0.28	15.14	0.0019
$x=B_1/(B_3+B_4)$	$y=36.974e^{-5.181x}$	2010 年 4 月	0.598	0.44	14.88	0.003
$x=B_1/(B_3+B_4)$	$y=433.24x^2-458.458x+123.97$	2010 年 7 月	0.813	1.93	21.71	0.00023
$x=B_1/(B_2+B_3+B_4)$	$y=958.32e^{-10.59x}$	2010 年 10 月	0.702	3.16	16.45	0.0048
$x=B_4/(B_1+B_2+B_3)$	$y=4.1263e^{-3.171x}$	2009 年 1 月	0.462	0.38	10.32	0.0075
$x=B_4/(B_1+B_2+B_3)$	$y=7.4876e^{-2.318x}$	2009 年 4 月	0.490	1.10	12.48	0.0038
$x=B_1/(B_3+B_4)$	$y=53.959e^{-4.854x}$	2009 年 7 月	0.538	1.66	18.64	0.0005
$x=B_1/(B_2+B_3+B_4)$	$y=19.174e^{-3.053x}$	2009 年 10 月	0.693	1.08	18.02	0.0028

10.2.2　结果验证

利用 MODIS 遥感数据和剩余实测值对 2009～2012 年的反演模型进行了结果验证，

以保证各期模型在遥感数据上应用的有效性，公式为

$$\text{相对误差值}(\%)=\frac{\text{实测值}-\text{反演值}}{\text{实测值}}\times 100\% \tag{10-3}$$

由表 10-3 可得，2009～2012 年叶绿素 a 浓度结果验证的平均相对误差分布为 16.5%～52.5%。分期模型的平均相对误差的平均值为 35.8%。

表 10-3　2009～2012 年回归模型反演结果验证

日期	建模点数	验证点数	平均相对误差/%
2009 年 1 月	14	6	48.1
2009 年 4 月	15	5	52.5
2009 年 7 月	18	6	31.7
2009 年 10 月	10	5	31.4
2010 年 1 月	15	9	33.3
2010 年 4 月	12	7	35.1
2010 年 7 月	12	3	45.5
2010 年 10 月	9	3	31.9
2011 年 1 月	7	8	40.4
2011 年 4 月	12	3	34.7
2011 年 7 月	12	12	32.7
2011 年 10 月	17	8	41.3
2012 年 1 月	11	5	16.5
2012 年 4 月	15	9	24.1
2012 年 7 月	53	29	36.7
2012 年 10 月	15	9	36.9

引起误差偏高的原因，首先可能是鄱阳湖水体范围季节变化较大，许多采样点在水位下降的月份无法采样，使得总体的采样点数量减少，且在保障建模所需的采样点基础上，用于验证的采样点更少，这给结果的精度验证带来较大的不确定性；其次，鄱阳湖叶绿素 a 浓度的总体值偏低，且浓度分布不均（如极个别区域会有显著的高值），这极易导致反演结果的误差增大；最后，由于中国科学院南京地理与湖泊研究所鄱阳湖站于 2009 年才开始建站采样，初期采样数据样点数量小，且分布不均，这也给模型精度带来一定影响。

总体而言，在鄱阳湖水体范围多变、叶绿素浓度值低（光谱信息不强）的背景下，建立了鄱阳湖 2009～2012 年各期反演模型，各期模型精度基本为 0.6～0.9，结果验证的平均相对误差为 20%～40%，这对于揭示鄱阳湖区水体叶绿素 a 浓度的空间分布和时间变化特征具有积极意义，能够较好地弥补当前仅靠站点监测的不足。

10.3　鄱阳湖叶绿素 a 浓度空间格局分析

基于建立的叶绿素 a 反演模型，利用对应时期的 MODIS 影像数据，计算得到 2009～

2012 年各季度鄱阳湖叶绿素 a 浓度分布图。具体步骤为:①对 MODIS 影像进行投影转换裁剪等预处理。②根据浮游藻类指数法进行水体提取。③根据每一个像元的水体反射率计算各模型指数,代入各模型中计算得到叶绿素 a 浓度。

10.3.1 叶绿素 a 浓度空间分布

由图 10-6 可见,鄱阳湖叶绿素 a 浓度的空间分布情况表明其具有明显的空间差异和季节变化特点。不同年份的 12~2 月,鄱阳湖处于全年水温最低、水位最低的时期,藻类生长缓慢,全湖的叶绿素 a 浓度值均处于 0~2μg/L(深绿色、绿色表示),空间差异不显著。3~5 月,伴随气温回升,水位渐高,水流速度有所减缓,藻类的生长开始活跃,全湖叶绿素 a 浓度逐渐升高,高值区分布于近岸水域。6~8 月处于高温高水位,全湖除星子站以北的区域整体浓度可超过 10μg/L,其中中部南部的个别区域出现点状高浓度区。9~11 月处于高温低水位,全湖叶绿素 a 浓度整体有所下降,中部地区略偏高。总体而言,近岸水域浓度值高于湖区航道水域,其中,五河入湖口水域的浓度值高于其他水域;南端的军山湖、艾溪湖均出现了不同程度的点状高值。

2009 年 1 月鄱阳湖叶绿素 a 浓度在 0~3μg/L,最大值仅 2.9μg/L,相对较高值分布在中南部五河入湖口水域、北部近岸水域,湖中心浓度值偏低;4 月浓度有所上升,在 0~5μg/L,最大值为 4.9μg/L,该月份中部偏西的蚌湖、北部近岸水域出现相对高值,湖中心浓度值偏低;7 月浓度值达到最高值,在 5~30μg/L,最大值为 29.8μg/L,相对高值分布在赣江主支入湖水域、都昌水域、鄱阳水域以及南端的军山湖水域,星子以北的航道水域浓度偏低;10 月浓度有所下降,在 0~16μg/L,最大值为 15.8μg/L,相对高值分布在五河入湖口水域、都昌水域以及南端的军山湖水域。

2010 年 1 月叶绿素浓度值又降至 0~4μg/L,其最大值为 3.3μg/L,相对高值出现在星子以北的近岸水域、五湖入湖口水域及都昌近岸水域;4 月浓度依然在 0~4μg/L,最大值为 3.9μg/L,全湖平均浓度较 1 月有所上升,相对高值分布在中部偏东的都昌、鄱阳水域以及南端的军山湖水域;7 月浓度值在 3~30μg/L,最大值为 29.5μg/L,相对高值区分布在中部偏西的蚌湖、中部偏东的都昌水域以及军山湖水域;10 月浓度值达到全年最高值,在 2~32μg/L,最大值为 31.9μg/L,相对高值分布在近水区域、五河入湖口水域、大湖面上的主航道及军山湖水域。

2011 年 1 月叶绿素 a 浓度值降至 0~12μg/L,由于上一年的基点比较高,并没有降到往年的水平(0~3μg/L),该月份的最高值为 11.7μg/L,相对较高值分布在星子以北的近岸水域、中部偏西的蚌湖及五河入湖口水域;4 月浓度值有所下降,在 1~8μg/L,最大值为 7.32μg/L,相对较高值分布在五河入湖口水域、都昌近岸水域和军山湖水域;7 月浓度又回升到该年的最高水平,在 2~15μg/L,相对较高值出现在五湖入湖口水域、蚌湖、都昌水域以及南端的军山湖水域;10 月浓度开始下降,在 0~13μg/L,其中相对较高值出现在全湖的近岸水域。

2012 年 1 月叶绿素 a 浓度值降至最低水平,在 0~4μg/L,最大值为 3.6μg/L,相对高值分布在都昌水域,南端军山湖的部分水域点状高值区;4 月浓度值有所上升,在2~9μg/L,最高值为 8.8μg/L,相对高值分布在五河入湖口水域及南端军山湖水域;7 月浓度值达到

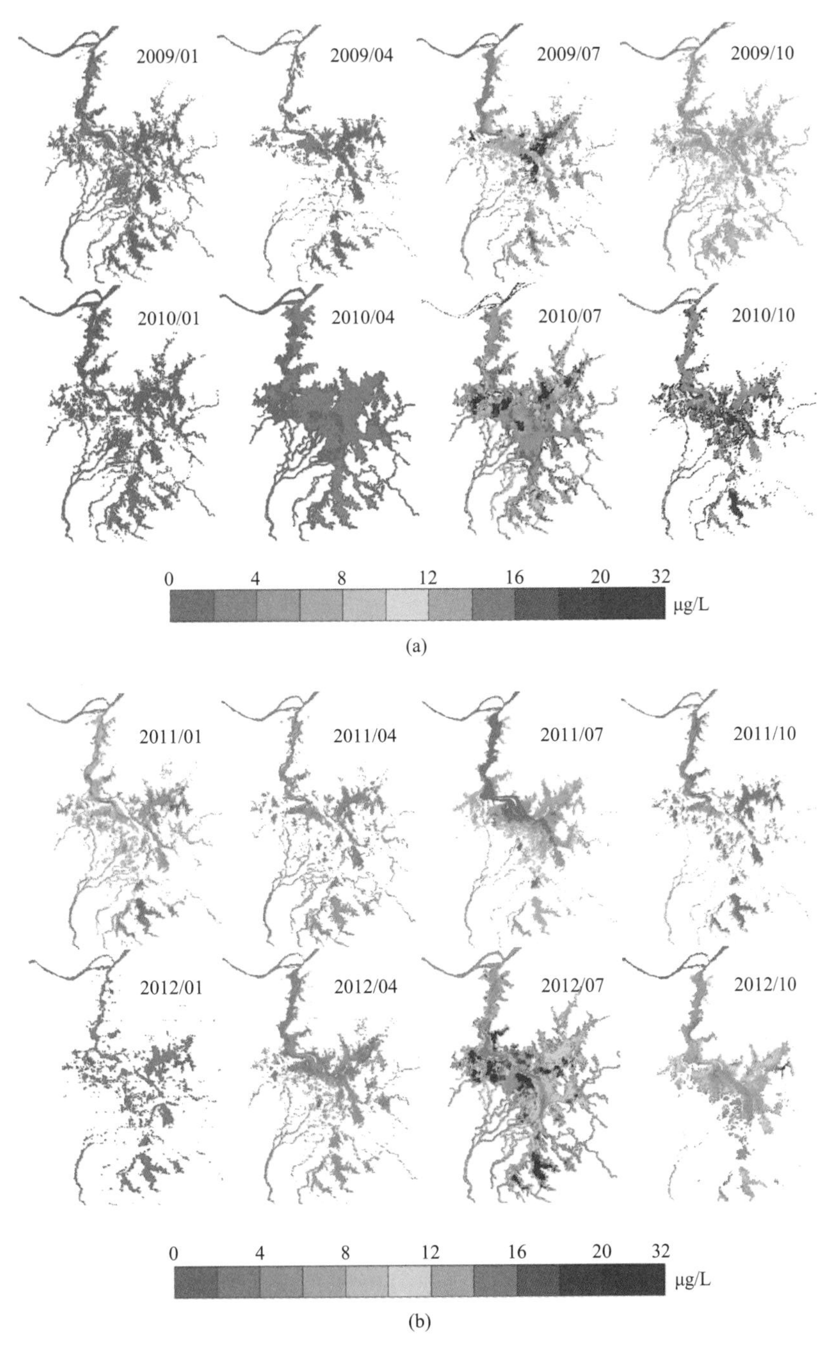

图 10-6　2009～2012 年鄱阳湖叶绿素 a 浓度空间分布

全年最高水平，在 2～30μg/L，最高值为 29.5μg/L，相对高值区分布在都昌部分近岸水域、蚌湖水域赣江主支入湖口水域及南端军山湖水域；10 月浓度值有所下降，分布在 0～14μg/L，最大值为 13.4μg/L，相对高值区分布在蚌湖、都昌近岸水域、信江东支入湖口水域，南端的军山湖出现点状高值。

鄱阳湖叶绿素 a 浓度空间分布特点与五大河流带入的污染物及周边污染源分布等密切相关。北部的近岸水域由于无序乱采滥挖以及超量采砂，造成了船只排污及河床底泥释放大量营养盐的现象，N、P 等营养物质含量偏高，导致其出现点状分布的高值区。中西部地区由于赣江主支的流入，带入了大量的污染物，N、P 等营养物质含量较高。中东部地区由于靠近都昌、鄱阳，近水带聚集着大量靠捕鱼为生的渔民，且近岸工业化、城镇化进程加快，导致大量的生活、生产污水汇于鄱阳湖。信江、饶河的入湖区域由于两河流上铜矿、磷矿的污染物排放浓度较高，且治理不合理，使得 N、P 等营养物质含量偏高，出现点状高值区（万金宝和蒋胜韬，2006；李荣昉和张颖，2011；曾慧卿等，2003；王鹏，2004）。南部的青岚湖、军山湖均出现高值，可能由于其盛产大闸蟹，人为施肥养蟹，使得营养物质含量上升，加之其为内湖，与外部河流交换缓慢。

10.3.2 叶绿素 a 浓度空间波动特征

由于鄱阳湖水体的边界存在明显的季节性差异，为此，按不同月份，开展年际间的变化比较。利用标准差来反映同一月份叶绿素 a 浓度年际间变化波动程度，公式为

$$\sigma=\sqrt{\frac{1}{N-1}\sum_{i=1}^{N}(x_i-\mu)^2},\quad \mu=\frac{1}{N}\sum_{i=1}^{N}x_i \tag{10-4}$$

式中，σ 为叶绿素 a 浓度的标准差；N 为年数；x_i 为每年叶绿素 a 浓度值；μ 为叶绿素 a 浓度的平均值。

分别从 1 月、4 月、7 月及 10 月分析 2009～2012 年鄱阳湖叶绿素 a 浓度变化波动情况（图 10-7），由于鄱阳湖为吞吐性过水湖泊，其同一月份不同年份的水域范围依然有很大差异，因此分别以各月份的最小水体面积为水体边界，分析 2009～2012 年同一月份叶绿素 a 浓度变化波动。由图 10-7 可以看出，鄱阳湖叶绿素 a 浓度 1 月和 4 月的年际变化波动不大，均处于同一水平；而 7 月和 10 月变化波动较大，其中，水体近岸水域、蚌湖水域、都昌水域、鄱阳水域以及五大河流入湖口水域叶绿素 a 浓度变化波动程度较大。而鄱

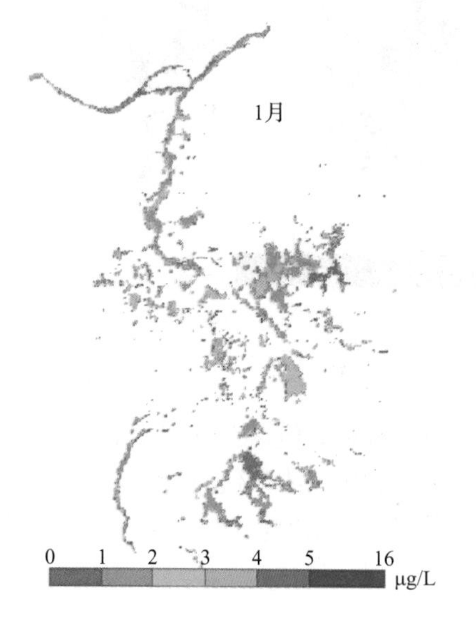

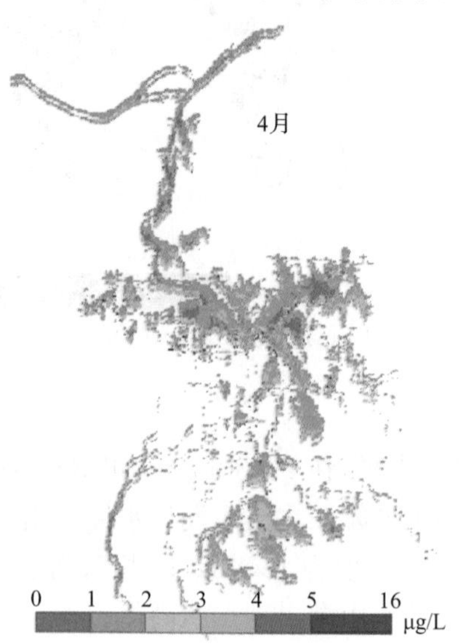

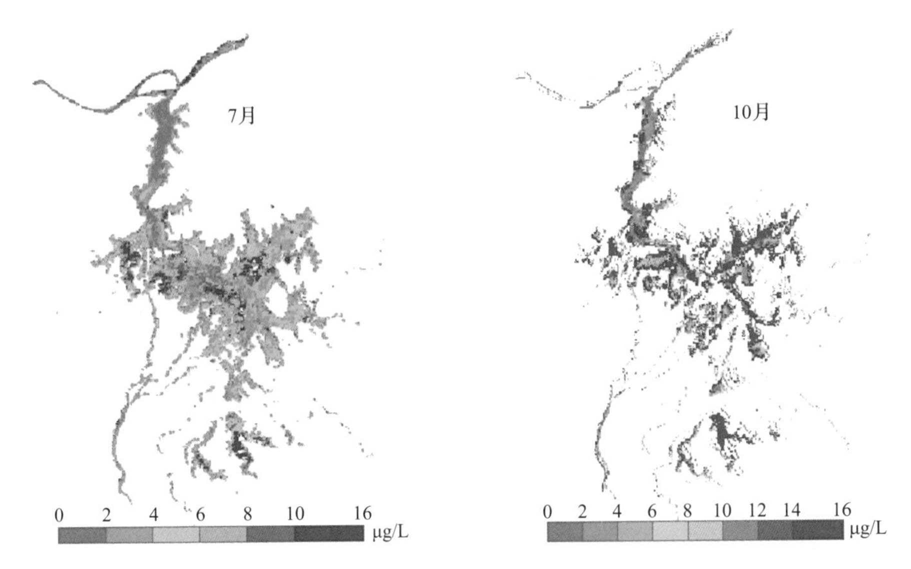

图 10-7　2009～2012 年鄱阳湖叶绿素 a 浓度不同月份年际变化波动图

阳湖南端的军山湖叶绿素 a 浓度在 4 月、7 月及 10 月均出现大波动。4 个时期中 10 月变化波动程度最大，这与 2010 年 10 月的鄱阳湖叶绿素 a 浓度出现大范围高值有关。

10.4　鄱阳湖叶绿素 a 浓度的时间变化特征

10.4.1　叶绿素 a 浓度年际变化特征

根据反演的叶绿素 a 浓度结果，分析其年际变化，有助于从总体上掌握鄱阳湖叶绿素 a 浓度的时间变化特征。

1）年整体变化

2009～2012 年鄱阳湖叶绿素 a 浓度变化范围为 1～16μg/L（图 10-8），2009 年鄱阳湖叶绿素 a 浓度为 5μg/L，2010 年鄱阳湖叶绿素 a 浓度为 6μg/L，2011 年鄱阳湖叶绿素 a 浓度为 6.5μg/L，2012 年鄱阳湖叶绿素 a 浓度为 6.2μg/L，总体基本呈缓慢上升趋势。浮游植物的生长状况能够定性地反映叶绿素 a 浓度。已有研究表明，浮游植物生长状况受湖泊营养条件、水温、水位、水速、风浪等因素的影响（金国花等，2011；赵新民等，2005；胡春华等，2010；王飞儿等，2004）。N、P 是藻类生长的必需生源物质。2009～2012 年鄱阳湖的 TN、TP 各季度平均浓度呈上升趋势，这是导致叶绿素 a 浓度呈上升趋势的根本原因。

2）不同季节在年际间的变化

由于鄱阳湖属于吞吐性湖泊，水文特征季节性变化非常明显，因此，在分析其叶绿素 a 年际变化时不能简单地用年平均值（金国花等，2011）。不同年份同一月份叶绿素 a 浓度的变化情况见图 10-9。1 月鄱阳湖叶绿素 a 浓度的年际变化呈现波动上升趋势，其中，

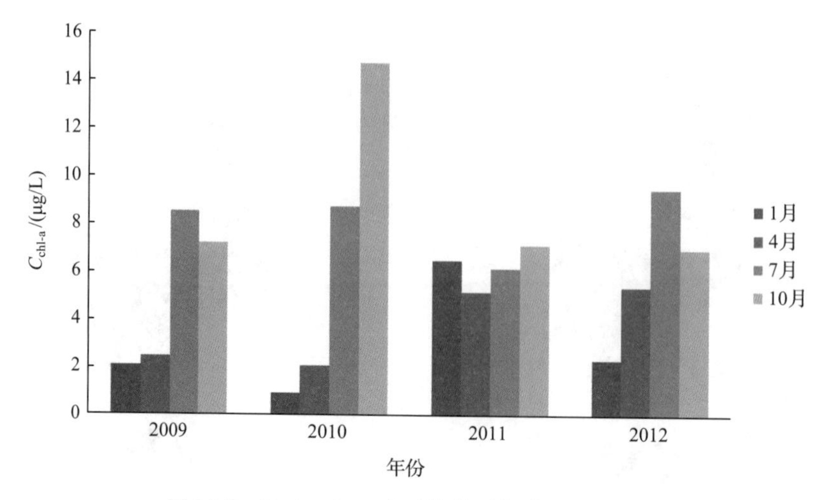

图 10-8 2009～2012 年鄱阳湖叶绿素 a 浓度变化

2011 年出现明显高值，这与 2010 年 10 月的高值有关，虽然低水温不利于藻类生长繁殖，但是由 2010 年 12 月～2011 年 2 月短时间的净化，并未降到常规水平；4 月鄱阳湖叶绿素 a 浓度的年际变化呈现缓慢上升趋势；7 月鄱阳湖叶绿素 a 浓度呈现波动上升趋势；10 月依然呈现波动上升趋势，其中，2010 年出现异常极高值，这与该年出现 1998 年以来的最大一次流域性洪水有关，水温高、流速小有利于藻类生长繁殖。1 月、4 月鄱阳湖叶绿素 a 浓度值明显低于 7 月、10 月。年际波动主要受水温、降水的影响，一般而言，水温较高有利于藻类生长繁殖。总体而言，鄱阳湖依旧保持“一湖清水”，这与其快速的湖水更新离不开。

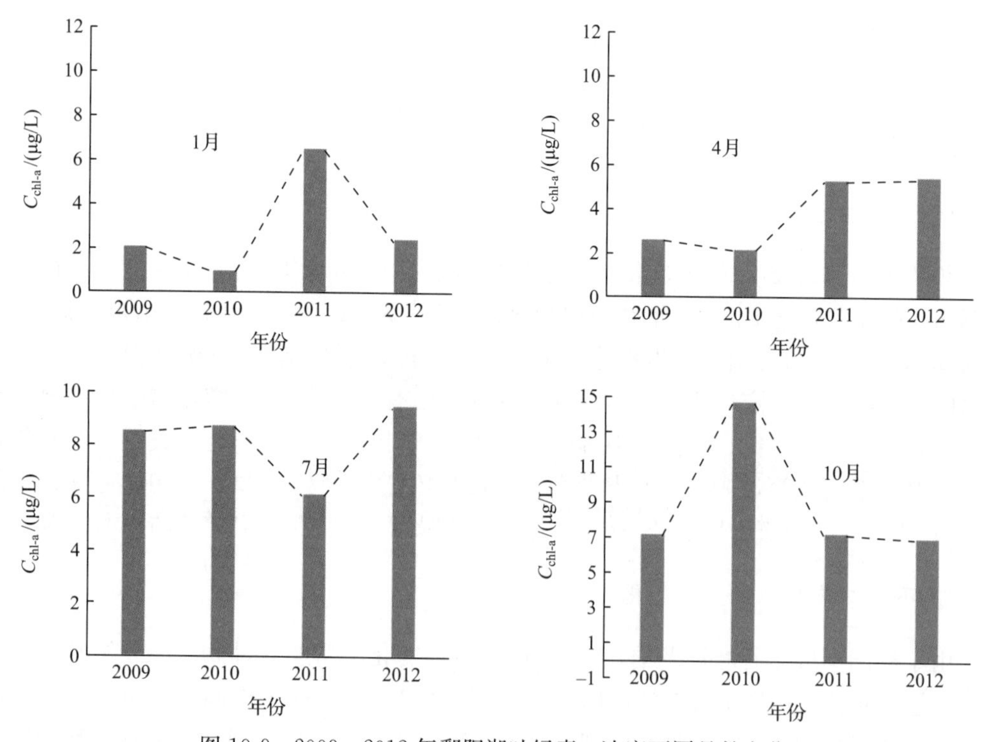

图 10-9 2009～2012 年鄱阳湖叶绿素 a 浓度不同月份变化

10.4.2 叶绿素a浓度年内季节变化特征

为了进一步揭示鄱阳湖叶绿素 a 浓度在年内的季节性变化，本书选择浓度相对最高的 2012 年作为对象，进一步分析其年内变化规律。

鄱阳湖叶绿素 a 浓度在 2012 年内呈现明显的“低—高—低”季节变化模式(图 10-10)。其中，1 月叶绿素浓度最低，全湖平均值约为 2μg/L；4 月开始缓慢上升，达到 6μg/L 左右；7 月达到较高值，约为 10μg/L 左右；10 月开始下降；1 月降至最低浓度。

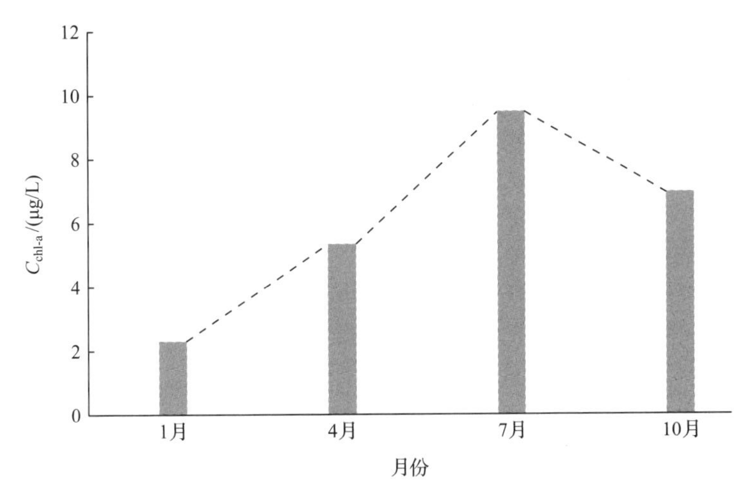

图 10-10　2012 年鄱阳湖叶绿素 a 浓度变化

这一季节变化模式与鄱阳湖独特的水文特征密切相关。鄱阳湖地处东亚季风区，属于亚热带温暖湿润气候，气温年较差不大，由鄱阳湖站提供的数据表明：低温期(12～2 月)水温为 5～7℃；升温期(3～5 月)为 16～18℃；高温期(6～8 月)为 29～31℃；降温期(9～11 月)为 21～22℃。同时其水位变化非常显著，具有“高水是湖，低水似河”的独特地理特征。这是由于暖湿气流的区域影响格局差异、长江洪水倒灌、顶托及五大河流水情的影响(朱信华等，2009；郭华等，2011)。7 月(丰水期)平均水位达 20m 以上；1 月(枯水期)平均水位在 10m 以下，年际水位差在 10m 以上。水位较高时(15m 以上)，湖面总体呈水平状，流速一般为 0.1～0.8m/s，湖泊换水较慢；水位较低时(15m 以下)，湖面呈北低南高的水势，受重力流的影响，流速较大，可达 1.48～2.85m/s(顾平和万金保，2011)。这种温度和水位变化的匹配模式决定了叶绿素 a 浓度的季节变化规律。低温低水位月份(1 月)，低温与换水快双条件均抑制了藻类生长繁殖。高温低水位月份(4 月和 10 月)虽然温度适宜藻类生长，但是低水位导致的湖水更新加快，所以降低了叶绿素 a 浓度。高温高水位月份(7 月)不仅温度适宜藻类生长，且高水位导致湖水更新减慢有助于藻类生长，提高了叶绿素 a 浓度。总体而言，鄱阳湖叶绿素 a 浓度季节变化受水位的影响显著。

第11章　鄱阳湖叶绿素a浓度时空分布特征影响分析

11.1　水文特征对鄱阳湖叶绿素a浓度的影响

11.1.1　鄱阳湖叶绿素a浓度对水位变化的响应

目前已有很多研究表明水位变化对水质有很大的影响(Thormann et al.,1998;Camargo and Esteves,1995;Haldna et al.,2008)。鄱阳湖是我国水位变幅最大的淡水湖(闵骞,1995),其高水位可达22m以上,而历史最低水位仅4m。由于其水位变化差较大,加之风浪的侵袭,导致水流速度存在季节差异,使叶绿素a浓度在地区上的差异和年内变化均较大(白雪和吕兰军,1994)。在地理条件和物理湖泊学条件的作用下,鄱阳湖在丰水期(15m以上)时流速在0.1～0.8m/s,湖泊换水慢,同时,水温的上升会导致湖泊营养物质浓度上升;在枯水期和平水期(15m以下)时流速可达1.48～2.85m/s,湖水更新较快,同时水温的下降会导致湖泊营养物质浓度下降,这是鄱阳湖叶绿素a浓度在丰水期明显高于枯水期,且在丰水期时局部出现点状高值的原因之一。

11.1.2　鄱阳湖叶绿素a浓度对五河的响应

鄱阳湖近岸带都不同程度地出现了叶绿素a浓度高值区,这与其主要的入湖河流有密切关系。鄱阳湖汇集了赣江、抚河、信江、饶河、修河五大水系,该五大水系以鄱阳湖为中心,呈现半包围状分布,在赣北汇入鄱阳湖,经调蓄由湖口流入长江。五河入湖口处水质状况怎样,氮、磷含量的高低直接影响叶绿素a的浓度。江西水文局根据河流监测断面的水质资料,采用《地表水环境质量标准》(GB 3838—2002),对五河入湖口水质状况进行了评价。通过整理,得到了2012年五河入湖口水质状况表(表11-1),其主要的污染物为氨氮、磷。其中,昌江口和乐安江口主要污染物为氨氮,这与鄱阳县的发达渔业有关,大量的生产、生活污水排入河流(王鹏,2004);其他河流入湖口处主要为总磷,这是由于赣江、信江及抚河的上游有大型铜矿、磷矿,以及赣江上有最大的污染单元——工业发达的南昌(胡春华等,2010;张维球,2000)。表11-1表明,2012年逐月水系入湖口水质状况呈波动式恶化的趋势。

表 11-1　五河入湖口水质状况表

入湖口	2012年1月	2012年2月	2012年3月	2012年4月	2012年5月	2012年6月	2012年7月	2012年8月	2012年9月	2012年10月	2012年11月	2012年12月
昌江口		较好	较好		较好	良好		较好	良好	重度污染	严重污染	轻度污染
乐安江口		严重污染				轻度污染		较好		严重污染		严重污染
信江东支		轻度污染				较好		严重污染		严重污染		轻度污染
信江西支	较好	轻度污染	轻度污染	轻度污染	良好	良好	较好	轻度污染	良好	重度污染	严重污染	较好
抚河口	较好	较好	轻度污染	轻度污染	良好	良好	重度污染	较好	较好	较好	轻度污染	较好
赣江南支	较好		轻度污染	轻度污染	轻度污染	良好	较好	重度污染	重度污染	较好	较好	轻度污染
赣江主支	较好	良好	较好	较好	较好	轻度污染	较好	较好	较好	较好	轻度污染	轻度污染
修河口	较好	良好	较好	较好	优良	较好	较好	较好	较好	较好	轻度污染	轻度污染

注:污染物主要为氨氮、磷。

11.2　人类活动对鄱阳湖叶绿素 a 浓度的影响

11.2.1　湖区的采砂活动对鄱阳湖叶绿素 a 浓度的影响

河湖采砂与水环境生态直接关联。近年来鄱阳湖的违法采砂持续不断，违法采砂活动屡禁不绝，无序乱采滥挖和超量采砂对岸线稳定、防洪安全、通道安全等有直接影响，采砂搅动河床的腐蚀物船只排污等对鄱阳湖水环境也有较大的影响。尤其是在夏季，鄱阳湖风浪大，风浪和采砂产生的动力作用将搅动湖底底泥，可使大量营养盐释放出来(秦伯强等，2000)。加之，水温高，水体流速小，导致浮游植物迅速生长繁殖。有关文献记载，目前鄱阳湖上有近 200 条功率强大的“吸砂王”、几千条来回奔波的运输船及不计其数的小型挖沙船，其中，“吸沙王”功率强大的可将 30m 深、100m 范围内的砂石吸个精光。

11.2.2　社会经济发展对鄱阳湖叶绿素 a 浓度的影响

随着经济的快速发展，工业化、城镇化进程的不断加快，鄱阳湖生产、生活污水和农业活动等污染日益加剧。李荣昉和张颖(2011)运用污染物通量和 SPSS 软件对水质与社会因素进行分析，得出鄱阳湖附近的人类活动对水环境质量影响很大(朱信华等，2009)。鄱阳县、余干县工业较发达，其工业废水与铜、磷矿等的污染对鄱阳湖影响较大；南昌市的人口基数大，城镇居民的生活污水相对影响较大；占湖岸线 2/3 的星子、都昌县比较贫困落后，工业基础相对比较薄弱，传统农业和渔业占主导地位，其农业非点源污染和渔业的生活污水成为主要污染源。据统计，江西省废污水排放量自 2003 年开始逐年上升，2003 年排放量为 28.52 亿 t，2009 年为 31.16 亿 t，到 2011 年为 37.35 亿 t，8 年间增加了 30.96%，平均每年以 1 亿多吨的速度增加。这与本书得到的鄱阳湖叶绿素 a 浓度逐年上升的趋势相一致。

第 12 章　2000～2013 年鄱阳湖悬浮物浓度反演

12.1　反演模型方法选择

12.1.1　反演模型

目前，用于悬浮物浓度反演的模型主要有单波段模型、曲线积分面积模型、最大反射峰模型和神经网络模型等。

1. 单波段反射率模型

内陆水体的光谱曲线中有两个明显的反射峰，分别在 560nm 和 660nm 附近。这两个反射峰与悬浮物浓度信息密切相关，也是许多卫星传感器必设的波段（王心源等，2007）。因此，很多研究利用这两个反射峰分别建立单波段反演模型，反演悬浮物浓度，反演的结果精度也较高。

2. 基于敏感波段反射率曲线积分面积的反演模型

以往的研究表明：随着悬浮物浓度的增加，光谱反射率在可见光和近红外波段会出现普遍抬升现象（唐军武等，2004）。因此，随着悬浮泥沙浓度的增加，560～660nm 波段范围光谱曲线对波长的积分面积也会随之增大。可表示为

$$\int_{560\text{nm}}^{660\text{nm}} R(\lambda)\,\mathrm{d}\lambda \propto C_{ss} \tag{12-1}$$

式中，$R(\lambda)$为光谱曲线函数；λ 为波长；C_{ss}为悬浮物浓度。

3. 基于最大反射峰位置的反演模型

随着水体中悬浮物浓度的增加，光谱反射率在可见光谱段的亮度会增加，同时反射峰值波长向长波方向移动，即“红移现象”（韩震等，2003）。鄱阳湖作为典型的内陆水体，具有很强的区域性，其水质成分非常复杂，这种复杂性体现为光学特性的独特性，这也是难以发展普适性反演算法的主要障碍。

4. 神经网络模型

人工神经网络模型采用黑箱算法，本质上仍是一种经验、半经验模型。它可以充分利用特定传感器的多光谱波段数据，模拟遥感反射率与悬浮物之间的非线性响应关系，适用

于不同悬浮物的单独或者同时反演。用遥感影像的所有波段($B_1, B_2, \cdots, B_n$)作为驱动力因素,对悬浮物浓度进行模拟预测,所建反演模型为

$$C_{ss} = y(B_1, B_2, \cdots, B_n) \tag{12-2}$$

选取影像上各波段的光谱反射率作为模型输入因子,水体悬浮物浓度作为模型输出因子,建立模型对悬浮物浓度的分布规律进行模拟。

5. 基于敏感波段的神经网络模型

不同于神经网络模型,本书选取 MODIS 影像的敏感波段作为模型的输入因子,对悬浮物浓度进行模拟和曲线拟合,从而构建反演模型,模型公式类似于式(12-2)。

12.1.2 敏感波段

基于半经验方法,通过悬浮物浓度与 MODIS 影像的各波段进行回归分析和曲线拟合,获取相关系数(R^2)较大的因子作为敏感波段。所有操作步骤均在 SPSS 软件中实现:①创建五个变量,分别为悬浮物浓度和 MODIS 的四个波段,导入数据;②在菜单栏"分析—回归—曲线估计"中,分别选取 MODIS 影像的 1、2、3、4 波段作为自变量,悬浮物浓度为因变量,做相关性分析和曲线估计。

1) 悬浮物浓度与 MODIS 影像第一波段的相关性

表 12-1 和图 12-1 表明悬浮物浓度与 MODIS 影像第一波段的拟合度较好,相关性也较高,相关系数均达到了 0.7 以上。

表 12-1 悬浮物浓度与 MODIS 影像第一波段的相关性

方程	模型汇总					参数估计值			
	相关系数(R^2)	F 检验值	df1	df2	显著性(Sig.)	常数	b_1	b_2	b_3
线性	0.703	26.060	1	11	0.000	244.25	−1 254.99		
对数	0.709	26.782	1	11	0.000	−203.78	−138.72		
倒数	0.693	24.855	1	11	0.000	−32.97	14.43		
二次	0.714	12.484	2	10	0.002	321.64	−2 674.52	6 195.23	
三次	0.716	12.626	2	10	0.002	301.30	−2 043.53	0.000	19 401.98
复合	0.754	33.789	1	11	0.000	387.08	4.20×10^{-6}		
幂	0.742	31.707	1	11	0.000	4.82	−1.35		
S	0.711	27.026	1	11	0.000	3.25	0.14		
增长	0.754	33.789	1	11	0.000	5.96	−12.38		
指数	0.754	33.789	1	11	0.000	387.08	−12.38		

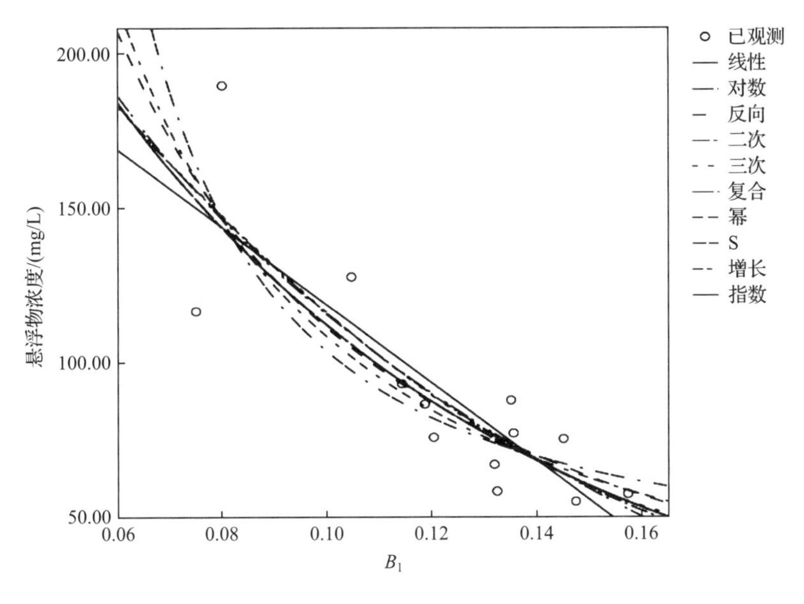

图 12-1　悬浮物浓度与 MODIS 影像第一波段的曲线拟合

2）悬浮物浓度与 MODIS 影像第二波段的相关性

表 12-2 和图 12-2 显示悬浮物浓度与 MODIS 影像第二波段的相关性不高，相关系数均未达到 0.2。

表 12-2　悬浮物浓度与 MODIS 影像第二波段的相关性

方程	模型汇总					参数估计值			
	相关系数(R^2)	F 检验值	df1	df2	显著性(Sig.)	常数	b_1	b_2	b_3
线性	0.026	0.290	1	11	0.601	69.717	131.451		
对数	0.036	0.407	1	11	0.536	137.241	24.767		
倒数	0.041	0.475	1	11	0.505	117.825	−3.985		
二次	0.106	0.595	2	10	0.570	−59.640	1 774.865	−4 831.51	
三次	0.126	0.723	2	10	0.509	−27.246	1 066.380	0.000	−10 245.85
复合	0.003	0.029	1	11	0.867	79.355	1.497		
幂	0.006	0.065	1	11	0.804	101.322	0.095		
S	0.008	0.090	1	11	0.770	4.553	−0.017		
增长	0.003	0.029	1	11	0.867	4.374	0.403		
指数	0.003	0.029	1	11	0.867	79.355	0.403		

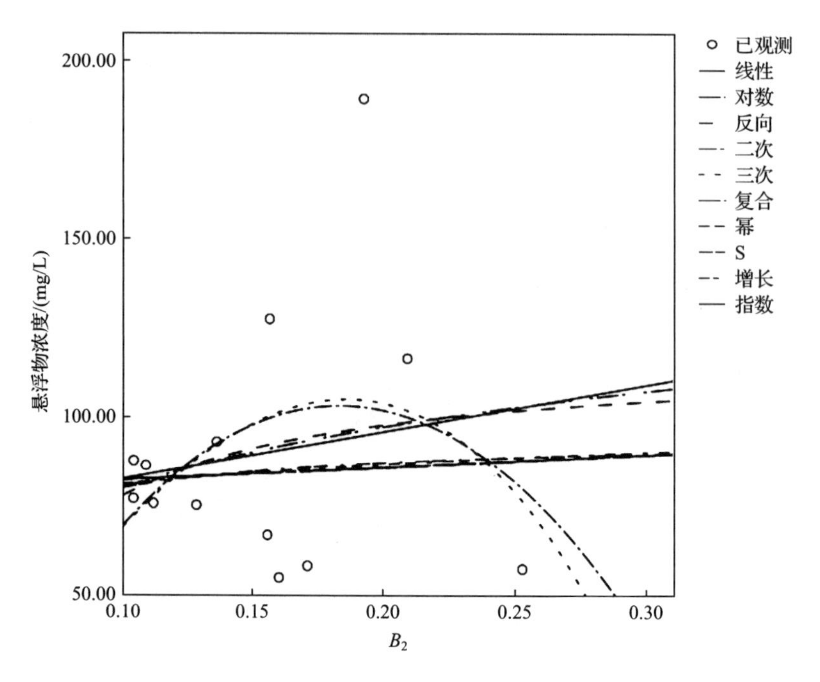

图 12-2　悬浮物浓度与 MODIS 影像第二波段的曲线拟合

3）悬浮物浓度与 MODIS 影像第三波段的相关性

表 12-3 和图 12-3 显示悬浮物浓度与 MODIS 影像第三波段具有良好的相关性，相关系数大部分在 0.5 以上。

表 12-3　悬浮物浓度与 MODIS 影像第三波段的相关性

方程	模型汇总					参数估计值			
	相关系数(R^2)	F 检验值	df1	df2	显著性(Sig.)	常数	b_1	b_2	b_3
线性	0.558	13.913	1	11	0.003	176.241	−1 371.301		
对数	0.665	21.789	1	11	0.001	−123.223	−75.366		
倒数	0.729	29.606	1	11	0.000	28.872	3.310		
二次	0.684	10.839	2	10	0.003	269.458	−5 090.926	32 493.982	
三次	0.726	7.949	3	9	0.007	384.126	−12 670.280	178 999.054	−864 138.722
复合	0.489	10.510	1	11	0.008	182.209	4.946×10^{-6}		
幂	0.551	13.509	1	11	0.004	13.293	−0.654		
S	0.576	14.953	1	11	0.003	3.919	0.028		
增长	0.489	10.510	1	11	0.008	5.205	−12.217		
指数	0.489	10.510	1	11	0.008	182.209	−12.217		

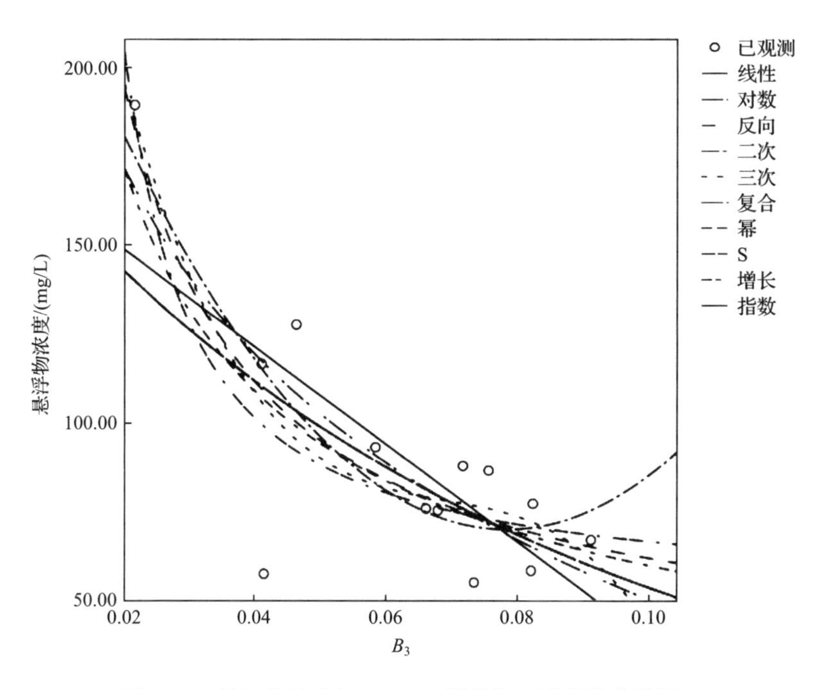

图 12-3　悬浮物浓度与 MODIS 影像第三波段的曲线拟合

4）悬浮物浓度与 MODIS 影像第四波段的相关性

表 12-4 和图 12-4 显示悬浮物浓度与 MODIS 影像第四波段具有良好的相关性，相关系数大部分在 0.5 以上。

表 12-4　悬浮物浓度与 MODIS 影像第四波段的相关性

方程	模型汇总					参数估计值			
	相关系数(R^2)	F 检验值	df1	df2	显著性(Sig.)	常数	b_1	b_2	b_3
线性	0.542	13.001	1	11	0.004	249.374	−1 466.066		
对数	0.602	16.606	1	11	0.002	−239.445	−147.398		
倒数	0.651	20.556	1	11	0.001	−43.342	13.994		
二次	0.700	11.639	2	10	0.002	612.533	−9 128.935	38 714.111	
三次	0.700	11.639	2	10	0.002	612.533	−9 128.935	38 714.111	0.000
复合	0.425	8.125	1	11	0.016	324.109	4.261×10^{-6}		
幂	0.470	9.744	1	11	0.010	5.280	−1.241		
S	0.506	11.259	1	11	0.006	3.318	0.117		
增长	0.425	8.125	1	11	0.016	5.781	−12.366		
指数	0.425	8.125	1	11	0.016	324.109	−12.366		

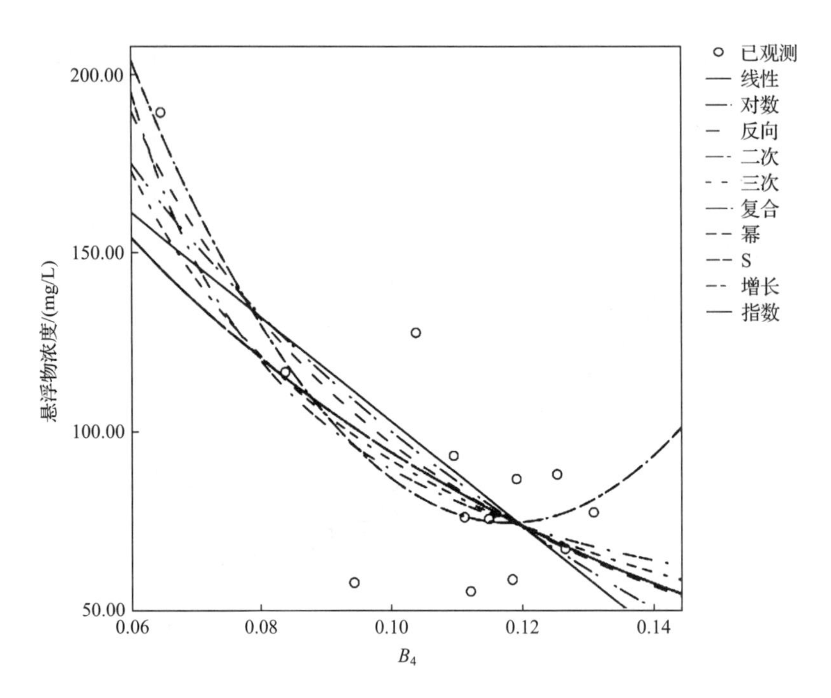

图 12-4　悬浮物浓度与 MODIS 影像第四波段的曲线拟合

综合以上实验可知，悬浮物浓度与 MODIS 数据的通道 1、3、4 波段组合具有很好的相关性，而与第二波段的相关性并不高，这也与以往的研究成果相符合（疏小舟等，2000）。因此，本书选取 MODIS 影像的 1、3、4 波段作为敏感波段，分别构建分期模型。

12.2　悬浮物浓度反演模型构建及精度分析

基于前一节获取得到的敏感波段为 MODIS 影像的 1、3、4 波段，本书主要通过 MODIS 数据的通道 1、3、4 进行波段组合，确定最优模型。以 1、4、7、10 代表冬、春、夏、秋四季，利用四季的悬浮物浓度数据和同期 MODIS 1、3、4 波段进行回归分析和曲线拟合，分别构建四期季节悬浮物浓度的反演模型。

12.2.1　反演模型构建

1）冬季反演模型

以 MODIS 数据 1、3、4 波段各种组合为光谱指数，分别建立光谱指数与悬浮物浓度的回归关系，选择相关系数最大的模型作为悬浮物浓度的反演模型。在建立 1 月的反演模型时，尝试 MODIS 1、3、4 波段进行组合作为光谱指数，发现 B_4/B_3 可以较好地响应悬浮物浓度，其中，B_3、B_4 分别为 MODIS 通道 3、4 的地表反射率。通过回归分析，建立以 B_4/B_3 为光谱指数与鄱阳湖水体悬浮物浓度 C_{ss}的指数模型（图 12-5），显示悬浮物浓度随着光谱指数的增加呈指数减小，基本服从指数关系式：$y=a\ln x+b$，模型拟合相对较好，相关系数 R^2 也较高。

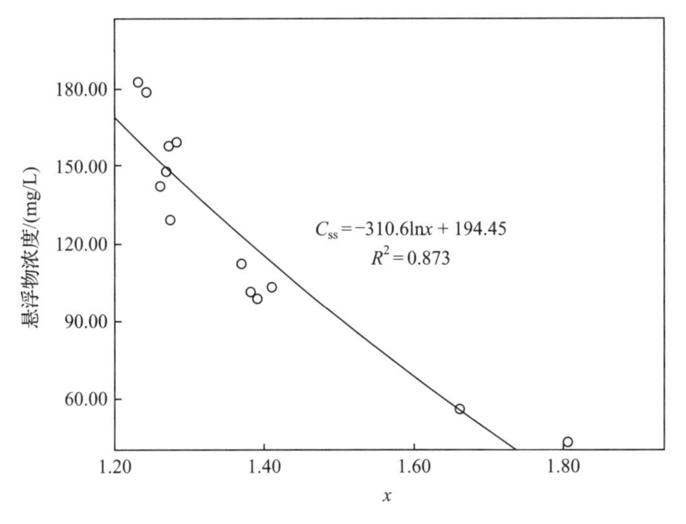

图 12-5　鄱阳湖 1 月悬浮物浓度 C_{ss}与 x 的关系图

2）春季反演模型

同理，尝试 MODIS 1、3、4 波段进行组合作为光谱指数来构建反演模型，发现 B_1/B_4 可以较好地响应悬浮物浓度。其中，B_1、B_4 分别为 MODIS 通道 1、4 的地表反射率。通过回归分析，建立以 B_1/B_4 为光谱指数与鄱阳湖水体悬浮物浓度 C_{ss}的指数模型（图 12-6），显示悬浮物浓度随着光谱指数的增加呈指数减小，基本服从指数关系式：$y=ae^{bx}$，模型拟合度相对较好。

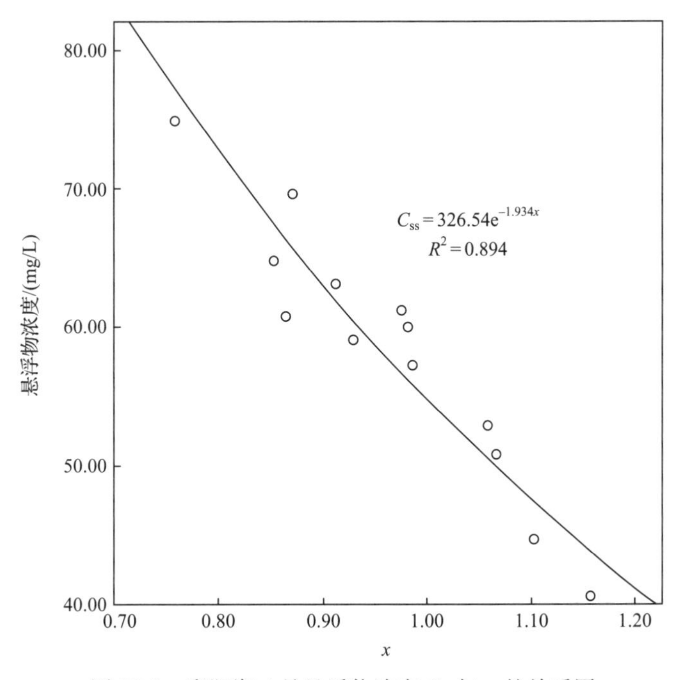

图 12-6　鄱阳湖 4 月悬浮物浓度 C_{ss}与 x 的关系图

3）夏季反演模型

在建立 7 月的反演模型时，通过回归分析，发现 B_4/B_3 的相关性系数最高，可以较好地反映鄱阳湖水体悬浮物浓度，其中，B_3、B_4 分别为 MODIS 通道 3、4 的地表反射率。建立以 B_4/B_3 为光谱指数与鄱阳湖水体悬浮物浓度 C_{ss} 的模型（图 12-7），显示悬浮物浓度随着光谱指数的增加而指数减小，且基本服从指数关系式：$y=ax^b$，模型拟合度相对较好。

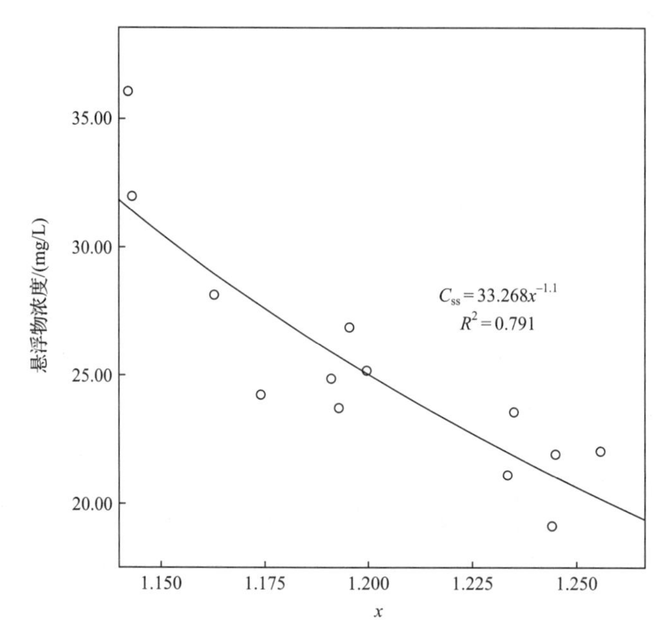

图 12-7　鄱阳湖 7 月悬浮物浓度 C_{ss} 与 x 的关系图

4）秋季反演模型

同上，尝试 MODIS 1、3、4 波段进行组合作为光谱指数来构建反演模型，发现 B_1/B_3 可以较好地响应悬浮物浓度。其中，B_1、B_3 分别为 MODIS 通道 1、3 的地表反射率。通过回归分析，建立以 B_1/B_3 为光谱指数与鄱阳湖水体悬浮物浓度 C_{ss} 的指数模型（图 12-8），显示悬浮物浓度随着光谱指数的增加而指数减小，基本服从指数关系式：$y=ax^b$，模型拟合度相对较好。

汇总基于 2009～2012 年 1 月、4 月、7 月、10 月实测悬浮物浓度数据分别建立的分期反演模型，最终得出 4 个季度的模型计算公式，如表 12-5 所示。

表 12-5　4 个季度的悬浮物浓度反演模型及相关系数

月份	波段或组合	模型	R^2
1	$x=B_4/B_3$	$y=-310.6\ln x+194.45$	0.873
4	$x=B_1/B_4$	$y=326.54e^{-1.934x}$	0.894
7	$x=B_4/B_3$	$y=33.268x^{-1.1}$	0.791
10	$x=B_1/B_3$	$y=41.008x^{1.4047}$	0.684

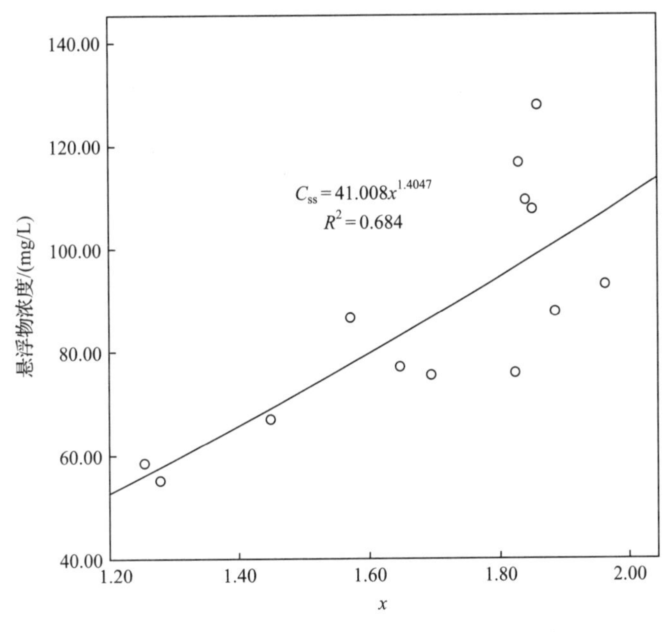

图 12-8 鄱阳湖 10 月悬浮物浓度 C_{ss} 与 x 的关系图

12.2.2 精度评价

利用 MODIS 遥感数据和剩余实测值对 2009～2012 年的反演模型进行了结果验证，以保证各期模型在遥感数据上应用的有效性。公式为

$$相对误差值(\%)=\frac{|实测值平均值-理论值平均值|}{实测值平均值}\times 100\% \qquad (12\text{-}3)$$

由表 12-6 可见，2009～2012 年鄱阳湖悬浮物浓度结果验证的平均相对误差分布为 6.68%～33.64%。各季节模型的相对误差平均值为 20.95%。该精度能够满足鄱阳湖悬浮物总体估算的需要。

表 12-6 鄱阳湖悬浮物浓度反演相对误差

模型	理论值平均值	实测值平均值	相对误差百分比/%
1 月模型	44.75	48	6.68
4 月模型	53.54	60.5	11.51
7 月模型	54.92	80.725	31.96
10 月模型	52.64	79.325	33.64

12.3 鄱阳湖悬浮物浓度空间格局分析

基于建立的 2009～2012 年春(4 月)、夏(7 月)、秋(10 月)、冬(1 月)四季悬浮物浓度反演模型，可获取整个湖区的悬浮物浓度。具体操作在 ENVI 和 ArcGIS 中进行。

(1) 在 ENVI 中，通过波段运算，导入反演模型，获取当季悬浮物浓度影像：Basic Tools->Band Math，输入反演模型的数学公式，公式中的 B_1、B_3、B_4 分别为 MODIS 影像数据的第 1、3、4 波段的反射率。点击确定保存获取到的悬浮物浓度影像。

(2) 在 ArcGIS 中对影像进行分级展示：打开影像—Properties—Symbology—Classified，在该界面自定义选择分类个数、类别以及色带，本书以 20mg/L 为分类间隔，从 0～200mg/L 划分出 10 个类别，基于部分影像上出现极少数的异常高值，再添加一个 200～400mg/L 的类别将异常高值归为一类。点击确定即可获得鄱阳湖悬浮物浓度的空间分布彩色影像。

12.3.1 悬浮物浓度空间分布

图 12-9 为在 ArcGIS 中对影像进行分级展示的鄱阳湖悬浮物浓度空间分布彩色影像。

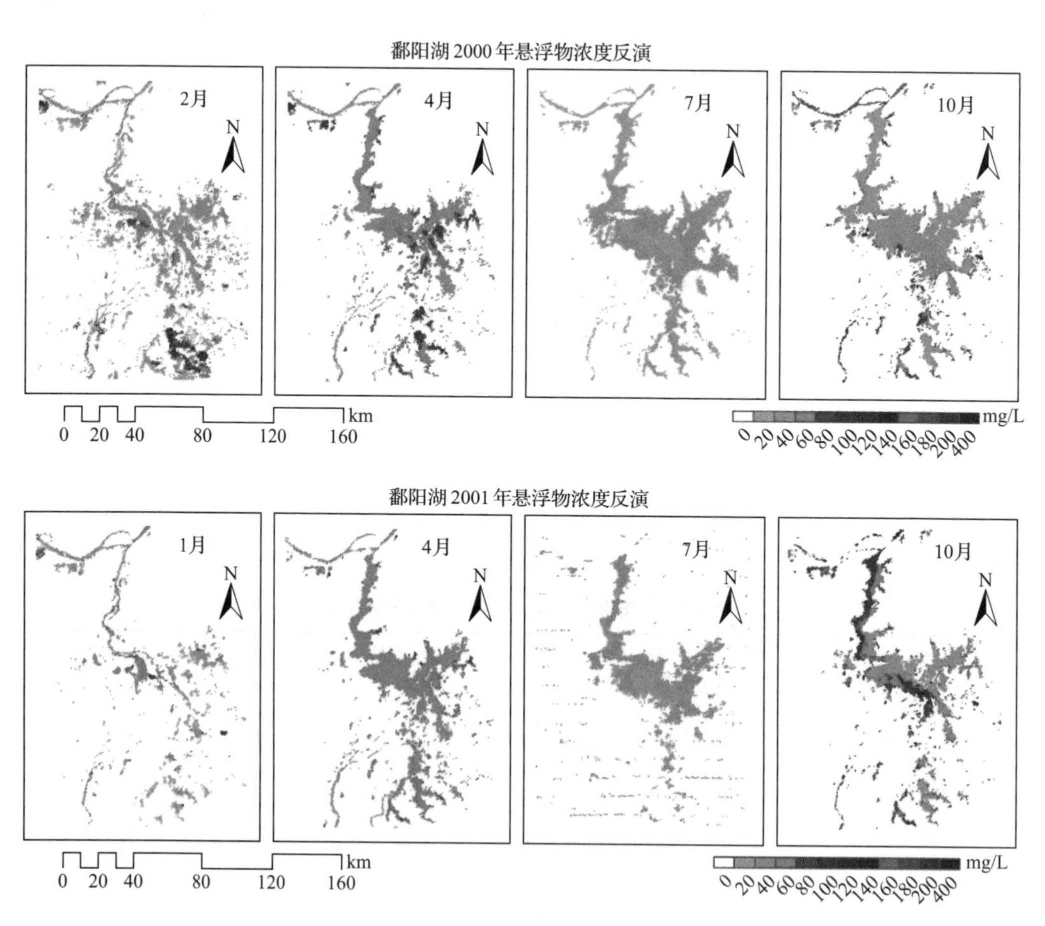

鄱阳湖2002年悬浮物浓度反演

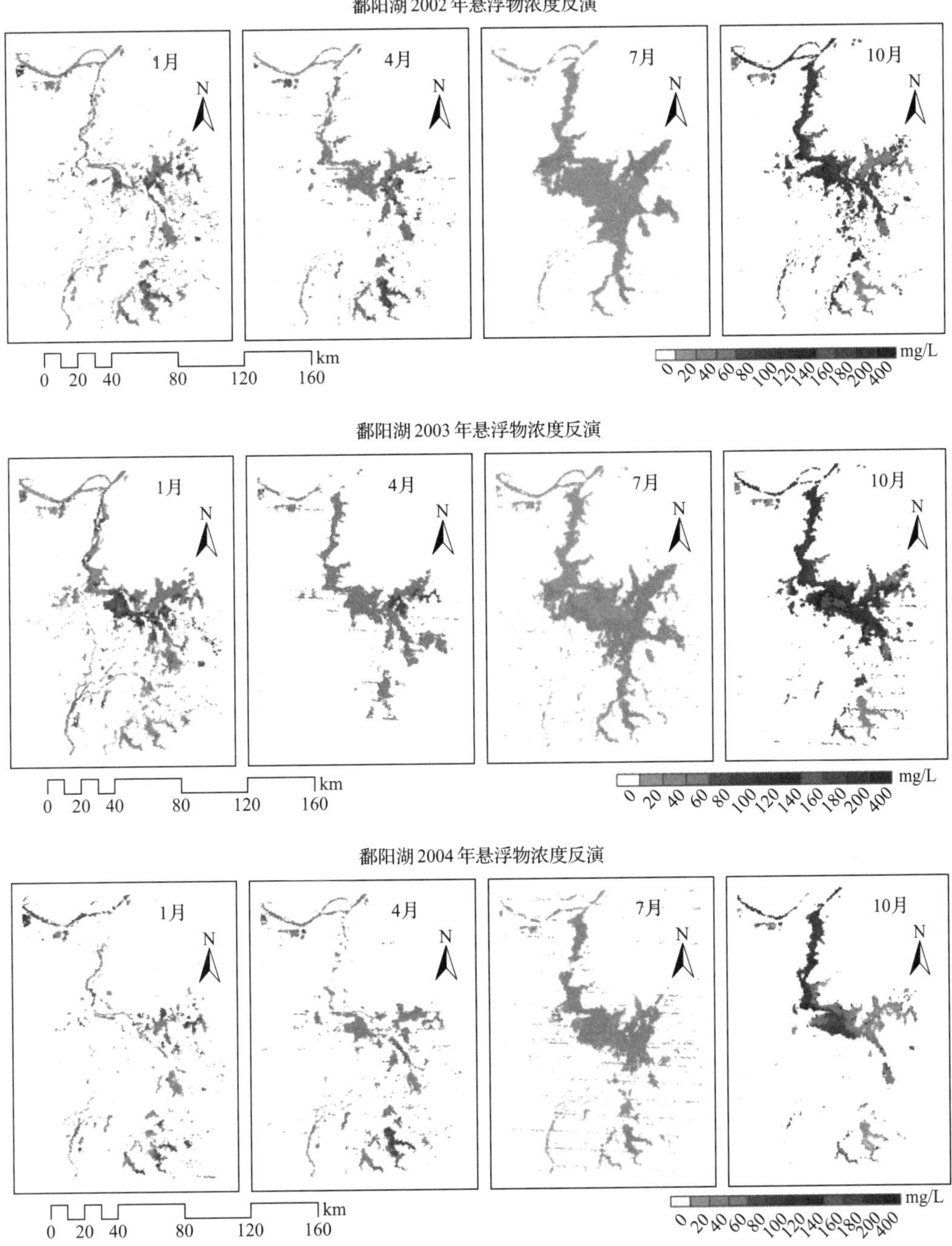
1月
4月
7月
10月
N
0 20 40 80 120 160 km
0 20 40 60 80 100 120 140 160 180 200 400 mg/L
鄱阳湖2003年悬浮物浓度反演
1月
4月
7月
10月
N
0 20 40 80 120 160 km
0 20 40 60 80 100 120 140 160 180 200 400 mg/L
鄱阳湖2004年悬浮物浓度反演
1月
4月
7月
10月
N
0 20 40 80 120 160 km
0 20 40 60 80 100 120 140 160 180 200 400 mg/L

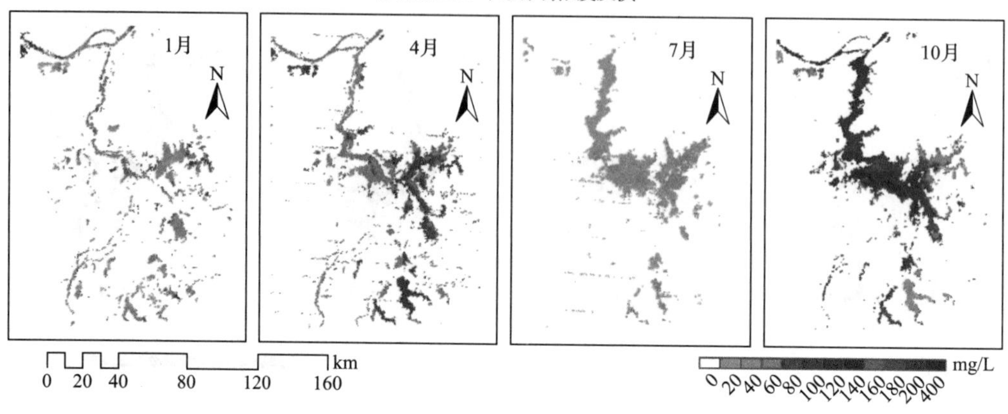

鄱阳湖2006年悬浮物浓度反演

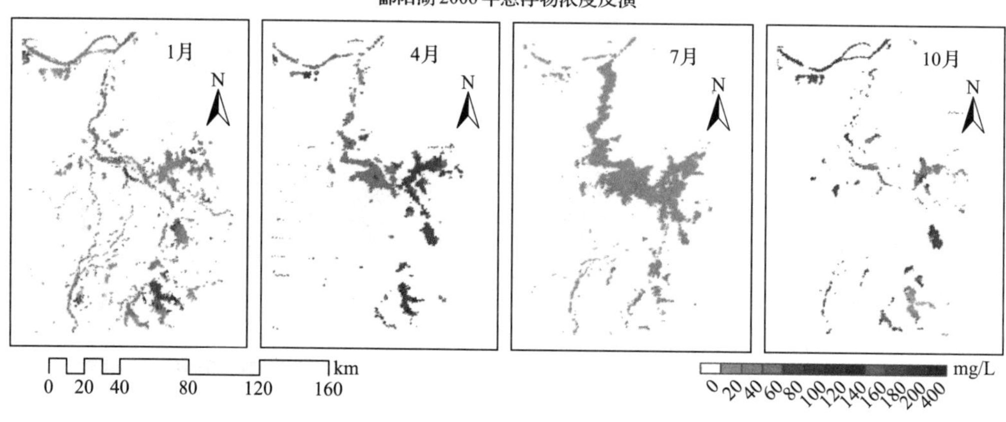

鄱阳湖2007年悬浮物浓度反演

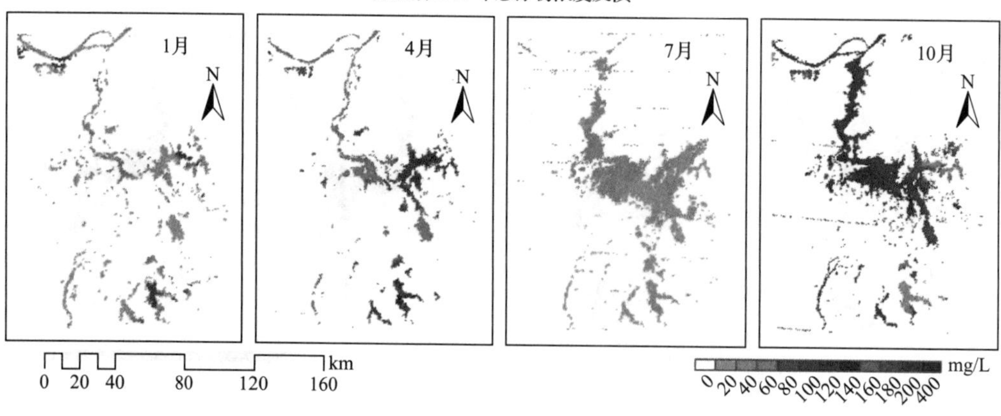

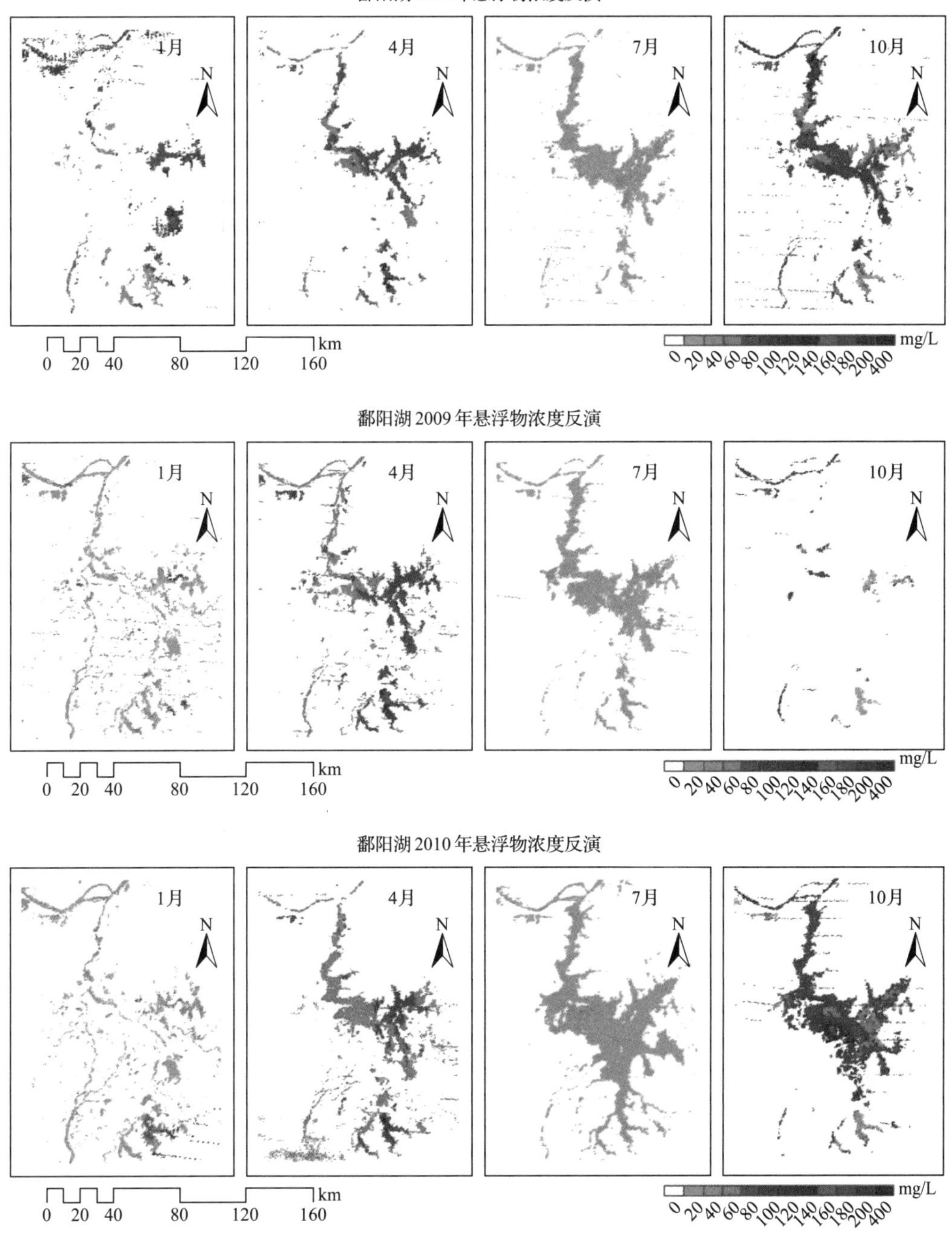
鄱阳湖2008年悬浮物浓度反演
1月
4月
7月
10月
N
km
0 20 40 80 120 160
mg/L
0 20 40 60 80 100 120 140 160 180 200 400
鄱阳湖2009年悬浮物浓度反演
1月
4月
7月
10月
N
km
0 20 40 80 120 160
mg/L
0 20 40 60 80 100 120 140 160 180 200 400
鄱阳湖2010年悬浮物浓度反演
1月
4月
7月
10月
N
km
0 20 40 80 120 160
mg/L
0 20 40 60 80 100 120 140 160 180 200 400

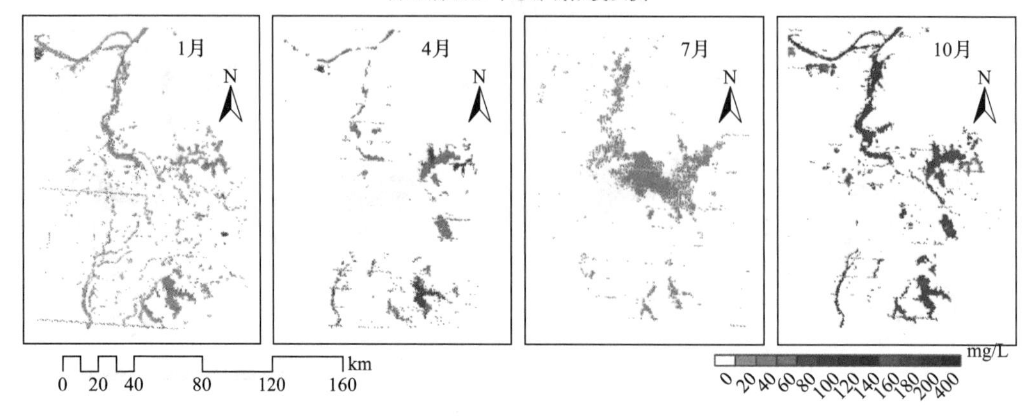

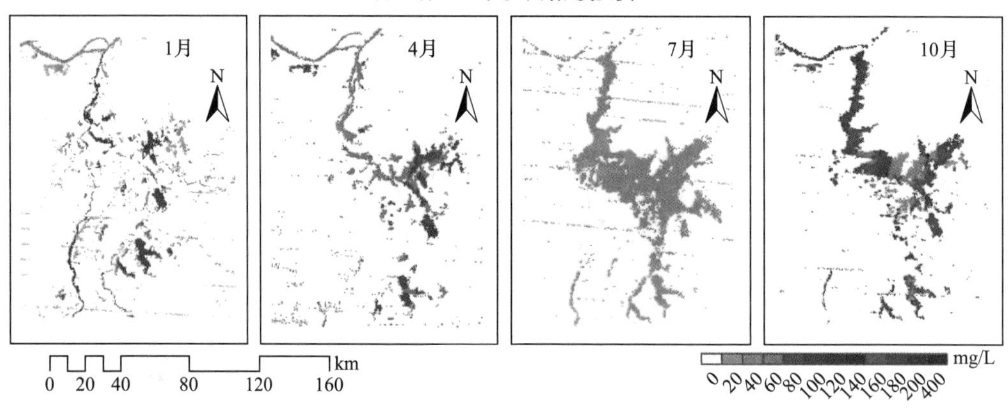

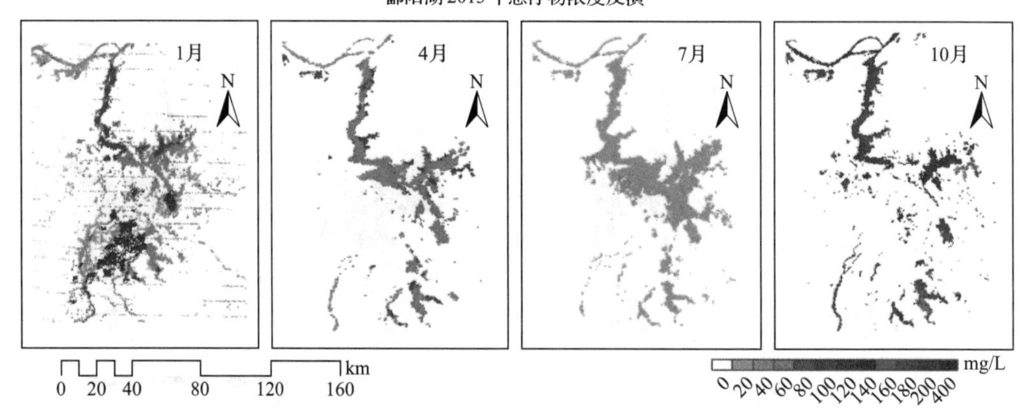

图 12-9　2000～2013 年鄱阳湖悬浮物浓度空间分布

由于 NASA 官网上可供下载的 MODIS 影像起始时间为 2000 年 2 月，故 2000 年 1 月的影像由 2 月影像替代，对本书的影响较小

12.3.2 悬浮物浓度空间分布特征

由于悬浮物浓度的反演时间跨度较大，本书选取了最近5年(2009～2013年)的悬浮物浓度空间分布进行分析。

2009年1月鄱阳湖悬浮物浓度在0～158.87mg/L，相对较高值分布在北部湖区航道水域，湖中心浓度值偏低；4月浓度有显著变化，湖泊中心偏南区城浓度增加，该月湖中心水域和五河入湖口水域出现相对高值，近岸水域浓度值偏低；7月浓度值达到全年最低值，在0～97.902mg/L，最大值下降显著，相对高值分布在北部长江和鄱阳湖交汇水域，湖中心浓度偏低；10月浓度急剧上升，最大值迅速升高到235.72mg/L，为全年最高值，相对高值分布在湖中心水域。

2010年1月悬浮物浓度在0～228.08mg/L，相对高值出现在湖区南部、五湖入湖口水域，悬浮物分布较为平均；4月浓度升高，中部区域有明显增加，相对高值分布在湖中心水域；7月浓度值为0～228.97mg/L，但湖区总体悬浮物浓度很低；2010年10月浓度值达到全年最高值，最大值为247.75mg/L，相对高值分布在湖中心区域、五河入湖口水域。

2011年1月悬浮物浓度有所下降。由于在2010年12月开始进行湖区综合环境治理，该时期的悬浮物浓度并没有达到往年的水平，分布较为平均；4月浓度值增长明显，相对较高值分布在湖中心区域；7月浓度又降低到该年的最低水平，最低值为56.09mg/L，相对较高值出现在湖区主航道上；10月浓度上升至全年最高值，在0～216.64mg/L，其中相对较高值出现在湖中心水域。

2012年4月浓度相对高值分布在湖中心偏南及五河入湖处；7月浓度值达到全年最低水平，最高值为89.78mg/L，相对高值区分布在湖区主航道上；10月浓度值为最高值，分布在0～233.01mg/L，相对高值区分布在五河入湖口水域，湖区主航道上，分布比较均匀。

2013年1月的悬浮物浓度最高值达389.06mg/L，属于异常高值，全湖的悬浮物浓度也普遍较高；4月浓度值在0.23～102.88mg/L，全湖悬浮物分布较平均，高值出现在湖岸附近；7月浓度达到全年最低值，最高值为42.49mg/L；10月浓度值分布在0～246.87mg/L，相对高值区分布均匀。

综合近5年的悬浮物浓度空间分布特征可知，春季(4月)的悬浮物浓度较高，最高值一般在100～120mg/L，相对高值出现在五河入湖口和湖中心水域；夏季(7月)的悬浮物浓度为全年的最低水平，分布也比较平均；秋季(10月)的悬浮物浓度水平急速上升，最高值在250mg/L左右，而相对的高值主要出现在鄱阳湖入长江水道上和主航道上；冬季(1月)的悬浮物浓度开始降低，相对高值主要在五河入湖口。

12.3.3 悬浮物浓度空间波动特征

由于鄱阳湖水体的边界存在明显的季节性差异，为此，按不同月份，开展年际间的变化比较。利用标准差来反映同一月份悬浮物浓度年际间变化波动程度，公式为

$$\sigma=\sqrt{\frac{1}{N-1}\sum_{i=1}^{N}(x_i-\mu)^2},\quad \mu=\frac{1}{N}\sum_{i=1}^{N}x_i \tag{12-4}$$

式中，σ 为悬浮物浓度的标准差；N 为年数；x_i 为每年悬浮物浓度值；μ 为悬浮物浓度平均值。

由于鄱阳湖的水体边界差异较大，即使不同年份的同一月份也会有很大的差异，因此，以每月的最小水体区域边界为水体范围，并分别从 1 月、4 月、7 月及 10 月来分析 2000～2013 年鄱阳湖悬浮物浓度变化波动情况（图 12-10）。由图 12-10 可以看出，鄱阳湖悬浮物浓度 7 月的年际变化不大，分布比较均匀，这是由于悬浮物浓度本身水平也较低的缘故；1 月变化波动较大区域主要是在南北两端的入湖口，水体近岸水域和湖中心区域悬浮物浓度变化波动相对较小；4 月波动较大的区域主要集中在南部五河入湖口区域，这是由于 4 月五河水位上升导致大量泥沙流入鄱阳湖；而 10 月的悬浮物浓度空间波动起伏

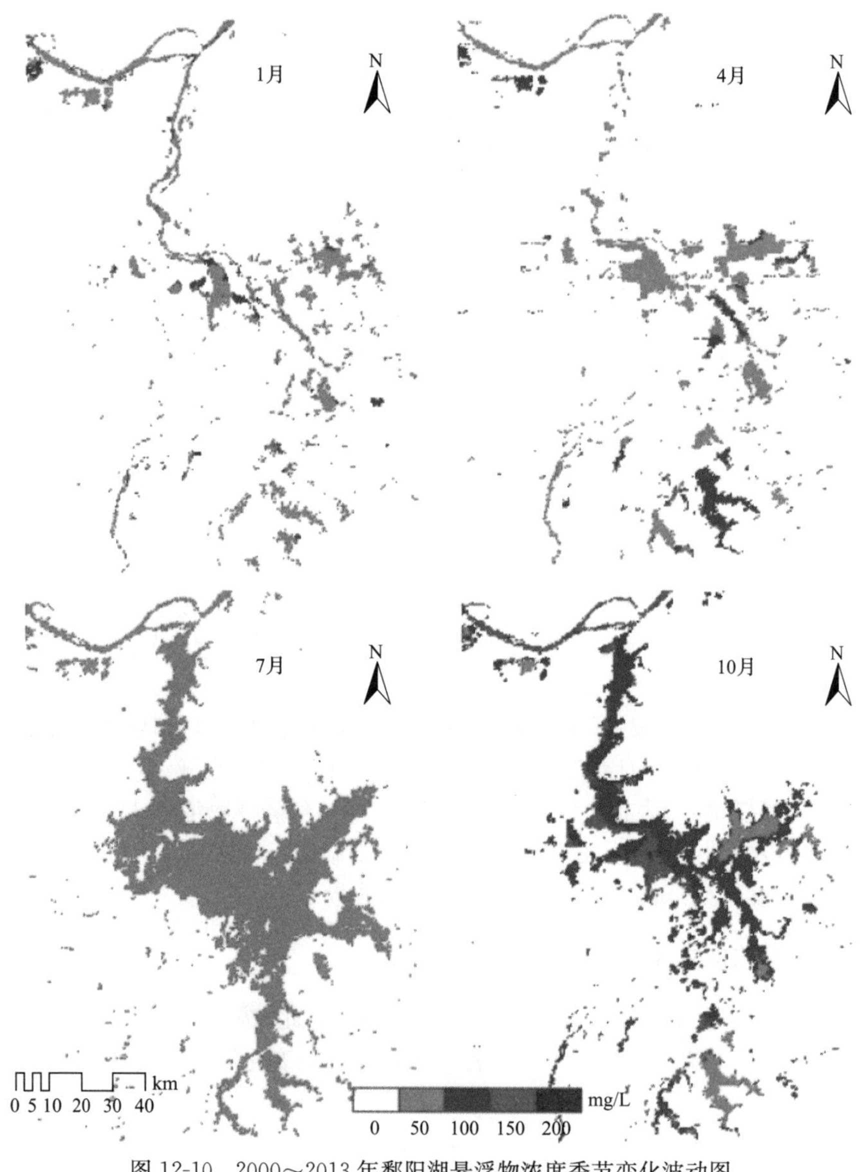

图 12-10　2000～2013 年鄱阳湖悬浮物浓度季节变化波动图

最大，相对波动较大的区域主要集中在北部入江区域，这是由于长江的顶托或倒灌作用导致的，长江江水的悬浮物浓度则直接决定该区域鄱阳湖湖水的悬浮物浓度。

12.4 鄱阳湖悬浮物浓度的时间变化特征

为了更好地掌握鄱阳湖2000～2013年的悬浮物浓度变化规律，本书对悬浮物浓度的年际变化和年内季节变化进行分析，从而更好地从总体上掌握鄱阳湖的悬浮物浓度在长时间序列上的空间分布变化规律。

12.4.1 悬浮物浓度年际变化特征

1）年整体变化

将每年的1月、4月、7月、10月四幅影像进行叠加，获取得到2000～2013年的年均悬浮物浓度分布影像，进而得到影像上每年的全湖悬浮物浓度均值，如图12-11所示。

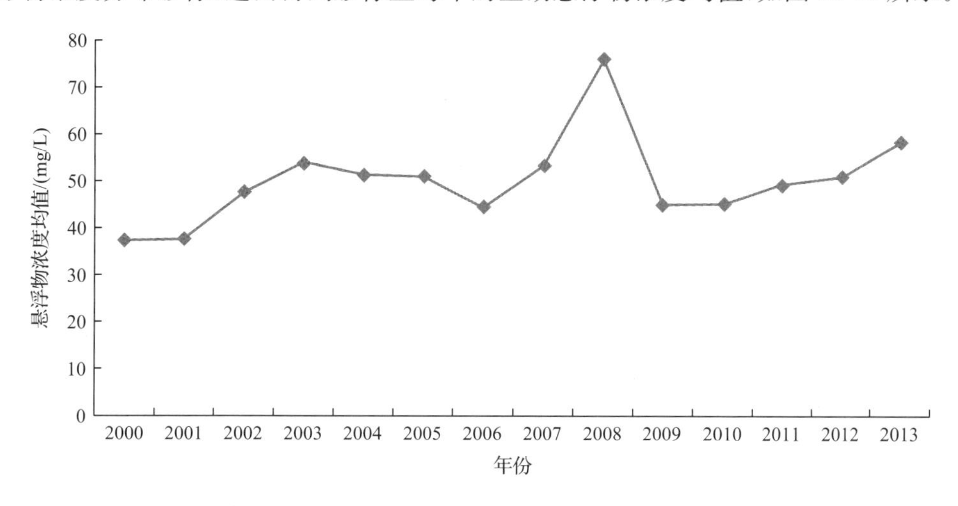

图12-11　2000～2013年鄱阳湖悬浮物浓度均值变化

由图12-11可见，悬浮物浓度在14年间有明显的波动特征，但总体呈上升趋势。2008年，鄱阳湖的悬浮物浓度出现一个异常高值。其可能的原因是由于在2007年三峡水库开始蓄水，导致2008年1月鄱阳湖都昌水文站出现8.15m水位，达到历史最低水平。相对应的是，鄱阳湖湖面面积仅54km^2，湖盆蓄水量为1.53亿m^3，是1998年汛期历史最高水位22.42m时湖面面积的1/73，对应蓄水量的1/215。水位下降和湖区面积的缩小是悬浮物浓度激增的重要因素之一。

2）不同季节在年际间的变化

从悬浮物浓度影像上提取全湖的悬浮物浓度最高值和平均值，按季节分析2000～2013年各个季节的悬浮物浓度变化特征(图12-12)。

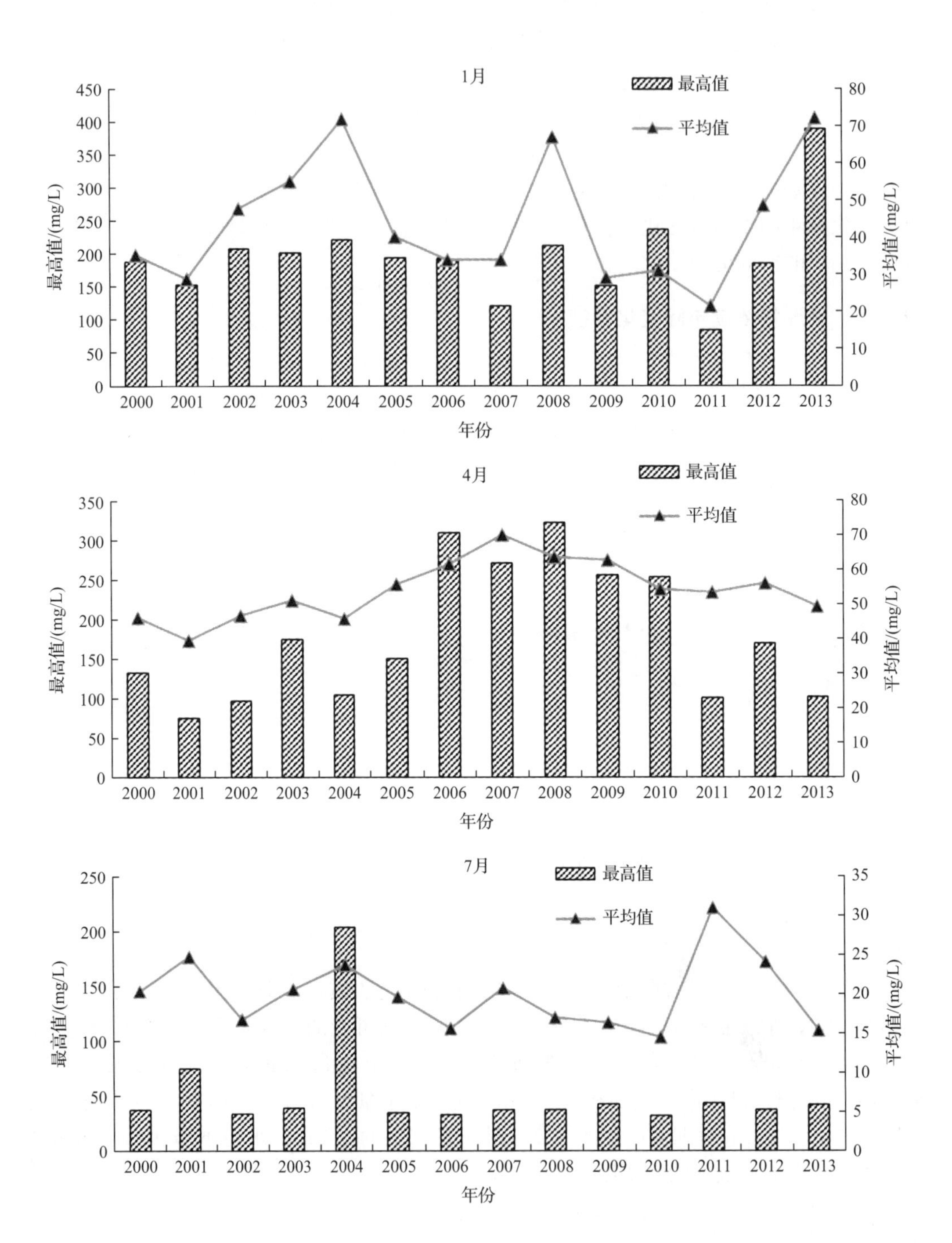
1月
最高值
平均值
450
400
350
300
250
200
150
100
50
0
80
70
60
50
40
30
20
10
0
最高值/(mg/L)
平均值/(mg/L)
2000
2001
2002
2003
2004
2005
2006
2007
2008
2009
2010
2011
2012
2013
年份
4月
最高值
平均值
350
300
250
200
150
100
50
0
80
70
60
50
40
30
20
10
0
最高值/(mg/L)
平均值/(mg/L)
2000
2001
2002
2003
2004
2005
2006
2007
2008
2009
2010
2011
2012
2013
年份
7月
最高值
平均值
250
200
150
100
50
0
35
30
25
20
15
10
5
0
最高值/(mg/L)
平均值/(mg/L)
2000
2001
2002
2003
2004
2005
2006
2007
2008
2009
2010
2011
2012
2013
年份

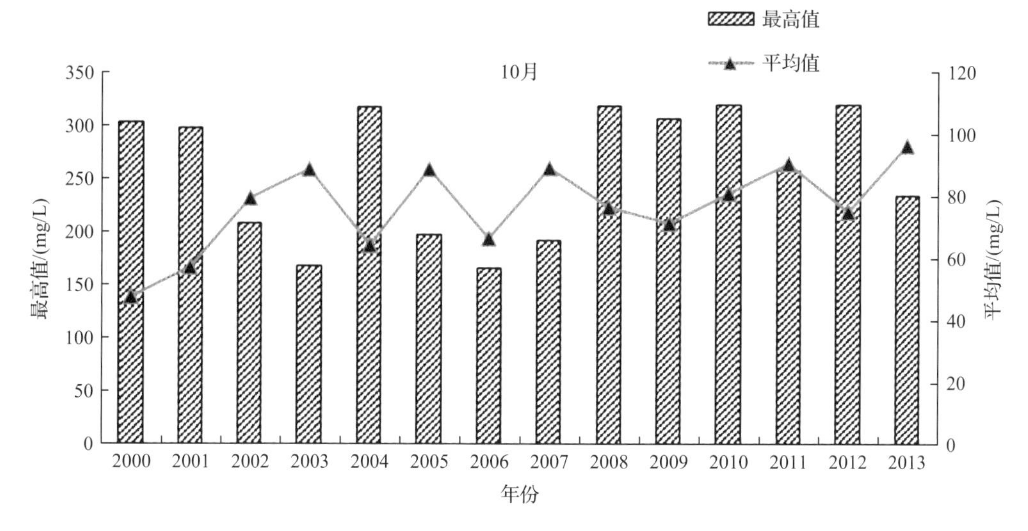

图 12-12　2000～2013 年 1 月、4 月、7 月、10 月的鄱阳湖悬浮物浓度最高值和平均值变化图

由图 12-12(a)可知，1 月的悬浮物浓度最高值和平均值在 200mg/L 和 40mg/L 左右，这 14 年中的变化波动比较大，主要原因是湖水面积的变化比较大，导致悬浮物浓度水平不稳定，但是并没有出现明显的上升趋势。

由图 12-12(b)可知，4 月的悬浮物浓度最高值波动较大，而均值出现缓慢上升的趋势；由此可见，鄱阳湖的水质开始变得浑浊，尤其在 2006～2010 年，悬浮物浓度水平一直保持在较高的水平。

由图 12-12(c)可知，7 月的悬浮物浓度平均值的变化趋势是上下波动，但没有出现明显的上升或下降；而最高值在 2004 年有一个异常高值以外，其他年份均处于比较稳定的状态，主要原因是 7 月为鄱阳湖的丰水期，湖水面积大，湖水流速较缓，泥沙大量沉积，导致悬浮物水平比较低且稳定。

由图 12-12(d)可知，10 月的悬浮物浓度最高值上下波动，但上升并不明显；均值则出现了缓慢上升的趋势。

综合以上季节的变化特征来看，鄱阳湖悬浮物浓度变化起伏较大，除了夏季(7 月)的均值变化不明显，其余季节均有缓慢上升的趋势。因此，鄱阳湖的悬浮物浓度在 14 年间呈现出缓慢上升的趋势，这也与 12.3 节得出的结论相符合。

12.4.2　悬浮物浓度年内季节变化特征

鄱阳湖悬浮物浓度的年内季节变化特征如图 12-13 所示，表明其具有明显的空间差异和季节变化特点。12～2 月，鄱阳湖处于全年水温最低、水位最低的时期，由于船舶运输等人类活动频繁，造成泥沙扰动，悬浮物含量较高，全湖的悬浮物浓度值大多处于 20～80mg/L，空间差异显著，含量较高的位置多处于鄱阳湖和长江的交汇处。3～5 月，五河河水大量涌入鄱阳湖，导致水速加快，全湖悬浮物浓度开始升高，高值区分布于湖中心区域。6～8 月处于高温高水位，全湖的整体浓度达到全年最低值。9～11 月处于高温低水位，长江的泥沙倒灌，加上船舶运输对湖底泥沙的扰动，使得悬浮物浓度达到全年最高值，中部地区略偏高。总体而言，近岸水域浓度值低于湖区航道水域，其中，与长江交汇处的浓度值高于其他水域。

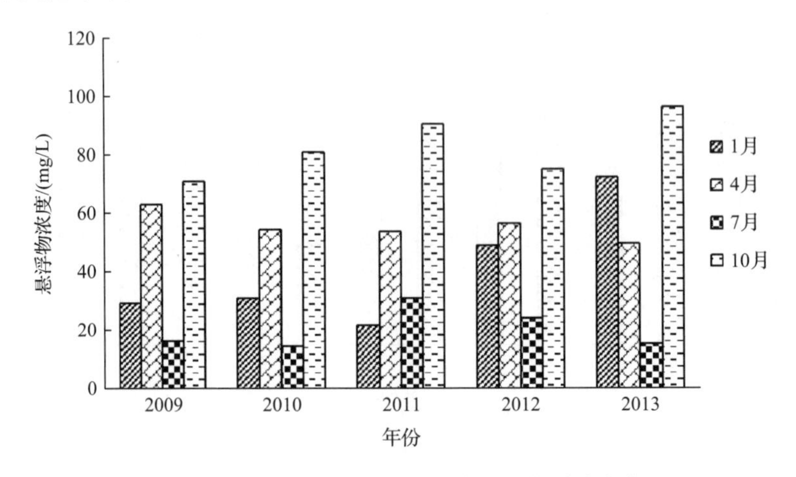

图 12-13　2009～2013 年鄱阳湖悬浮物浓度变化

第13章　鄱阳湖悬浮物浓度时空分布特征影响分析

本章通过对鄱阳湖悬浮物浓度时空分布特征进行分析，获取悬浮物浓度分布特征的驱动力因素，以及通过对水环境监测要素间的相关性分析，探索要素间可能存在的相关性。

13.1　水位变化对鄱阳湖悬浮物浓度的影响

闵骞等(1995)根据都昌水文站1953～1992年的水位资料，分析得到了鄱阳湖的水位季节变化特征：①鄱阳湖的平均水位为12.62～16.55m；②月平均水位7月最高，1月最低，1～7月逐渐上升，7月至翌年1月逐渐下降；③年最高水位一般出现在7～8月，年最低水位一般出现在12月至翌年1月；④月平均水位年变化幅度8月最大，其次是9月、10月；2月最小，其次是1月、12月。目前很多研究表明水位变化对水质监测要素季节变化的影响较大(Thormann et al.,1998；Haldna et al.,2008)。鄱阳湖的悬浮物浓度季节性差异较大，而丰水期和枯水期的水位差异也很大，且水位与悬浮物浓度的变化近似同步。由此推测，水位可能是悬浮物浓度季节变化的影响因素之一。图13-1为各个季节的五河、鄱阳湖、长江之间的水位示意图。

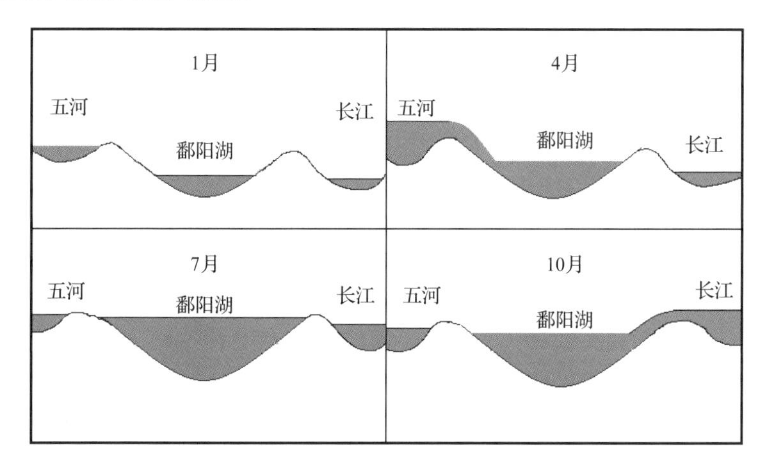

图13-1　各个季节鄱阳湖、五河、长江的水位示意图

1）春季(4月)的水位变化对悬浮物浓度的影响

鄱阳湖的春季(4月)为平水期(15m左右)。鄱阳湖汇集了赣江、抚河、信江、饶河、修河五大水系，由于鄱阳湖水位较低，五大水系在赣北汇入鄱阳湖，经调蓄由湖口流入长江。

同时，鄱阳湖湖流特点是枯水流速大，洪水流速小（尹宗贤和张俊才，1987）。枯水期的水流速度可达 1.48～2.85m/s，湖水更新较快，也导致湖区水体扰动底部沉积的泥沙，造成悬浮物浓度增高。这也是鄱阳湖悬浮物浓度在枯水期明显高于丰水期，且在枯水期时悬浮物水平较高的区域主要集中在五河入湖口附近的原因之一。

2）夏季（7 月）的水位变化对悬浮物浓度的影响

夏季（7 月）的鄱阳湖处于丰水期，最高水位可达 22m 以上。高水位意味着高蓄水量，悬浮物浓度则处于较低水平。且在丰水期（15m 以上）时水流速度在 0.1～0.8m/s，湖区换水速率变缓，整个湖区处于平静的状态。因而 7 月的鄱阳湖全湖悬浮物浓度水平较低，且无高值区域。

3）秋季（10 月）的水位变化对悬浮物浓度的影响

鄱阳湖的秋季（10 月）是全年悬浮物浓度水平最高的季节，这是因为在 8～9 月长江中游开始增加降水，使长江在鄱阳湖段的水位增高，抑制了鄱阳湖的水外流，甚至倒灌入湖（Hu et al.，2007）。鄱阳湖的水位较低（5～10m），同时长江的悬浮物浓度水平较高，两者的共同作用造成悬浮浓度水平急速上升至全年最高，且高值区域出现在北部与长江的汇集处。

4）冬季（1 月）的水位变化对悬浮物浓度的影响

冬季（1 月）的鄱阳湖处于枯水期（15m 以下），历史最低水位仅为 4m。10 月之后，长江水位恢复成正常水平，水位的降低导致鄱阳湖悬浮物浓度开始下降。五河入湖的水成为影响悬浮物浓度水平的主要因素，因而悬浮物浓度的高值区域主要在五河入湖口附近。

综合 4 个季节的水位差异和悬浮物浓度水平来看，鄱阳湖的悬浮物浓度水平依然主要受水位差异的影响。由于鄱阳湖水位变化差较大，水流速度存在季节差异；加之长江的顶托或倒灌作用的影响，悬浮物浓度水平在地区上的差异和年内季节性的变化均较大。

13.2 人类活动对鄱阳湖悬浮物浓度的影响

13.2.1 湖区的生产和航运活动对鄱阳湖悬浮物浓度的影响

近年来鄱阳湖区域的经济高速发展，鄱阳湖作为重要的水上交通通道则承担了大量的水上航运工作，并已逐渐成为江西省的航运枢纽。鄱阳湖处于平水位时，水上的航运扰动了沉积的泥沙。尤其是春季（4 月），鄱阳湖风浪大，风浪和采砂产生的动力作用搅动湖底泥沙，造成悬浮物浓度水平处于较高的水平。这也是鄱阳湖 4 月的水位虽然高于 1 月，但悬浮物浓度水平比 1 月还高的主要原因。

采砂活动也是影响鄱阳湖悬浮物浓度水平的重要原因之一。鄱阳湖汇集了五河入湖的大量泥沙，并逐渐沉积下来。然而，近年来违法采砂活动持续不断，鄱阳湖已成为长江砂石采挖的“重灾区”，采砂船数量一度高达 450 艘，一年的采砂量甚至达到鄱阳湖 20 年沉砂量，连续10年高强度采砂使其200余年的沉砂量采挖殆尽，已对长江流域的环境、生态产生了一系列的负面影响。Lai等(2014)通过对大量实测水位及流量监测数据的对比研究，结合遥感影像监测结果得出结论，采砂是鄱阳湖水位下降的根本原因。无序乱采滥挖以及超量采砂不仅对岸线稳定、防洪安全、通道安全等有直接影响，采砂搅动湖底的泥沙等对鄱阳湖的水质也有较大的影响。

13.2.2 工农业污染对鄱阳湖悬浮物浓度的影响

鄱阳湖接纳了江西省97%的流域江水，也吸收了随之而来的污染。随着鄱阳湖区域经济的快速发展，工农业生产的蓬勃发展和过快的人口增长，生活和工业污染日益加剧，鄱阳湖的水质开始急速恶化。鄱阳湖污染物入湖途径主要是地表径流，其中又以五河的携带为主要途径，占总入湖TP和TN总量的96%(陈巍，2010)。而五河中，赣江、信江和乐安河的携带量最大，修水最少。主要原因是附近的重金属矿较多，铜、锌、磷矿等的污染对鄱阳湖影响较大。在鄱阳湖近旁，西有武山铜矿，南有东乡铜矿，在入湖河流乐安河上有德兴铜矿，信江上有永平铜矿，赣江流域的钨矿、稀土矿和抚河上游的铀矿也均在全国名列前茅(万金保和蒋胜韬，2005)。矿山不断开采所产生的含重金属废水也因此流入五河水系，最终流入鄱阳湖，造成水质的恶化。

近20年来，江西省农药、化肥施用量急速增加，平均单位面积施N量为273.1～288.9kg/hm^2，已超过了国际上公认的施N上限225kg/km^{2}的水平，农药使用量以年增长率为7.5%的速率递增(曾慧卿等，2003)，农药的大量使用最终流入鄱阳湖，造成鄱阳湖区氨氮含量高速增长。鄱阳湖区域经济的快速发展带动了人口的增长，南昌市人口基数大，增长速率快，城镇居民的生活污水排放量也快速增长。据统计，江西省生活污水的排放量已经占废水排放总量的“半壁江山”还多，达54.5 %，超过工业废水总量(江剑平和倪忠民，2005)。农业和生活污水的大量排放，造成鄱阳湖的水质状况不断恶化，也是鄱阳湖的悬浮物浓度水平波动上升的影响因素之一。由此可见，人类活动对鄱阳湖的水质影响开始显现，鄱阳湖的水质也在不断恶化。

13.3 水环境要素的相关性分析

湖泊水质参数在空间分布上具有结构性和随机性的特征，是典型的区域化变量(刘瑞民等，2003)。同一水域内，由于水体环境相对稳定，水质参数间则存在着一定的相互制约关系。如当水体内悬浮泥沙含量较高时，水体透明度降低，导致水体内浮游藻类和植物的光合作用减弱，就可能会使水体内的叶绿素a含量降低。目前，关于鄱阳湖水质监测要素，如悬浮物浓度、叶绿素a等方面的研究已开展较为广泛，但水质要素间是否存在一定的相关性还没有有说服力的科学依据，研究水质监测要素之间的相关性并获取规律，对于评价和预测水环境均有一定的积极作用(贾利，2001)。本书在研究和分析了鄱阳湖悬浮物浓度和外部环境要素之间的关系后，开始探索悬浮物浓度和水质监测要素间的相关性。

13.3.1 悬浮物浓度与水温相关性分析

中国科学院鄱阳湖湖泊湿地观测研究站在定期开展水质定点监测获取的数据中包含水体的水温信息，利用 2009～2012 年 1 月、4 月、7 月、10 月采样的悬浮物浓度数据和同步水温数据进行相关性分析，以下分析均在 SPSS 软件中实现：①建立两个参数：悬浮物浓度和水温；②在菜单栏"分析—回归—曲线估计"中，以水温为自变量，悬浮物浓度为因变量，进行曲线估计。表 13-1 和图 13-2 为曲线估计的参数和拟合曲线。

表 13-1 鄱阳湖悬浮物浓度与水温的相关性

方程	模型汇总					参数估计值			
	相关系数(R^2)	F 检验值	df1	df2	显著性(Sig.)	常数	b_1	b_2	b_3
线性	0.057	14.021	1	234	0.000	114.706	−2.240		
对数	0.048	11.723	1	234	0.001	156.097	−30.139		
倒数	0.032	7.845	1	234	0.006	50.830	278.764		
二次	0.057	7.106	2	233	0.001	105.341	−0.856	−0.038	
三次	0.059	4.861	3	232	0.003	68.807	7.926	−0.580	0.010
复合	0.136	36.970	1	234	0.000	93.898	0.962		
幂	0.111	29.192	1	234	0.000	186.615	−0.510		
S	0.078	19.831	1	234	0.000	3.441	4.802		
增长	0.136	36.970	1	234	0.000	4.542	−0.039		
指数	0.136	36.970	1	234	0.000	93.898	−0.039		

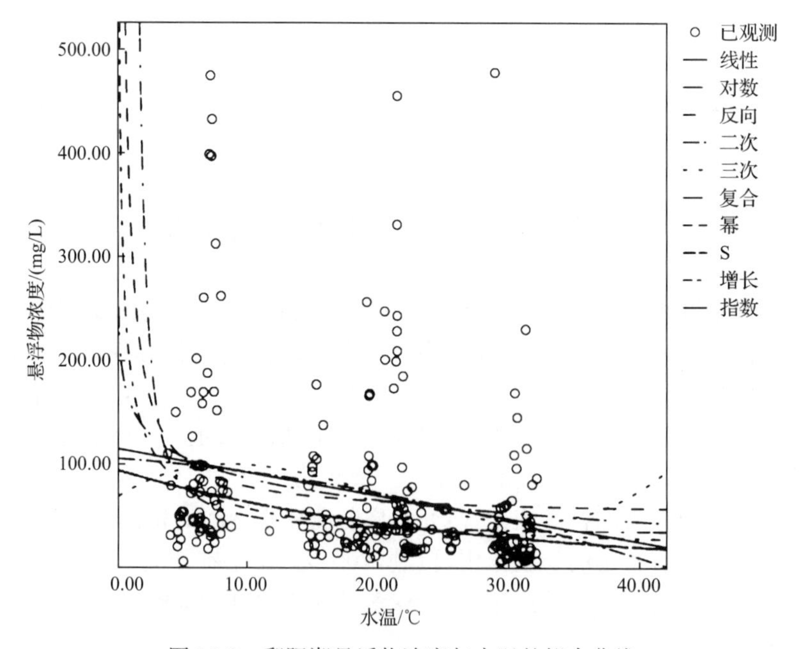

图 13-2 鄱阳湖悬浮物浓度与水温的拟合曲线

由表 13-1 可知，拟合的最好模型为指数模型。而从图 13-2 中可以比较直观地看出，悬浮物浓度与水温建立的散点比较离散，几条曲线拟合的结果并也不理想。拟合最好的指数模型指出，随着水温增高，悬浮物浓度值有下降的趋势，悬浮物浓度与水温呈负相关关系。

13.3.2 悬浮物浓度与叶绿素 a 相关性分析

1）悬浮物浓度与叶绿素浓度之间的定量相关性

同理，利用 2009～2012 年 1 月、4 月、7 月、10 月采样的悬浮物浓度和同步叶绿素 a 数据进行相关性分析，以下分析均在 SPSS 软件中实现：①建立两个参数：悬浮物浓度和叶绿素 a 浓度；②在菜单栏"分析—回归—曲线估计"中，以叶绿素 a 浓度为自变量，悬浮物浓度为因变量，进行曲线估计。表 13-2 和图 13-3 为曲线估计的参数和拟合曲线。

表 13-2　鄱阳湖悬浮物浓度与水温的相关性

方程	模型汇总					参数估计值			
	相关系数(R^2)	F 检验值	df1	df2	显著性(Sig.)	常数	b_1	b_2	b_3
线性	0.040	9.639	1	234	0.002	5.925	−0.010		
对数	0.076	19.240	1	234	0.000	10.043	−1.276		
倒数	0.092	23.612	1	234	0.000	3.771	42.846		
二次	0.053	6.533	2	233	0.002	6.525	−0.026	4.213×10^{-5}	
三次	0.063	5.221	3	232	0.002	7.264	−0.055	0.000	-3.272×10^{-7}
复合[a]	.	.	.	.	.	.	.		
幂[a]	.	.	.	.	.	.	.		
S[a]	.	.	.	.	.	.	.		
增长[a]	.	.	.	.	.	.	.		
指数[a]	.	.	.	.	.	.	.		

注：a 由于因变量（叶绿素浓度）包含非正数值(最小值为 0)，因此无法应用对数变换，无法为此变量计算复合模型、幂模型、S 模型、增长模型、指数模型等。

由表 13-2 可知，回归模型的相关系数 R^2 均小于 0.1。由图 13-3 可知，以叶绿素 a 浓度为自变量、悬浮物浓度为因变量的散点图中，点位集中于原点附近，且较为离散；由此可知，悬浮物浓度与的叶绿素 a 浓度相关性较小。另外一个特点就是，除了原点附近的散点，其他点主要集中在坐标轴的附近，贴近横坐标轴或纵坐标轴，即当叶绿素 a 浓度高的时候，悬浮物浓度较低；而当叶绿素 a 浓度较低的时候，悬浮物浓度普遍较高。这表明悬浮物浓度和叶绿素 a 浓度之间可能呈现相互抑制的关系。

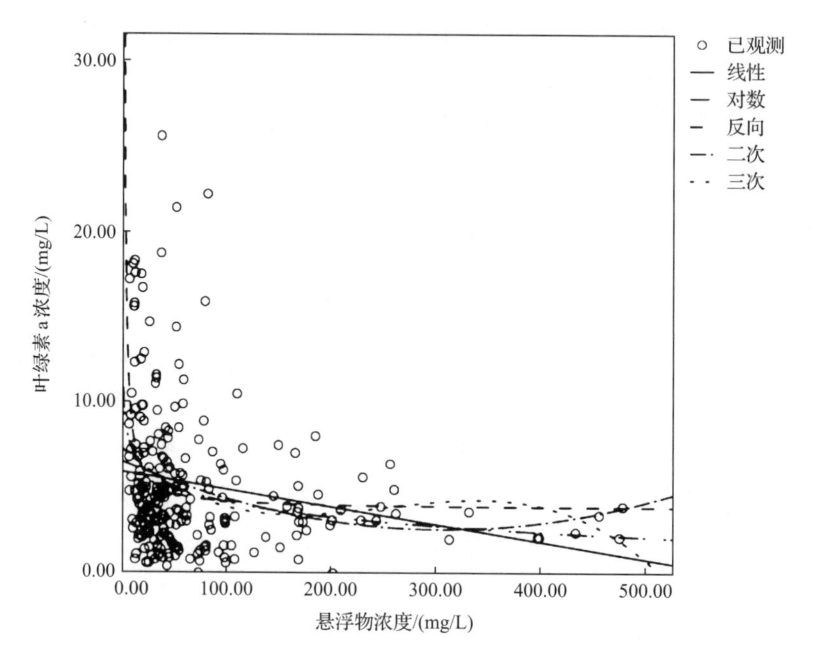

图 13-3 鄱阳湖悬浮物浓度与叶绿素 a 浓度的拟合曲线

2）2000～2013 年 7 月鄱阳湖悬浮物浓度与同期叶绿素 a 浓度之间的时间相关性

利用收集到的 2000～2013 年 7 月的鄱阳湖悬浮物浓度和同期叶绿素 a 浓度实测数据，在 Excel 中构建折线图，进行趋势分析。图 13-4 即为 2000～2013 年 7 月鄱阳湖悬浮物浓度与叶绿素 a 浓度的同期对比图。

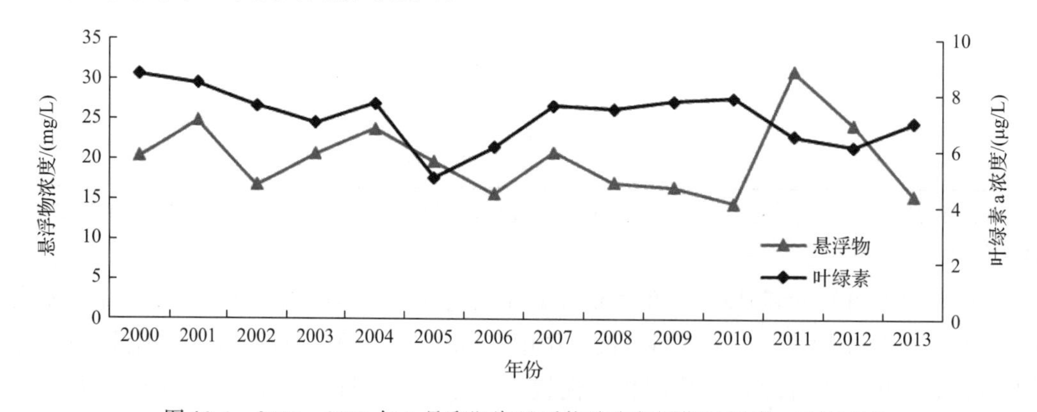

图 13-4 2000～2013 年 7 月鄱阳湖悬浮物浓度与同期叶绿素 a 浓度对比

由图 13-4 可知，鄱阳湖悬浮物浓度和叶绿素 a 浓度的 7 月数据在 14 年间有升有降，然而若将叶绿素 a 浓度向后推移一个时期，得到的折线对比如图 13-5 所示。

由图 13-5 可以看出，向后推迟一个时期的叶绿素 a 浓度与悬浮物浓度数据在大部分时段有近似同步的趋势。

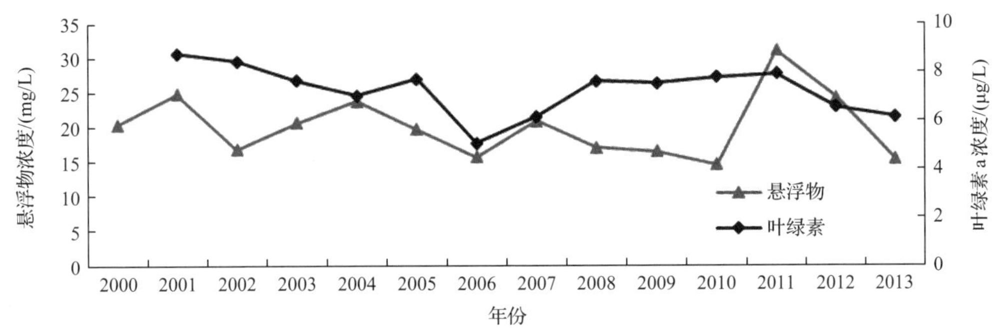

图 13-5　2000～2013 年 7 月鄱阳湖悬浮物浓度与延期叶绿素 a 浓度对比

3) 2009～2012 年 1 月、4 月、7 月、10 月鄱阳湖悬浮物浓度与同期叶绿素 a 浓度之间的时间相关性

中国科学院鄱阳湖湖泊湿地观测研究站提供了 2009～2012 年 1 月、4 月、7 月、10 月鄱阳湖叶绿素 a 浓度实测数据。利用该数据与同期的悬浮物浓度数据再次进行时间相关性分析。方法同上一节。图 13-6 即为 2009～2012 年 1 月、4 月、7 月、10 月鄱阳湖悬浮物与叶绿素 a 浓度的同期对比图。

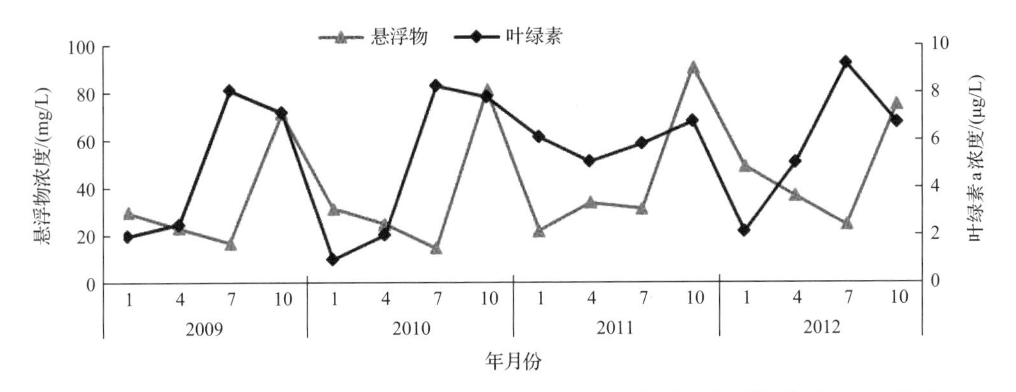

图 13-6　2009～2012 年 1 月、4 月、7 月、10 月鄱阳湖悬浮物浓度与同期叶绿素 a 浓度对比

图 13-6 可以看出，在大部分时段，悬浮物浓度呈上升的趋势时，叶绿素 a 浓度有下降的趋势。同理，再将叶绿素 a 浓度向后推移一个时期，得到的折线对比如图 13-7 所示。

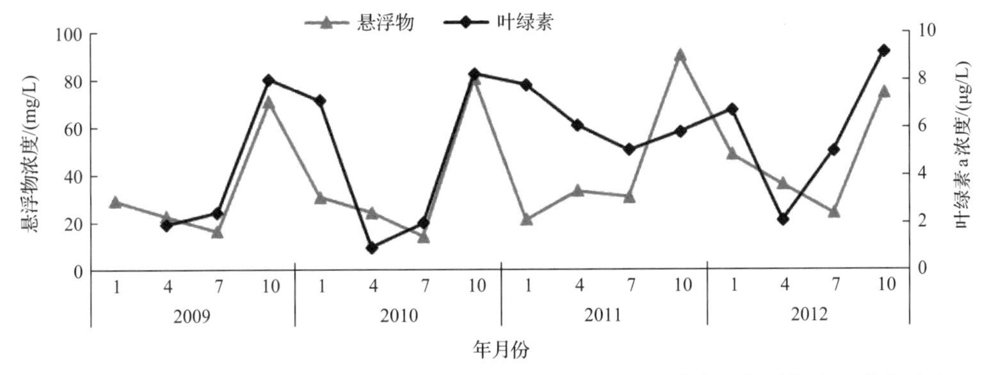

图 13-7　2009～2012 年 1 月、4 月、7 月、10 月鄱阳湖悬浮物浓度与延期叶绿素 a 浓度对比

由图 13-7 可以更为直观地看出，从 2009～2012 年的各个季节悬浮物浓度和推迟一个时期的叶绿素 a 浓度的变化呈现近似同步的趋势。

综合前面两个实验，可以看出，悬浮物浓度与叶绿素 a 浓度之间存在着相互抑制的关系，当悬浮物浓度上升时，叶绿素 a 浓度呈现下降趋势；反之，亦反之。且叶绿素 a 含量随着悬浮物浓度的变化而呈现延期近似同步的趋势。

第四篇　环境管理应用案例与未来展望

第14章　环境管理应用案例

近年来，全球变暖所带来的频繁极端天气事件给鄱阳湖区域带来了显著影响。持续的干旱灾害，特别是2011年春夏连旱、冬秋干枯，鄱阳湖出现持续低枯水现象。据报道，2012年1月2日，鄱阳湖标志性水位站星子站水位跌破8m关口，鄱阳湖进入极枯水位期，湖区水体面积萎缩至不足200km^2，不到丰水期面积的1/20（郭远明，2012）。鄱阳湖越冬候鸟湿地保护区因此受到重大影响，由于长时间的干涸，湖底岩石裸露酥松，特别是冬季时期，鄱阳湖周围滋生大面积薹草。2012年1月下旬，鄱阳湖地区连续出现当地村民引燃薹草的烧荒现象，这给鄱阳湖湿地环境带来了巨大的破坏。其危害主要有四方面：第一，被烧过的区域植物再生能力大为降低，自然恢复十分困难，烧荒在烧掉薹草的同时，也会将相关植物的种子一同烧掉，那么将来如果鄱阳湖水面再增大的时候，水底的植物将很难再恢复，这对其他生物的生存也将产生危害。第二，烧荒将会降低鄱阳湖周边滩地的水土保持能力，进入夏季以后，鄱阳湖地区一旦出现大量降水，那么烧荒后的区域极易发生水土流失。第三，烧荒直接污染空气，对保护区大气环境造成破坏。第四，烧荒也会直接导致一些有益微生物死亡，不能正常分解植物残骸，直接影响区域的自然循环。

由于烧荒地往往火烧点多、蔓延面积大，靠人工调查的方式很难快速获得其分布。因此，近年来许多学者开展了遥感监测火烧迹地等的研究（周小成等，2005；陈本清和徐涵秋，2001；Koutsias，2000）。这些研究具有以下共性特点：一是主要用于获得火烧区域的面积，很少对火烧区域的植被生长状况进行实地调查；二是重点关注各类土地利用/土地覆盖类型的分布，很少对火烧区域的环境管理进行分析和提出建议。三是在数据源上，大多还是采用美国陆地卫星的TM影像，较少采用我国自主的环境卫星数据。如何结合遥感、GIS、生态调查等多种方法对烧荒事件进行综合调查和分析是我国当前烧荒环境管理面临的一个具体挑战。

本书结合遥感宏观监测、地面植物样点调查与GIS分析，在第一时间采用遥感监测的技术方法，结合地面资料配合，获取到了今春鄱阳湖南矶湿地国家级自然保护区（以下简称鄱阳湖自然保护区）烧荒的情况，为有关部门提供了数据支持；实地调查了火烧区与未经火烧区植被的生长状况，并从群落生态学角度进行了对比分析；利用GIS缓冲区分析和叠加分析，揭示了火烧区域的潜在影响范围和土地覆盖类型。通过以上研究，为鄱阳湖湿地烧荒可能的影响及环境管理对策提出建议（王卷乐等，2013）。

14.1　鄱阳湖自然保护区烧荒监测的数据和方法

14.1.1　烧荒地遥感监测数据源

环境与灾害监测预报小卫星（HJ-1A/1B）是我国自主研制的环境监测卫星，于2008

年9月发射。1A星上搭载有CCD相机和高光谱成像光谱仪，1B星上搭载有CCD相机和红外多光谱相机。CCD相机96h对全球覆盖一次（HJ-1A与HJ-1B卫星组网后为48h），地面像元分辨率为30m，单台CCD相机的幅宽为360km，两台幅宽为710km，其波谱范围为0.43～0.90μm，分为4个波段。CCD相机宽幅、高时间分辨率和高光谱特点使其适用于区域性、中尺度陆地表层资源环境遥感监测。

由于鄱阳湖烧荒现象突发在1月中下旬，2月3日后，鄱阳湖地区出现连续降雨，烧荒现象受天气影响而停止。结合实际可用的、云覆盖在5%以下的高质量影像情况，选取1月25日、2月3日两期HJ-1A的CCD遥感影像，分别为：454/80（HJ1A CCD2，2012-01-25），457/80（HJ-1A CCD1，2012-02-03）。

14.1.2 烧荒地分布信息遥感提取与分析

烧荒地的影像信息提取与分析技术方法见图14-1。首先，对获取的环境卫星影像进行预处理；结合地面资料，建立遥感解译标志；然后，进行影像判读，获得烧荒点的分布和面积；最后，进一步建立缓冲区，叠加现状土地覆盖数据，分析其可能影响和潜在风险区域的土地覆盖类型，提出相关政策建议。

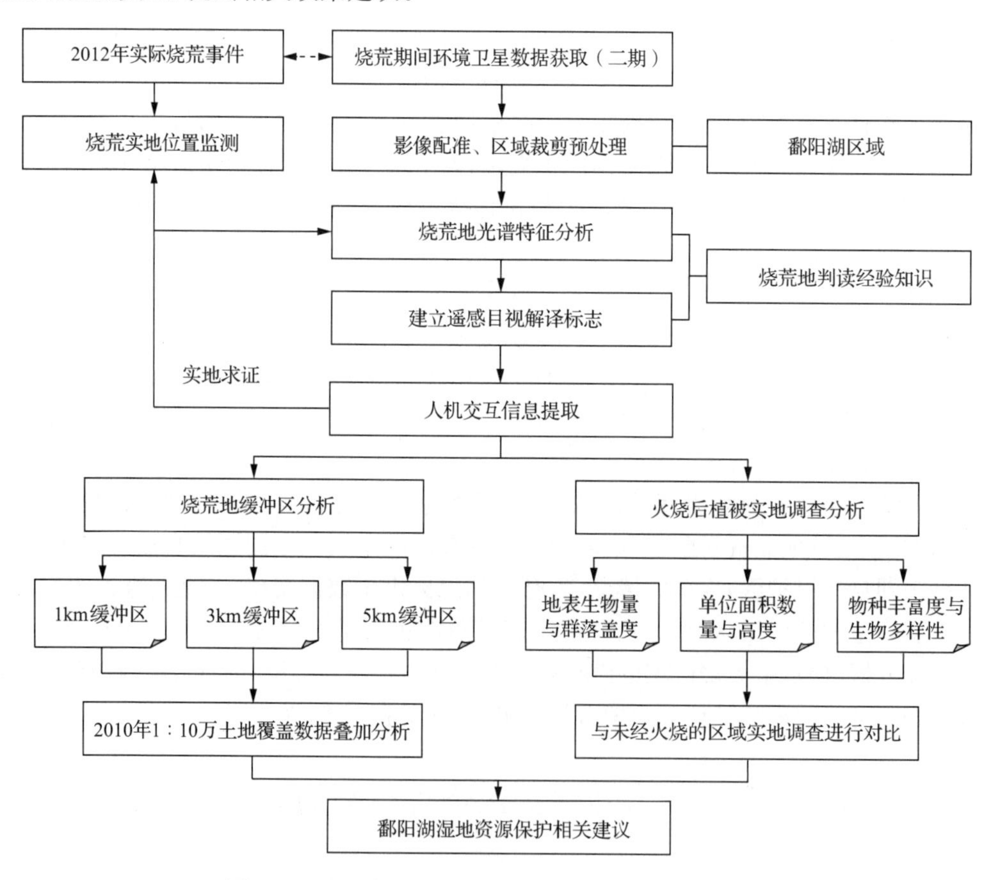

图14-1　鄱阳湖湿地烧荒地信息提取与分析技术路线

1）影像预处理

获取的两期影像时间相隔很近，所以相同地物一般变化不大，这便于两影像的一致性配准。以 2 月 3 日的 CCD 数据为参考影像，利用遥感软件 ENVI 的几何校正模块对 1 月 25 日影像进行几何校正，使 1 月 25 日影像与 2 月 3 日影像几何坐标匹配。校正中，共选择 20 个控制点，误差控制在 50m 之内，满足烧荒点监测的精度需求。以鄱阳湖所在地区的行政界线[包括鄱阳湖周边 15 个县(市)]为底图，对遥感影像进行裁剪，得到烧荒点监测的影像工作底图。

2）烧荒地遥感信息提取

遥感图像解译是从遥感图像上获取目标地物信息的过程，通常有两种方法，即目视解译和计算机自动解译（裴浩等，1996）。计算机自动解译需要丰富的光谱信息和足够的训练数据，但本次烧荒地监测的光谱数据代表性不强，还不能满足自动解译的要求。因此，本书采用人机目视解译的方法对烧荒地进行识别，这一方法充分发挥计算机与人的优势，能有效、准确地提取烧荒地信息。为了便于目视解译，采用假彩色合成的办法，采用 432 波段（红、绿、蓝）进行合成，生成研究区两个时期的假彩色图像。

烧荒地目视解译的准确性与解译标志建立得是否准确密切相关。本书利用野外实测烧荒点的 GPS 数据，对照 1 月 25 日与 2 月 3 日影像发生烧荒前后的图像差异（图 14-2）建立烧荒地的解译标志。烧荒点的地面数据采用鄱阳湖南矶山自然保护区烧荒点的实测 GPS 数据（28.92155°N，116.31834°E；28.92233°N，116.31780°E）。

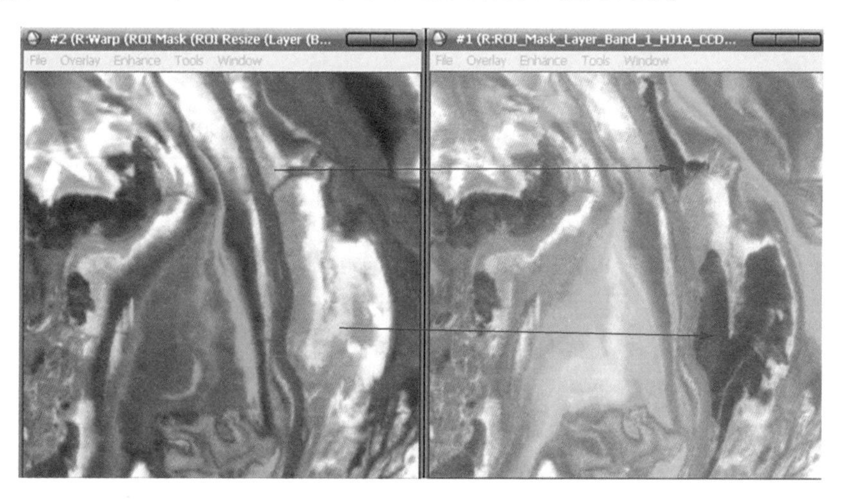

图 14-2　环境卫星影像上烧荒地前后图像特征差异（南矶山自然保护区）

由图 14-2 可见，直接的解译标志是植物（薹草）不完全燃烧形成的黑灰。相关的研究和资料表明，烧荒可以造成烧荒区域地表发生“黑化”，其可见光和近红外波段的反射率下降，明显低于未过火处（孔祥生等，2005），这导致烧荒地在假彩色合成影像上的颜色为较深的黑色，并且纹理比较细腻，形状不规则。图 14-2 显示出，烧荒地烧荒前后在影像上的差异较为明显，烧荒前为棕黄色，烧荒后为黑色。除此之外，也要利用其间接的解译标志信息，如烧荒主要是干枯的植被经人为点燃发生的，所以烧荒地多出现在河湖周边及人类活动影响的区域。利用ENVI遥感软件，依据解译标志进行人机交互式目视解译，分别提取以上两期烧荒区域的矢量分布图，获取其具体位置和面积。

3）火烧后植被实地调查

以鄱阳湖九江市星子县西南落星墩湖区薹草区为实地调查区，分别选择典型火烧后薹草恢复区与原始薹草区建立固定观测样点进行比较观测。薹草生长期共开展了3次调查，分别为2012年2月27日、3月20日及4月11日。每次调查利用样方框，对烧后薹草恢复区与原始薹草区分别随机选择3～5个1m×1m样方进行实地调查，计算单位面积植物种类、数量与生物量，同时现场测量优势种平均高度与最高高度。

4）烧荒地缓冲区分析

为了深入揭示烧荒点分布的区域特点，为预防和监测烧荒现象提供决策信息，本书利用GIS的缓冲区分析功能，分别建立了烧荒地区域的1km、3km、5km缓冲区。其中，1km缓冲区表征其可能蔓延的区域范围，3km缓冲区表征还易发生烧荒的区域范围，5km缓冲区表征有潜在烧荒可能的区域范围。

采用GIS叠加分析功能，将烧荒区的多级缓冲区矢量数据与2010年7月的鄱阳湖区域1∶10万土地覆盖图进行叠加分析，分析不同缓冲区内各土地覆盖类型的面积及比例，为进一步的环境管理和政策措施提供参考。从土地覆盖数据中，选择7个类型进行分析。类型说明见表14-1。此分类是对国家科技基础条件平台——地球系统科学数据共享网和中国科学院遥感应用研究所制定的全国土地覆盖分类系统的适当综合（张增祥等，2009）。

表14-1　鄱阳湖区域土地覆盖主要类型说明

编号	类型	说明
1	森林	常绿针叶林、常绿阔叶林、落叶针叶林、落叶阔叶林、灌丛的统称
2	草地	草甸草地、典型草地、荒漠草地、高寒草甸、高寒草原、灌丛草地的统称
3	农田	水田、水浇地、旱地的统称
4	聚落	城镇建设用地和农村聚落的统称
5	湿地	沼泽、河源滩地的统称
6	水体	指内陆水体，包括陆地上的湖泊、水库、坑塘、河流等
7	荒漠	裸岩、裸地、沙地等的统称

14.2　鄱阳湖自然保护区烧荒监测结果与讨论

14.2.1　烧荒地解译结果

由于2月3日后，鄱阳湖区域有降水，烧荒面积未再增加。因此，2月3日的烧荒面积可以代表今春鄱阳湖区域的最大烧荒面积。烧荒地遥感解译结果如图 14-3 所示，红色区域为烧荒点，底图范围是鄱阳湖周边区域的 15 个县(市)。

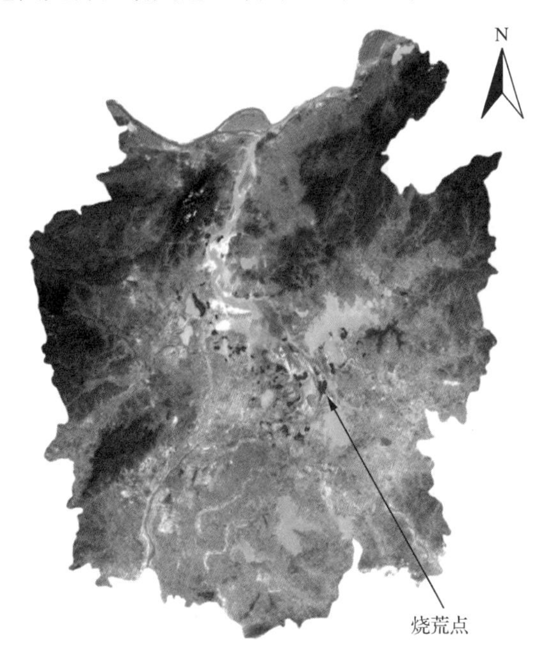

图 14-3　鄱阳湖区 2 月 3 日烧荒地分布

经统计，其烧荒总斑块个数为 95 个，烧荒总面积达 10 278.619 6hm^2。烧荒点主要分布在临近湖区水体的星子县南部、永修县东部、新建县东部和南部、余干县北部以及鄱阳县西南部。其核心区是永修县吴城镇鄱阳湖国家级自然保护区和新建县南矶山湿地自然保护区。其中，烧荒面积最大的斑块位于国家级自然保护区内，面积达 1293hm^2。

14.2.2　火烧后植被实地调查结果分析

1）薹草地表生物量与群落盖度

火烧薹草区与原始薹草区地表生物量与群落盖度对比如图 14-4 所示。在薹草萌发初期(2 月 27 日)，火烧区薹草平均生物量为 125g/m^2，远高于原始区的 70g/m^2；随着薹草的逐渐生长，3 月 20 日原始区薹草平均生物量已高于火烧区，但二者差异不显著；4 月上旬原始区薹草平均生物量达 1398.5g/m^2，显著高于火烧区的 980.1g/m^2。群落盖度在前两次调查中均以火烧区高，在萌发期尤为明显；到 4 月中上旬，原始区薹草群落盖度达到 80%左右，高于火烧区，但二者差异不显著。

2）薹草单位面积数量与高度

火烧薹草区与原始薹草区薹草单位面积数量与高度对比见表 14-2。火烧后薹草萌发数量显著高于原始薹草区，在三次调查中均超过 2000 棵/m^2，可能由于自梳机制，后期数量略有下降；原始薹草区刚萌发时平均数量仅为 528 棵/m^2，后随时间逐渐增加，水位

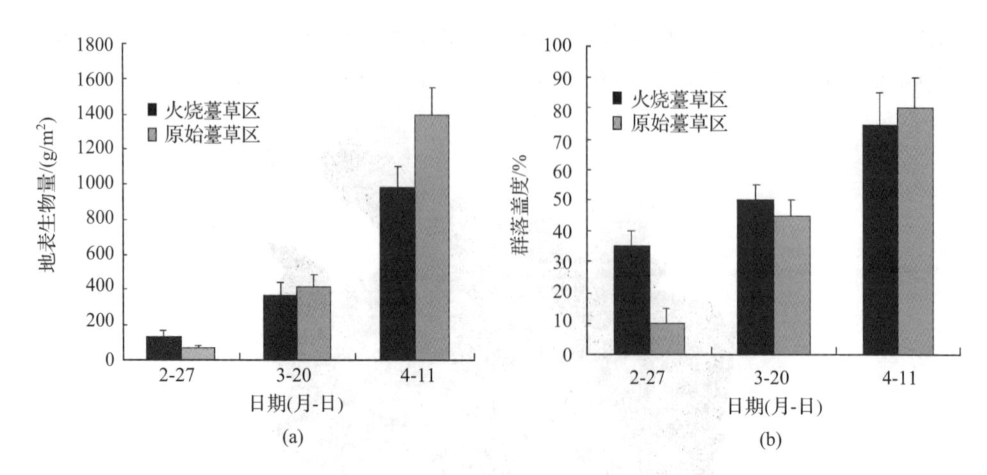

图 14-4　火烧薹草区与原始薹草区地表生物量和群落盖度

(a) 火烧薹草区与原始薹草区地表生物量；(b) 火烧薹草区与原始薹草区群落盖度

上涨前最后一次调查时已经达到 1740 棵/m²。就薹草平均高度与单株最高高度而言，原始薹草区薹草高度均显著高于火烧区。萌发初期，火烧区平均高度与单株最高高度仅分别为 3.8cm 与 5.2cm，而原始薹草区分别为 7.9cm 和 9.9cm，在后期的生长过程中，原始区薹草高度均显著高于火烧区。火烧区由于前一季的残茬被焚烧后，地表裸露，而原始区上一季残茬覆盖在地表，遮挡了阳光，新萌发的薹草逐光性生长，使得其高度远高于火烧区。

表 14-2　火烧薹草区与原始薹草区薹草单位面积数量、平均高度与最高高度

日期 (年-月-日)	火烧薹草区			原始薹草区		
	薹草数量 /(棵/m²)	平均高度 /cm	最高高度 /cm	薹草数量 /(棵/m²)	平均高度 /cm	最高高度 /cm
2012-2-27	2250[a]±307[b]	3.8±1.5	5.2	528±83	7.9±2.9	9.9
2012-3-20	2267±238	12.3±3.2	20.3	1125±95	24.9±5.9	41.5
2012-4-11	2330±164	30.8±10.8	41	1740±127	50.1±10.4	73

注：a 为平均值；b 为标准差。下同。

3）薹草群落物种丰富度与生物多样性

火烧薹草区与原始薹草区薹草群落物种丰富度与生物多样性对比见表 14-3。薹草根系发育极为发达，在 0～5cm 土层形成了致密的根系层，增大了其他植物种生长发育的难度，因此，薹草群落常形成以薹草为唯一优势种的植被带。在 2 月底的调查中，火烧区与原始区均只见薹草一种植物，物种丰富度与生物多样性极低；3 月下旬火烧区依然少见其他植物种，而原始薹草区可见少量碎米荠(*Cardamine lyrate*)、看麦娘(*Alopecurus aequalis S*)等伴生；4 月中旬火烧区可见少量看麦娘、半边莲等，而原始薹草区伴生种除碎米荠、看麦娘外，还可见伴生少量半边莲(*Lobelia chinensis lour*)、沼生水马齿(*Callitriche palustris L*)、曲鼠草(*Herba gnaphaii affinis*)等。这种火烧带来的群落结构变化，可能是火烧限制了一些火敏感物种数量，同时提高了耐火物种的纯度(赵红梅等，2010)。

表 14-3　火烧薹草区与原始薹草区薹草物种丰富度与生物多样性

日期（年-月-日）	火烧薹草区		原始薹草区	
	丰富度 Margalef 指数	生物多样性 Shannon-Winner 指数	丰富度 Margalef 指数	生物多样性 Shannon-Winner 指数
2012-2-27	0	0	0	0
2012-3-20	0	0	0.144±0.018	0.153±0.024
2012-4-11	0.112±0.047	0.137±0.021	0.268±0.035	0.582±0.103

4）薹草数量与比例

火烧薹草区与原始薹草区花果期薹草数量与比例对比见表 14-4。前两次调查中火烧区与原始区薹草均未开花，最后一次调查中二者均发现植株进入花果期，其中，火烧区平均为 254 棵/m^2，占所有植株比例的 10.9%左右；原始区为 108 棵/m^2，占所有植株比例的 6.2%左右，低于火烧区。火烧能使得薹草花果期提前，增加花果期薹草比例，可能的原因是由于火烧后移除了立枯物，增加了光的通透性，为植物生长提供了充足的生长空间，使得火烧地植物返青较未烧地植物早。

表 14-4　火烧薹草区与原始薹草区花果期薹草数量与比例

日期（年-月-日）	火烧薹草区		原始薹草区	
	花果期薹草数量	比例/%	花果期薹草数量	比例/%
2012-2-27	0	0	0	0
2012-3-20	0	0	0	0
2012-4-11	254±47	10.9±2.1	108±35	6.2±1.3

14.2.3　烧荒地缓冲区分析

通过将鄱阳湖地区烧荒地分布与 2010 年 1∶10 万土地覆盖数据叠加，可以获得其烧荒区域所处的主要土地覆盖类型。表 14-5 显示了本次烧荒区域各土地覆盖类型的组成。各类型组成中，面积最大的类型为水体（枯水期裸露的湖底区域）和湿地，占 97.17%。这主要是因为土地覆盖数据为 2010 年 7 月丰水期的数据，而 2010 年以来鄱阳湖地区连续干旱，并且烧荒发生在冬季、春季，所以烧荒地所反映的水体区域实为裸露的湖底。组成类型次多的是耕地类型，占 2.32%。其他类型均不足 1%，包括森林（灌丛）、草地和农村聚落。农村聚落发生烧荒是指村庄毗邻区域的小范围烧荒现象。

表 14-5　烧荒地所处的土地覆盖类型及其比例

土地覆盖类型	森林	草地	耕地	聚落	水体和湿地	合计
面积/hm^2	17.045 5	19.099 1	238.522 3	16.700 4	9 987.252 4	10 278.619 6
所占比例/%	0.17	0.19	2.32	0.16	97.17	100

对烧荒区域建立的缓冲区及其土地覆盖叠加图如图 14-5 所示。其中，图 14-5(a)为

1km 缓冲区的情况，图 14-5(b)为 3km 缓冲区的情况，图 14-5(c)为 5km 缓冲区的情况。分析这些区域所处的土地覆盖类型，对于掌握烧荒情况可能的危害及提前采取防范措施具有实际意义。定量统计的缓冲区所处土地覆盖类型见表 14-6 所示。

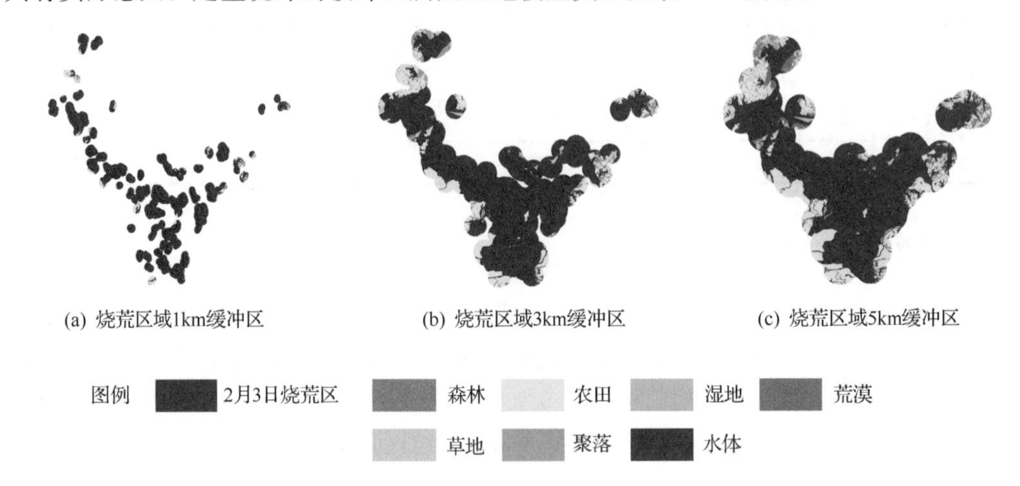

图 14-5　鄱阳湖湿地烧荒区域多级缓冲区的土地覆盖类型图

表 14-6　鄱阳湖地区多级缓冲区所处的土地覆盖类型统计

土地覆盖类型	1km 缓冲区		3km 缓冲区		5km 缓冲区	
	面积/hm^2	比例/%	面积/hm^2	比例/%	面积/hm^2	比例/%
森林	842.22	0.16	4 835.39	0.86	12 728.25	2.09
草地	2 135.59	0.40	4 731.63	0.84	6 307.76	1.04
农田	92 003.49	17.30	111 959.87	19.81	139 131.13	22.87
聚落	1 683.67	0.32	3 573.72	0.63	7 256.43	1.19
湿地	2 425.70	0.46	3 118.14	0.55	3 667.85	0.60
水体	431 808.40	81.20	432 805.23	76.58	435 029.70	71.50
荒漠	897.60	0.17	4 162.07	0.74	4 286.66	0.70
合计	531 796.67	100	565 186.05	100	608 407.79	100

烧荒区域 1km 缓冲区总面积为 531 796.67hm^2，其中，水体占 81.2%、农田占 17.3%、其他类型合计 1.5%。这说明裸露的湖底及干涸的水田是高风险的烧荒蔓延区域。烧荒区域 3km 缓冲区总面积为 565 186.05hm^2，其中，水体占 76.58%、农田占 19.81%、其他类型合计 3.61%。在结构上农田有小幅增加，水体有所减少，在其他类型中，森林、草地和农村聚落成倍增加。烧荒区域 5km 缓冲区总面积为 608 407.79hm^2，其中，水体占 71.5%、农田占 22.87%、其他类型合计 5.62%。这反映出在该缓冲区内仍然以湖底和干枯农田为烧荒地的主要类型，但其他类型的比重有更多增加，部分农村聚落、山林和草地等类型也在烧荒地范围内，对人类生存环境形成了一定威胁。

需要说明的是，以上数据是烧荒地自然扩张的理想模式，但由于烧荒区域毗邻实际水体较近(枯水期仍然有水的区域)，这些区域即使在枯水期也能够阻止烧荒区域的发展，因此，实际影响区域要略小于以上推算数据。但由于近年来枯水期水量较小，所以阻止烧荒区域的面积并不大。

14.3 鄱阳湖自然保护区烧荒管理的建议

通过以上分析，对烧荒地监测与环境保护初步形成以下认识。

(1) 基于环境卫星监测湿地烧荒现象是可行的。首先，环境卫星是我国自主研制的卫星，其数据具有自主知识产权，且目前的数据政策是免费共享。其次，环境卫星的监测周期快，能够在很短时间内获得数据，这与同类的其他国际卫星相比具有较好的时相性。最后，环境卫星的CCD光谱数据质量好，解译精度有保障。本次实践也证明了此点，研究中获得的烧荒地数据，第一时间提供给了江西省有关应用部门。

(2) 对本区域火烧后薹草与未经火烧薹草的生长状况有了对比认识。火烧后薹草萌发与生长的数量要显著提高，前期地表生物量与盖度也高于未火烧区，但生长后期地表生物量与盖度要低于未火烧区；在萌发与生长的全过程中，火烧后薹草的高度均显著低于未火烧区；在生长后期，火烧后薹草群落物种丰富度与生物多样性要明显低于未火烧区，但这仅为一个生长季的观测结果，还需加强多年的连续定位观测；火烧能使得薹草花果期提前，增加花果期薹草比例；一个生长季的观测难以深入发现与准确预测火烧对薹草生长的影响，应开展长期的定位观测，侧重种群与群落演变的观测；鄱阳湖火烧也不应仅限于薹草带，应增加火烧对蒌蒿(*Artemisia selengensis*)与虉草(*Phalaris arundinacea linn*)等群落影响的观测；此外，火烧后对植物根系生长发育、土壤理化性状与微生物活性和群落改变的影响也值得关注。

(3) 加强秋冬季节鄱阳湖重点区域的烧荒监测，在易受烧荒影响的居民点和山林附近预设防火设施。本次监测表明大量的烧荒地所处的土地覆盖类型是枯水期的裸露湖底及其邻近区域的干枯水田。这些区域每年都会在冬春季节的枯水期面临烧荒威胁，因此，应在这一时期加强对自然保护区邻近区域的定点监测，加强自然保护区和当地的环境监督和管理。

(4) 在易受烧荒影响的居民点和山林附近预设防火设施。5km的缓冲区范围内，有12 728.25hm^2的森林区域、7 256.43hm^2的农村聚落区域，这些区域一旦受到烧荒影响，可能会导致较大的生命和财产损失，因此，应该在相关区域提前部署烧荒影响预案和相关防火设施。

(5) 加强放牧烧荒管理，严禁在保护区范围内烧荒。据调查，薹草滋生区域在丰水期间(6～9月)是湖面，在枯水期间(10月～次年5月)是裸露的湖底。当地村民主要利用这些区域进行放牧，春季对薹草烧荒的主要动机是希望薹草生长得更好，提高放牧效益。这一做法是否科学还没有依据，但其所带来的环境危害却是明显存在的。因此，一方面要宣传自然保护区保护的法律法规，严禁在自然保护区范围内进行烧荒；另一方面要通过研究，分析烧荒地对土地生产能力的影响，为自然保护区和周边地区的生态保育提供科学指导。

第15章 总结与展望

15.1 鄱阳湖地区环境变化遥感监测与环境管理研究小结

15.1.1 鄱阳湖地区土地覆盖与景观的格局与变化

(1) 以我国的环境卫星为数据源，采用目视解译的方法获得鄱阳湖地区2010年的土地覆盖与景观格局现状数据。通过对2010年土地覆盖数据分析，结果表明：农田类型为鄱阳湖地区的基质，该区有相对丰富的森林资源，森林相对较集中分布于东北部及西部地区；水体、湿地资源丰富，主要包含鄱阳湖湖面及五大河流区域；城镇主要是各县(市)的城区，农村聚落散落分布于整个区域；河湖滩地、草地主要沿河湖分布，面积较小；裸地、裸岩和沙地面积仅为4495.6hm^2，占总面积的0.2%。采用GIS方法获得的邻接指数，深入了分析土地覆盖类型的邻接特征，定量分析了土地覆盖类型的空间关系，揭示了某类土地覆盖类型的形成机制、发展所需的条件及土地开发的演替规律。不同土地覆盖类型在各海拔梯度的分布情况，直接反映了不同土地覆盖类型的海拔梯度分布特征，间接反映了地形因素对土地覆盖类型分布的影响。

(2) 2010年土地覆盖数据的景观格局指数表明：鄱阳湖地区农村聚落的斑块个数最多，斑块平均面积最小，斑块形状最小，在空间上离散程度最大，破碎程度最高；内陆水体面积标准差最大，斑块大小空间差异最大；水田边缘密度最大，其开放性最强，最易与周围斑块进行物质、能量交换，平原区水田斑块面积较大，不利于病虫害的防治；水体形状趋于规则化的特性，反映了人类“围湖造田，围湖造地”活动对水体的影响，这对水生动物的迁徙与觅食产生了严重影响；河湖滩地和沼泽的景观指数反映了其出现萎缩的趋势，将严重影响生物多样性保护。

(3) 通过分析各县(市)土地覆盖与景观格局的差异，并将景观指数差异与社会经济因素进行相关性分析，结果表明：研究区各土地覆盖类型在各县(市)呈不均衡分布；鄱阳湖地区15个县(市)共分出6种覆盖类型，即农田型、农田森林型、农田湿地水体型、森林农田型、森林型、森林聚落型；以农田为主的县(市)斑块平均面积较大，景观破碎化程度低；景观形状指数较大的县(市)均位于鄱阳湖西部，且以南昌市为中心；地类优势度较高的县(市)集中分布于鄱阳湖南部地区，而土地覆盖类型多样，地类优势度较低的县(市)集中分布于九江周围的各县(市)(星子县、九江县、彭泽县、永修县等)；GDP与斑块平均大小呈显著正相关关系，相关系数为0.94，这说明鄱阳湖经济越发达的地区斑块平均大小越大，也就是以南昌为中心的一些区域(即以农田为主的一些区域)，财政收入和工业总产值与景观指数的相关系数也呈现了相同的状况，这说明研究区的景观格局与其社会经济发展状况密切相关。

(4) 研究区1980～2010年土地覆盖变化分析表明，经过近30年的发展和环境治理过程，鄱阳湖地区土地覆盖发生了较大的改变，土地覆盖类型的总体变化趋势是水体增加，耕地减少，聚落大幅度增加，草地减少，森林及荒漠变化不大。研究区土地覆盖类型间相互转移特点是水田、内陆水体、常绿阔叶林和城镇建设用地之间的相互转移较为频繁，空间上土地覆盖变化较大的区域位于南昌市周边地区、余干县和鄱阳县交界处。

（5）研究区1980～2010年景观格局变化特征表明，虽然鄱阳湖地区受到人口增长及经济发展的显著影响，但其景观破碎度并没有发生大幅度的改变。景观多样性呈现下降的趋势，景观形状趋于简单、景观异质性减小。从不同景观类型的景观指数来看，不同景观类型之间的变化情况存在明显差异，其中农田景观呈破碎化发展趋势，而聚落则呈集中化发展趋势。

（6）各生态功能区的土地覆盖与景观格局变化分析表明，鄱阳湖地区各生态功能区的主导生态功能存在一定差异，1980～2005年期间，各生态功能区内的土地覆盖与景观格局变化的差异能反映出该区存在的主要生态环境问题，能够为区域环境管理政策的制定提供依据。

15.1.2 鄱阳湖水环境遥感监测与环境影响分析

（1）基于实测光谱分析，发现了鄱阳湖水体在可见光波段范围内，存在“三峰两峡谷”的特征，但是由于叶绿素a浓度低，水体比较浑浊，使得某些季节时段水体光谱曲线特征不显著，出现光谱特征信息向长波方向移动的现象。

（2）结合水体叶绿素a浓度实测数据，建立了光谱指数，通过迭代分析得到了2011年10月、2012年7月及2012年10月水体叶绿素a浓度的高光谱敏感波段区间，分别为：680～710nm和654～700nm光谱区间组合、660～700nm和682～720nm光谱区间组合、590～700nm和540～620nm光谱区间组合。

（3）基于半经验和经验方法，构建了多波段模型，获取了2009～2012年分期的叶绿素a浓度和悬浮物分布。各期模型精度基本在0.6～0.9，结果验证的平均相对误差在20%～40%，方法基本可行。建模过程中发现，由于季节性原因，鄱阳湖在旱季呈现出不连续的面状分布水体，导致常规的采集样点分布代表性降低，对叶绿素a反演模型的精度带来了影响。悬浮物浓度的估算精度相对较高。

（4）鄱阳湖叶绿素a浓度在2009～2012年存在明显的空间分布差异特征。近水岸水域比湖内航道水域浓度值偏高；五大河流的入湖口水域比其他水域浓度值偏高；湖泊南端的军山湖、艾溪湖出现了不同程度的点状高值。水体近岸水域、蚌湖水域、都昌水域、鄱阳水域、五大河流入湖口水域及南端的军山湖叶绿素a浓度变化波动程度较大。鄱阳湖承纳赣江、抚河、信江、修水、饶河五大河流，该五大水系入湖口处营养物质含量的高低直接影响入湖口的叶绿素a浓度；采砂活动、农业非点源污染、工业废水、生活污水，以及铜、磷矿污染等污染源均给鄱阳湖水体带来了较大的影响。鄱阳湖叶绿素a浓度在2009～2012年存在明显的时间变化特征。年际间呈现逐年波动上升趋势。年内存在明显的“冬春低，夏秋高”季节变化特征，不同年份在1月、4月全湖浓度平均值低于7月、10月。鄱阳湖是吞吐性过水湖泊，丰水期与枯水期形成的水位差较大，这成为影响叶绿素a浓度季节变化的重要因素之一。

(5) 鄱阳湖悬浮物浓度在2000～2013年存在明显的季节性空间分布差异特征，呈现明显的"春秋高，夏冬低"的季节变化特征：春季水位较高，悬浮物浓度水平也较高，高值主要出现在五河入湖口附近；夏季鄱阳湖为丰水期，悬浮物浓度为全年最低值，全湖分布比较均匀；秋季由于长江的顶托或倒灌作用，鄱阳湖的悬浮物浓度水平达到全年最高，高值主要出现在与长江的接口处；冬季处于枯水期，悬浮物浓度水平下降，高值在五河入湖口附近。鄱阳湖悬浮物浓度在2000～2013年存在较为明显的时间变化特征。年整体变化呈现波动缓慢上升的趋势，从不同季节分别分析其变化特征，除了夏季(7月)的均值变化不明显，春季(1月)、秋季(10月)、冬季(1月)悬浮物浓度在14年间均呈现缓慢的上升趋势。

(6) 鄱阳湖是吞吐性过水湖泊，丰水期与枯水期的巨大水位差异，是鄱阳湖悬浮物浓度季节性变化起伏较大的重要原因。分别分析同期的悬浮物浓度和水温、叶绿素a浓度的相关性，得出：鄱阳湖悬浮物浓度与水温的相关性不大；悬浮物浓度与同期的叶绿素a浓度相关性也较小，但与延迟一个时期的叶绿素a浓度近似同步。

15.2 鄱阳湖地区环境变化遥感监测与环境管理未来展望

15.2.1 鄱阳湖环境变化遥感监测未来展望

1) 鄱阳湖地区土地覆盖与景观的格局与变化

GIS空间分析方法和景观指数分析方法为分析土地覆盖和景观格局变化与人类活动的关系提供了有力的技术支持，但分析结果还多停留于定性分析，下一步应采取一定方法，定量分析人类活动与土地覆盖和景观格局的相互关系。

土地覆盖变化驱动因素很多，本书考虑的驱动因素并不齐全。下一步应加强土地覆盖变化驱动因素的定量分析，加强景观格局变化对生态环境过程影响的研究工作。

在未来的研究方面还应加强土地覆盖信息自动化提取方面的工作，来提高土地覆盖变化信息的提取效率，进而为土地覆盖化提供更多的数据源，从而能更详细地分析土地覆盖与景观格局的变化过程。

2) 鄱阳湖水环境遥感监测与环境影响分析

本书只采用最佳波段组合的方式寻找敏感波段，进而构建叶绿素a和悬浮物浓度反演模型。这种方法虽然取得了较高的精度，但缺乏相应的物理意义。在今后的工作中可以增加实测的光谱曲线来探究构建模型的敏感区间，不仅能提高反演的精度，更能增加可信度和模型的物理意义。

由于鄱阳湖监测站的采样点较少，且样点的空间分布不均，造成平均相对误差较大。2013年以后，鄱阳湖监测站普遍增加了采样点的数量，为以后更加精确、大范围地监测鄱阳湖的水质监测要素提供了有利条件；以后的研究中可以加入2013年以后的实测采样点数据来提高叶绿素浓度a和悬浮物浓度估算的精度。

构建模型的方法可以更加多样化。本书采取的模型构建方法是通过曲线拟合的方法，将实测数据和 MODIS 影像的波段反射率构成一组拟合点，然后拟合出最佳曲线。在以后的工作中，可以更加多样化选择构建模型的方法，通过构建好的模型间相互比较反演精度，依此来评价各种方法的优缺点。

选取数据源上，可考虑应用高光谱遥感影像等其他影像数据源。从影像空间分辨率、光谱分辨率、回访周期和数据可获得性等角度，继续深入实验和分析，可对包括卫星在内的多种卫星数据源进行分析，为长期开展鄱阳湖的叶绿素 a 浓度和悬浮物浓度遥感监测提供数据准备。

15.2.2 鄱阳湖土地覆盖格局及其环境管理建议

通过对鄱阳湖地区土地覆盖空间分布格局与景观特征定量分析提出以下环境管理及土地资源利用建议：鄱阳湖地区在以后的发展过程中应注意采取一定措施促进农村的集中化发展，达到促进农村经济发展和节约土地资源的目的；加强对水体的保护，禁止耕地及建设用地对水体的占用，以增加鄱阳湖的洪水调蓄能力；加强森林资源的保护，特别是与水体相邻处的森林保护，防止水土流失及水体泥沙淤积；在城镇化过程中，要综合考虑各方面的因素，防止盲目破坏耕地、森林等资源；在实施退耕还林政策时，要优先考虑与林地相邻的耕地，因为与林地相邻的农田易受病虫害侵袭，另外，与林地相邻的农田的退耕可以使林地斑块面积增加，有利于生物基因多样性的维持；鄱阳湖地区早期的“围湖造田、毁林开垦”及近期的“围湖造地”等人类活动对该区土地覆盖格局现状的影响依然存在，鄱阳湖地区必须进一步采取合理的土地利用及环境保护政策，并针对前期土地及生态环境存在的问题及重点保护区域，加强土地利用及环保政策的实施。

1）鄱阳湖平原西北部水质保护与防洪生态功能区态环境管理问题及建议

该区生态环境问题主要有以下几个方面：①环境污染问题比较严重。九江市位于该区内，聚落类型面积增速较快，增加了 2083hm^2，城镇化的扩张是由于企业和人类建设用地的急剧增加，这将导致生活和“三废”污水排放量增加，引起严重的水质污染。②南部和北部平原地区洪涝灾害威胁较大，农业资源易受影响。在城镇扩张及“退田还湖”政策的影响下，该区 1980～2005 年农田面积减少了 2687hm^2，同时该区平原地区尤其是南部修水下游平原及北部沿长江平原地区易受洪涝灾害的影响。③森林面积略有增加，但草地面积减少了，丘陵山区水土流失比较严重。1980～2005 年，森林面积增加了 586hm^2，而草地面积减少了 1671hm^2，这将影响丘陵山区的水土保持。④景观格局总体变化不明显，但部分斑块消失，生物多样性保护受到影响。1980～2005 年，该区景观斑块个数减少，也即一些斑块消失，这将导致一些生物的消失，生物多样性保护受到威胁。⑤受血吸虫病和地质灾害威胁较大。该区庐山区、永修县和星子县均属于血吸虫尚未完全控制的流行地区。区内大部分地区属于历史地震较多发区和崩塌、滑坡、泥石流易发区，尤其以庐山为重。

针对以上问题，该区应采取措施来保障该区的生态服务功能，相关措施如下：①综合治理水污染问题，确保水质安全。加大对九江市区的污水治理，并大力发展生态型高效农业。②提高沿河沿湖防洪标准和质量，确保堤防安全，防止洪涝灾害。区内防洪面临长江、鄱阳湖、修水三大洪源压力，应进一步加强水利设施建设，提高防洪标准和质量，另外，要禁止围湖造田和围湖造地。③强化森林和草地保护政策，加快水土流失生态修复进程。在河湖滩地地区应禁止开垦洲滩草地，在丘陵山区应禁止滥砍滥伐等，应植树造林，加快生态修复进程。

2）鄱阳湖平原东北部农业环境与生物多样性保护生态功能区生态环境管理问题及建议

该区的生态脆弱特征和主要生态环境问题主要有以下几个方面：①农业资源保护形势严峻，且农业面源污染比较严重。本功能区农业地位突出，但 1980～2005 年农田面积减少了 148hm^2。②北部和西部平原地区洪涝灾害威胁较大。虽然，1980～2005 年该区水体面积增加了 341hm^2，洪水调蓄能力有所增加，但该区北部沿长江和西部沿湖地区受洪涝灾害威胁仍较大。③森林、草地面积减少，森林、草地保护工作进展缓慢，部分丘陵山区水土流失严重。

该区生态环境保护措施如下：①转变农业结构，减少农业面源污染，保护农业资源。②强化防洪工作，并继续加大湿地、水体生态系统的恢复工作。③继续开展森林、草地保护工作，防止水土流失。

3）南昌市郊生活环境与水质保护生态功能区生态环境管理问题及建议

目前主要存在的生态环境问题有以下几个方面：①市区环境污染及综合性生态环境问题突出。南昌市市区工业、企业众多，“三废”排放量大，同时人口众多，生活污水排放量也较大，对市区及其周边地区生态环境造成了不利影响，对赣江、抚河、鄱阳湖、青岚湖的水质影响较大。②农田保护形势严峻，城镇扩张速度过大。1980～2005 年，该区农田面积减少了 7904hm^2，减少了将近一倍的面积，而聚落类型增加了 9724hm^2，超过了 1980 年的一倍。农田面积的急剧减少和聚落类型的急剧增加必然对该区的生态系统影响较大。③景观格局发生了较大改变，原有生态系统受到破坏，生物多样性受到威胁。

该区生态环境保护措施如下：①强化市区环境综合治理，加大生态环境管理力度。目前应严格配备环保设施，关停污染严重的企业，严禁新上污染项目，重点建设污水处理系统，严格控制污水排入河湖。②加强丘陵山区的森林保护工作，并进行植树造林工作。加快水土流失山丘生态修复，防止水土流失。加强森林保护，改善城镇生活环境。③加强市民生态环境保护宣传语教育，大幅度提高生态环境意识和自觉行为。

4）赣江抚河下游滨湖平原农业环境保护与防洪蓄洪生态功能区生态环境管理问题及建议

当前该区存在的主要生态环境问题有以下几个方面：①环境污染问题比较严峻。该区的农田面积是所有功能区最大的区域，农业面源污染问题十分突出。另外，本功能区紧邻南昌市，其产业转移、生活污水和工业“三废”排放等对区内生态环境也产生了一些不利影响。②洪涝灾害威胁较大。为了保护农田，该区内兴建了大量的水利设施，但由于地势低洼，许多地区仍面临严峻的防洪形势。③湿地、水体资源保护形势严峻。该区虽然实施了“退田还湖”政策，但 1980～2005 年该区湿地、水体面积仍减少了 3572hm^2，这将严重影响湿地、水体生态环境功能。

该区生态环境保护的主要措施如下：①大力发展生态农业，并高度重视产业转型过程中的环境污染问题。②综合治理工业污染，确保水质安全。③进一步调整防洪分蓄洪设施建设。在区内一些重点防洪地区实施退田还湖，平垸行洪，移民建镇，防止洪水危害。在沿湖地区，禁止围湖造田和围湖造地。

5）信江、饶河下游滨湖平原农业保护与分蓄洪区生态功能区生态环境管理问题及建议

目前该区存在的生态环境问题有：①农业面源污染压力较大。该区耕地面积大，农药、化肥使用量较大，所以农业面源污染较大。②沿湖沿河受洪涝灾害威胁严重。该区位于饶河、信江下游地区，并且西部的湖泊众多，尽管已修建了众多防洪水利工程，但洪涝灾害依然严峻。③湿地、水体保护压力巨大。1980～2005 年，该区湿地、水体面积减少了 7139hm^2。该区农业人口众多，退田还湖工作进展缓慢，同时还存在围湖造田现象，所以湿地、水体生态系统修复工作进展压力较大。

该区生态环境保护的主要措施如下：①大力发展生态农业，减少农业面源污染。②提高防洪标准和防洪能力，减少洪涝灾害损失。在区内一些重点防洪地区实施退田还湖，平垸行洪，移民建镇，防止洪水危害。在沿湖地区，禁止围湖造田和围湖造地。③加大湿地、水体生态系统的修复工作。应加大湿地、水体生态系统对生态环境重要性的宣传力度，并采取措施禁止对湖泊、湿地的破坏。

15.2.3　鄱阳湖湿地烧荒环境监测与管理建议

对本区域烧荒地环境管理的建议：①加强秋冬季节鄱阳湖重点区域的烧荒监测，在易受烧荒影响的居民点和山林附近预设防火设施。本次监测表明大量的烧荒地所处的土地覆盖类型是枯水期的裸露湖底及其邻近区域的干枯水田。这些区域每年都会在冬春季节的枯水期面临烧荒威胁，因此，应在这一时期加强对自然保护区邻近区域（如本书分析的 5km、10km 缓冲区）的定点监测，加强自然保护区和当地的环境监督和管理。②在易受烧荒影响的居民点和山林附近预设防火设施。10km 的缓冲区范围内，有 33 657.52hm^2 的森林区域、15 306.08hm^2 的农村聚落区域，这些区域一旦受到烧荒影响，可能会导致较大的生命和财产损失，因此，应该在相关区域提前部署烧荒影响预案和相关防火设施。③加强放牧烧荒管理，严禁在保护区范围内烧荒。据调查，薹草滋生区域在丰水期间（6～9 月）是湖面，在枯水期间（10 月～次年 5 月）是裸露的湖底。当地村民主要利用这些区域进行放牧，春季对薹草烧荒的主要动机是希望薹草生长更好，提高放牧效益。这一做法是否科学还没有依据，但其所带来的环境危害却是明显存在的。因此，一方面要宣传自然保护区保护的法律法规，严禁在自然保护区范围内进行烧荒；另一方面要通过研究，分析烧荒地对土地生产能力的影响，为自然保护区和周边地区的生态保育提供科学指导。

15.2.4　鄱阳湖叶绿素 a 浓度监测及环境管理建议

鄱阳湖叶绿素 a 浓度在 2009～2012 年存在明显的空间分布差异特征。近水岸水域比湖内航道水域浓度值偏高；五大河流的入湖口水域比其他水域浓度值偏高；湖泊南端的

军山湖、艾溪湖出现了不同程度的点状高值。水体近岸水域、蚌湖水域、都昌水域、鄱阳水域、五大河流入湖口水域及南端的军山湖叶绿素 a 浓度变化波动程度较大。鄱阳湖承纳赣江、抚河、信江、修水、饶河五大河流，该五大水系入湖口处营养物质含量的高低直接影响入湖口的叶绿素 a 浓度；采砂活动、农业非点源污染、工业废水、生活污水，以及铜、磷矿污染等污染源均给鄱阳湖水体带来了较大的影响。

鄱阳湖叶绿素 a 浓度在 2009～2012 年存在明显的时间变化特征。年际间呈现逐年波动上升趋势。年内存在明显的“冬春低，夏秋高”季节变化特征，不同年份在 1 月、4 月全湖浓度平均值低于 7 月、10 月。鄱阳湖是吞吐性过水湖泊，丰水期与枯水期形成的水位差较大，这成为影响叶绿素 a 浓度季节变化的重要因素之一。

综上分析显示，鄱阳湖叶绿素 a 浓度的时空分布显著受人类活动的影响。如何减少破坏性的、无序的人类干扰，加强建设性的、有序的环境保护举措和可持续开发利用的人类活动，才能科学地保护好、利用好鄱阳湖的资源环境，并长期促进鄱阳湖流域的可持续发展。

参考文献

白淑英,陈灵梅,王莉. 2010. 土地利用/覆被变化研究现状与展望. 安徽农业科学,10(20):4-6.

白雪,吕兰军. 1994. 鄱阳湖水质参数时空分布规律探讨. 江西水利科技,20(2):181-188.

鲍文东. 2007. 基于GIS的土地利用动态变化研究. 青岛:山东科技大学博士学位论文.

曹志勇,郝海森,孙君等. 2011. 基于TM影像的微污染水质监测模型研究. 湖北农业科学,50(13):2647-2649.

陈本清,徐涵秋. 2001. 遥感技术在森林火灾信息提取中的应用. 福州大学学报(自然科学版),29(2):23.

陈军. 2009. Ⅱ类水体悬浮物遥感定量模型尺度效应与精度评估研究. 北京:中国地质大学硕士学位论文.

陈利顶,傅伯杰. 1996. 黄河三角洲地区人类活动对景观结构的影响分析——以山东省东营市为例. 生态学报,16(4):337-344.

陈鹏,高建华,朱大奎,等. 2002. 海岸生态交错带景观空间格局及其受开发建设的影响分析——以海南万泉河口博鳌地区为例. 自然资源学报,17(4):509-514.

陈巍. 2010. 鄱阳湖水环境承载力及污染管理机制研究. 南昌:南昌大学硕士学位论文.

陈晓玲,吴忠宜,田礼乔,等. 2007. 水体悬浮泥沙动态监测的遥感反演模型对比分析——以鄱阳湖为例. 科技导报,25(6):19-22.

董静波. 2009. 土地利用/土地覆盖变化与生态系统服务价值变化研究. 武汉:华中师范大学硕士学位论文.

董宁,韩兴国,邬建国. 2012. 内蒙古鄂尔多斯市城市化时空格局变化及其驱动力. 应用生态学报,23(4):1097-1103.

段新成. 2008. 基于BP人工神经网络的土地利用分类遥感研究. 北京:中国地质大学硕士学位论文.

冯德俊. 2004. 基于遥感的土地利用变化监测及其信息自动提取. 成都:西南交通大学博士学位论文.

傅伯杰,陈利顶. 1996. 景观多样性的类型及其生态意义. 地理学报,51(5):454-460.

傅伯杰,陈利顶,马克明,等. 2001. 景观生态学原理及应用. 北京:科学出版社.

甘荣俊. 2009. 鄱阳湖地区经济差异时空格局与协调发展研究. 南昌:江西师范大学硕士学位论文.

高艳,毕如田. 2010. 涑水河流域景观指数的粒度效应. 中国农学通报,26(13):396-400.

高志强,刘纪远,庄大方. 1999. 基于遥感和GIS的中国土地利用/土地覆盖的现状分析. 遥感学报,3(2):134-138.

高中灵. 2006. 台湾海峡MERIS数据悬浮泥沙与叶绿素浓度遥感分析. 福州:福州大学硕士学位论文.

巩彩兰,樊伟. 2002. 海洋水色卫星遥感二类水体反演算法的国际研究进展. 海洋通报,12(2):77-83.

顾平,万金保. 2011. 鄱阳湖水文特征及其对水质的影响研究. 环境污染与防治,33(3):15-19.

郭华,Hu Q,张奇. 2011. 近50年来长江与鄱阳湖水文相互作用的变化. 地理学报,66(5):609-618.

郭晋平,阳含熙. 1999. 关帝山林区景观要素空间分布及其动态研究. 生态学报,19(4):468-473.

郭墨瀚. 2011. 鄱阳湖地区土地生态环境评价研究. 南昌:江西农业大学硕士学位论文.

郭远明. 2012. 中国最大淡水湖水体面积萎缩至不足200平方公里. http://news. hz66. com[2012-01-03].

韩震,恽才兴,将雪中. 2003. 悬浮泥沙反射光谱特性实验研究. 水利学报,(12):118-122.

胡春华,周文斌,王毛兰,等. 2010. 鄱阳湖区氮磷营养盐变化特征及潜在性富营养化评价. 湖泊科学,22(5):723-728.

黄国金,刘成林,乐兴华. 2010. 鄱阳湖叶绿素a浓度遥感反演. 山西建筑,36(34):357-359.

贾利. 2001. 淮河流域水质参数相关性研究. 水资源保护,(2):48-49,52,62.

江辉. 2011. 基于多源遥感的鄱阳湖水质参数反演与分析. 南昌:南昌大学硕士学位论文.

江辉,刘瑶. 2011. 基于MODIS数据的鄱阳湖总悬浮物浓度监测分析. 人民长江,42(17):87-90.

江辉. 2012. 鄱阳湖叶绿素a浓度遥感定量模型研究. 测绘科学,37(6):49-52.

江剑平,倪忠民. 2005. 江西省城市生活污水治理现状与建议. 城市环境与城市生态,18(4):41-43.

江西统计局,国家统计局江西调查总队. 2010. 江西统计年鉴(2010). 北京:中国统计出版社.

姜广甲,周琳,马荣华,等. 2013. 浑浊Ⅱ类水体叶绿素a浓度遥感反演(Ⅱ):MERIS遥感数据的应用. 红外与毫米波学报,32(4):372-378.
蒋赛. 2009. 基于高分辨率遥感影像的渭河水质遥感监测研究. 西安:陕西师范大学硕士学位论文.
颉耀文,袁春霞,张晓东. 2009. 近15年来民勤湖区土地利用/覆盖动态与格局. 干旱区地理,32(3):423-428.
金国花,谢冬明,邓红兵,等. 2011. 鄱阳湖水文特征及湖泊纳污能力季节性变化分析. 江西农业大学学报,33(2):388-393.
孔祥生,苗放,刘鸿福,等. 2005. 遥感技术在监测和评价土法炼焦污染源中的应用. 成都理工大学学报,32(1):92-96.
黎夏. 1992. 悬浮泥沙遥感定量的统一模式及其在珠江口中的应用. 环境遥感,7(5):106-113.
李传荣,贾媛媛,胡坚,等. 2008. HJ-1光学卫星遥感应用前景分析. 国土资源遥感,3(77):1-3.
李京. 1986. 水域悬浮泥沙固体含量的遥感定量研究. 环境科学学报,6(2):166-173.
李静,赵庚星,杨佩国. 2006. 基于知识的垦利县土地利用/覆被遥感信息提取技术研究. 科学通报,51(增刊):183-188.
李荣昉,张颖. 2011. 鄱阳湖水质时空变化及其影响因素分析. 水资源保护,27(6):8-18.
李石华,王金亮,毕艳,等. 2005. 遥感图像分类方法研究综述明. 国土资源遥感,2(64):1-6.
李素菊,吴倩,王学军,等. 2002. 巢湖浮游植物叶绿素含量与反射光谱特征的关系. 湖泊科学,14(3):228-234.
李云梅,黄家柱,陆皖宁,等. 2006. 基于分析模型的太湖悬浮物浓度遥感监测. 海洋与湖沼,37(2):171-177.
李云梅,王桥,吕恒,等. 2010. 太湖水体光学特性及水色遥感. 北京:科学出版社.
刘殿伟. 2006. 过去50年三江平原土地利用/覆被变化的时空特征与环境效应. 长春:吉林大学博士学位论文.
刘克,赵文吉,郭逍宇,等. 2012. 基于地面实测光谱的湿地植物全氮含量估算研究. 光谱与光谱学分析,32(2):465-471.
刘刨. 2006. 内陆水体反射波谱测量方法研究. 重庆师范大学学报(自然科学版),23(4):71-75.
刘茜,David G R. 2008. 基于高光谱数据和MODIS影像的鄱阳湖悬浮泥沙浓度估算. 遥感技术与应用,23(1):7-11.
刘瑞民,王学军,郑一. 2003. 湖泊水质参数空间分析中异常值的识别与处理. 环境科学与技术,26(5):17-19.
刘小丽,沈芳,朱伟健. 2009. MERIS卫星数据定量反演长江河口的悬浮泥沙浓度. 长江流域资源与环境,18(11):1026-1030.
刘延国,王青,王军. 2012. 官司河流域景观稳定性的研究. 地球信息科学学报,14(1):137-142.
刘珍环,王仰麟,彭建,等. 2011. 基于不透水表面指数的城市地表覆被格局特征——以深圳市为例. 地理学报,66(7):961-971.
刘忠华,李云梅,檀静等. 2012. 太湖、巢湖水体总悬浮物浓度半分析反演模型构建及其适用性评价. 环境科学,33(9):3000-3008.
柳彩霞,傅南翔,郭子祺,等. 2009. 基于人工神经网络的CHRIS数据内陆水体叶绿素浓度反演研究. 安徽农业科技,37(26):12654-12656.
吕恒,李新国,周连义,等. 2006. 基于反射光谱的太湖北部叶绿素a浓度定量估算. 湖泊科学,18(4):349-355.
马荣华,孔维娟,段洪涛,等. 2009. 利用MODIS影像估测太湖蓝藻暴发期的藻蓝素含量. 中国环境科学,29(3):254-260.
马荣华,唐军武,段洪涛,等. 2009. 湖泊水色遥感研究进展. 湖泊科学,21(2):143-158.
马逸麟,马逸琪. 2003. 鄱阳湖湿地的保护及利用. 国土与自然资源研究,(4):66-67.
马振玲. 2011. 长株潭城市群土地利用/覆盖变化驱动机制定量研究. 长沙:中南大学硕士学位论文.
闵骞. 1995. 鄱阳湖水位变化规律的研究. 湖泊科学,7(3):281-288.
裴浩,敖艳红,李云鹏,等. 1996. 利用极轨气象卫星监测草原和森林火灾. 干旱区资源与环境,10(2):74-80.
彭锋. 2010. 基于RS与GIS的银川市土地利用/土地覆盖变化研究. 兰州:兰州大学博士学位论文.
齐红超,祁元,徐瑱. 2009. 基于C5.0决策树算法的西北干旱区土地覆盖分类研究——以甘肃省武威市为例. 遥感技术与应用,24(5):648-652.
钱海燕,严玉平,周杨明,等. 2010. 鄱阳湖双退区湿地植被恢复方案探讨. 江西农业学报,22(8):146-149.
乔晓景,何报寅,张文. 2013. 基于HJ-1卫星CCD数据的长江中游武汉河段悬浮物浓度反演. 华中师范大学学报(自然科学版),47(5):716-719.
秦伯强,胡维平,陈伟民,等. 2000. 太湖梅梁湾水动力及相关过程的研究. 湖泊科学,12(4):327-333.
任丽燕. 2009. 湿地景观演化的驱动力、效应及分区管制研究——以环杭州湾地区为例. 杭州:浙江大学博士学位论文.
施坤,李云梅,刘忠华,等. 2011. 基于半分析方法的内陆湖泊水体总悬浮物浓度遥感估算研究. 环境科学,32(6):1571-1580.
史培军,苏筠,周武光. 1998. 土地利用变化对农业自然灾害灾情的影响基础(一). 自然灾害学报,8(1):1-8.
疏小舟,汪骏发,沈鸣明,等. 2000. 航空成像光谱水质遥感研究. 红外与毫米波学报,19(4):273-276.
宋开山,刘殿伟,王宗明,等. 2008. 1954年以来三江平原土地利用变化及驱动力. 地理学报,63(1):93-104.
谭衢霖,邵芸. 2000. 遥感技术在环境污染监测中的应用. 遥感技术与应用,15(4):246-250.
唐佳. 2010. 基于GIS和RS洱海流域的土地覆盖/利用变化. 成都:四川农业大学硕士学位论文.
唐军武,田国良. 1997. 水色光谱分析与多成分反演算法. 遥感学报,1(4):252-256.
唐军武,田国良,汪小勇. 2004. 水体光谱测量与分析Ⅰ:水面以上测量法. 遥感学报,8(1):37-45.
唐俊梅,张树文. 2002. 基于MODIS数据的宏观土地利用/土地覆盖监测研究. 遥感技术与应用,17(2):104-107.
万本太,蒋火华. 2011. 关于"十二五"国家环境监测的思考. 中国环境监测,27(1):2-4.
万金保,蒋胜韬. 2006. 鄱阳湖水环境分析及综合治理. 水资源保护,22(3):24-27.
万金保,蒋胜韬. 2005. 鄱阳湖水质分析及保护对策. 江西师范大学学报,29(3):260-263.
汪宏清,邵先国,范志刚,等. 2006. 江西省生态功能区划原理与分区体系. 江西科学,24(4):154-159.
汪泽培,徐火生. 1998. 水域的小气候效应. 气象,12:37-38.
王飞儿,吕唤春,陈英旭,等. 2004. 千岛湖叶绿素a浓度变化及其影响因素分析. 浙江大学学报(农业与生命科学版),30(1):22-26.
王根绪,郭晓寅. 2002. 黄河源区景观格局与生态功能的动态变化. 生态学报,10(3):324-329.
王卷乐,胡振鹏,冉盈盈,等. 2013. 鄱阳湖湿地烧荒遥感监测及其影响分析. 自然资源学报,28(4):656-667.
王鹏. 2004. 富营养化湖泊营养盐的来源及治理. 水资源保护,20(2):9-13.
王桥,张兵,韦玉春,等. 2007. 太湖水体环境遥感监测实验及其软件实现. 北京:科学出版社.
王苏民,窦鸿身. 1998. 中国湖泊志. 北京:科学出版社.
王婷,黄文江,刘良云,等. 2007. 鄱阳湖富营养化高光谱遥感监测模型初探. 测绘科学,32(4):44-46.
王宪礼,肖笃宁,布仁仓,等. 1997. 辽河三角洲湿地的景观格局分析. 生态学报,17(3):317-323.
王小钦,王钦敏,励惠国,等. 2007. 黄河三角洲土地利用/覆盖变化驱动力分析. 资源科学,29(5):175-181.
王晓鸿. 2004. 鄱阳湖湿地生态系统评估. 北京:科学出版社.
王心源,李文达,严小华,等. 2007. 基于Landsat TM/ETM+数据提取巢湖悬浮泥沙相对浓度的信息与空间分布变化. 湖泊科学,19(3):255-260.
王秀兰,包玉海. 1999. 土地利用动态变化研究方法探讨. 地理科学进展,18(1):81-87.
王学雷,吴宜进. 2002. 马尔柯夫模型在四湖地区湿地景观变化研究中的应用. 华中农业大学学报,21(3):288-291.
温仲明,焦峰,张晓萍,等. 2004. 纸坊沟流域近67年来土地利用景观变化的环境效应. 生态学报,24(9):1903-1909.
邬国峰,崔丽娟. 2008. 基于遥感技术的鄱阳湖采砂对水体透明度的影响. 生态学报,28(12):6114-6120.
邬建国. 2007. 景观生态学:格局、过程、尺度与等级(第2版). 北京:高等教育出版社.
邬明权,韩松,赵永清,等. 2012. 应用Landsat TM影像估算渤海叶绿素a和总悬浮物浓度. 遥感信息,27(4):91-95.
吴海平,刘顺喜,黄世存. 2009. 基于HJ-1A/B卫星CCD数据的土地宏观监测试验研究. 遥感技术与应用,24(6):788-792.
吴敏,王学军. 2005. 应用MODIS遥感数据监测巢湖水质. 湖泊科学,17(2):110-113.
吴涛,赵冬至,康建成. 2010. 基于遥感技术的河口三角洲湿地景观生态健康研究进展. 海洋环境科学,(29):3,451-456.
夏叡,李云梅,吴传庆,等. 2011. 基于HJ-1号卫星数据的太湖悬浮物浓度空间分布和变异研究. 地理科学,(2):197-203.

肖笃宁,赵弈. 1990. 沈阳西郊景观格局变化的研究. 应用生态学报,1(1): 75-84.
肖寒,欧阳志云,赵景柱,等. 2001. 海南岛景观空间结构分析. 生态学报,21(1): 20- 27.
肖青,闻建光,柳钦火,等. 2006. 混合光谱分解模型提取水体叶绿素含量的研究. 遥感学报,10(4): 559-567.
徐岚,赵羿. 1993. 利用马尔柯夫过程预测东陵区土地利用格局的变化. 应用生态学报,4(3): 272-277.
徐永斌,王树文. 2010. 基于地学分析与遥感智能解译模型的土地覆盖/土地利用分类. 测绘与空间地理信息,33(4): 64-69.
延昊. 2002. 中国土地覆盖变化与环境影响遥感研究. 北京:中国科学院遥感应用研究所博士学位论文.
杨婷,张慧,王桥,等. 2011. 基于HJ-1A卫星超光谱数据的太湖叶绿素a浓度及悬浮物浓度反演. 环境科学,32(11): 3207-3214.
尹宗贤,张俊才. 1987. 鄱阳湖湖流水文特征(Ⅱ). 海洋与湖沼,18(2): 208-214.
袁艺,史培军,刘颖慧,等. 2003. 快速城市化过程中土地覆盖格局研究——以深圳市为例. 生态学报,23(9): 1833-1840.
曾慧卿,何宗健,彭希珑. 2003. 鄱阳湖水质状况及保护对策. 江西科学,21(3): 226-229.
张维球. 2000. 解决用朝阳磷矿湿法生产过磷酸钙水分超标的问题. 磷肥与复肥,15(1): 22-23.
张伟,陈晓玲,田礼乔,等. 2010. 鄱阳湖HJ-1-A/B卫星CCD传感器悬浮泥沙遥感监测. 武汉大学学报(信息科学版),35(12): 1466-1469.
张永杰. 2013. 基于光谱特征分析的鄱阳湖叶绿素a浓度遥感监测. 北京: 中国矿业大学硕士学位论文.
张增祥,汪潇,王长耀,等. 2009. 基于框架数据控制的全国土地覆盖遥感制图研究. 地球信息科学学报,11(2): 216-224.
张志明,孙长青,欧晓昆. 2009. 退耕还林政策对山地植被空间格局变化的驱动分析. 山地学报,27(5): 513-523.
赵红梅,于晓菲,王健,等. 2010. 火烧对湿地生态系统影响研究进展. 地球科学进展,25(4): 374-380.
赵萍,傅云飞,郑刘根,等. 2005. 基于分类回归树分析的遥感影像土地利用/覆被分类研究. 遥感学报,9(6): 708-715.
赵其国,黄国勤,钱海燕. 2007. 鄱阳湖生态环境与可持续发展. 土壤学报,44(2): 318-326.
赵锐锋,陈亚宁,李卫红,等. 2009. 塔里木河干流区土地覆被变化与景观格局分析. 地理学报,64(1): 95-106.
赵淑清,方精云. 2004. 围湖造田和退田还湖活动对洞庭湖区近70年土地覆盖变化的影响. AMBIO-人类环境杂志,6: 289-293.
赵晓敏,陈文波. 2006. 土地利用变化及其生态环境效应研究. 北京: 地质出版社.
赵新民,王军,朱淑君. 2005. 千岛湖水体叶绿素a时空变化特征及其影响因子分析. 浙江大学树人学报, 5(5): 99-102.
甄霖,谢高地,杨丽,等. 2005. 泾河流域分县景观格局特征及相关性. 生态学报,25(12): 1343-1353.
郑新奇,付梅臣. 2010. 景观格局空间分析技术及其应用. 北京:科技出版社.
周爱霞,马泽忠,周万村. 2004. 大宁河流域坡度与坡向对土地利用/覆盖变化的影响. 水土保持学,18(2): 126-129.
周成虎,骆剑承,杨晓梅,等. 2003. 遥感影像地学理解与分析. 北京:科学出版社.
周文斌,万金保. 2012. 鄱阳湖生态环境保护和资源综合开发利用. 北京: 科学出版社.
周翔. 2008. 株洲市土地覆盖遥感动态变化研究. 长沙: 中南林业大学硕士学位论文.
周小成,汪小钦,高中灵. 2005. 基于知识的多时相TM图像森林火烧迹地快速提取方法. 灾害学,20(2): 22-26.
周跃龙,汪怀建,姚丽文,等. 2004. 鄱阳湖区生态环境分析与综合治理对策. 环境污染与防治,26(2): 159.
朱会义,李秀彬,何书金. 2001. 环渤海地区土地利用的时空变化分析. 地理学报,56(3): 253-260.
朱连奇,许叔明,陈沛云. 2003. 山区土地利用/覆被变化对土壤侵蚀的影响. 地理研究,22(4): 432-438.
朱信华,董增川,赵杰,等. 2009. 三峡工程对鄱阳湖水质的影响. 人民黄河,31(1): 57-59.
Antwi E K, Krawczynski R, Wiegleb G. 2008. Detecting the effect of disturbance on habitat diversity and land cover change in a post-mining area using GIS. Landscape and Urban Planning, (87): 22-32.
Arino O, Bicheron P, Achard F, et al. 2008. GLOBCOVER: The most detailed portrait of the earth. ESA Bulletin-European Space Agency, 136(11): 24-31.

Baban S J. 1993. Detecting water quality parameters in the Norfolk Broads, U K, using Landsat imagery. International Journal of Remote Sensing, 14(7): 1247-1267.

Bartholomé E, Belward A S. 2005. GLC2000: A new approach to global land cover mapping from Earth Observation data. International Journal of Remote Sensing, 26(9): 1959-1977.

Boerner R E. 1996. Markov models of inertia and dynamism on two contiguous Ohio landscapes. Geographical & Analysis, 28 (1): 55-66.

Brown O B, Jacobs M M. 1975. Computed Relationships between the Inherent and Apparent Optical Properties of a Flat Homogenous Ocean. Applied Optics, 14(2): 417-427.

Bukata R P, Jerome J H, Kondratyev K Y, et al. 1995. Satellite monitoring of optically-active components of inland waters: An essential input to regional climate change impact studies. J Great Lakes Res, 17: 470-478.

Burgi M, Russell E W B. 2001. Integrative methods to study landscape changes. Land use Policy, 18(1): 9-16.

Camargo A F M, Esteves F A. 1995. Influence of water level variation on fertilization of an oxbow lake of Rio Mogi-Guacu, state of Sao Paulo, Brazil. Hydrobiologia, 299: 185-193.

Carder K L, Chen F R, Lee Z P, et al. 1999. Semianalytic Moderate Resolution Imaging Spectrometer algorithms for chlorophyll-a and absorption with bio-optical domains based on nitrate-depletion temperatures. J Geophys Res, 104: 5403-5421.

Carpenter D J, Carpenter S M. 1983. Modeling inland water quality using Landsat data. Remote Sensing of Environment, 13: 345-352.

Chen J, Quan W T, Wen Z H. 2013a. An improved three-band semi-analytical algorithm for estimating chlorophyll-a concentration in highly turbid coastal waters: A case study of the Yellow River estuary, China. Environmental Earth Sciences, 69(8): 2709-2719.

Chen J, Zhang X H, Quan W T. 2013b. Retrieval chlorophyll-a concentration from coastal waters: three-band semi-analytical algorithms comparison and development. Optics Express, 21(7): 9024-9042.

Chen X H, Chen J, Shi Y H, et al. 2012. An automated approach for updating land cover maps based on integrated change detection and classification methods. ISPRS Journal of Photo grammetry and Remote Sensing, 71(6): 86-95.

Cole C, Wentz E, Christense P. 2005. Expert system approach for classifying land cover in New Delhi using ASTER Imagery// Proceedings third international symposium remote sensing and data fusion over urban areas (URBAN 2005) and fifth international symposium remote sensing of urban areas (URS 2005), 3: 14-16.

Crutzen P J, Andreae M O. 1990. Biomass burning in the tropics —Impact on atmospheric chemistry and biogeochemical cycles. Science, 250(4988): 1669-1678.

Donald C, Strombeck N. 2001. Estimation of radiance reflectance and the concentrations of optically active substances in Lake Malaren, Sweden, based on direct and inverse solutions of a simple model. The science of the Total Environment, 268: 171-188.

Ekstrand S. 1992. Landsat TM based quantification of chlorophyll-a during algae blooms in coastal waters. International Journal of Remote Sensing, 13(10): 1913-1926.

Feng L, Hu C M, Chen X L, et al. 2012. Assessment of inundation changes of Poyang Lake using MODIS observations between 2000 and 2010. Remote Sensing of Environment, 121: 80-92.

Forget P, Ouillon S, Lahet F, et al. 1999. Inversion of reflectance spectra of nonchlorophyllous turbid coastal waters. Remote Sens Environ, 68: 261-272.

Friedl M A, McIver D K, Hodges J C F, et al. 2002. Global land cover mapping from MODIS: Algorithms and early results. Remote Sensing of Environment, 83(1): 287-302.

Frondoni R, Mollo B, Capotorti G. 2011. A landscape analysis of land cover change in the Municipality of Rome (Italy): Spatio-temporal characteristics and ecological implications of land cover transitions from 1954 to 2001. Landscape and Urban Planning, (100): 117-128.

Gitelson A. 1992. The peak near 700nm on radiance spectra of algae and water relationship of its magnitude and position with chlorophyll concentration. International Journal of Remote Sensing, 13: 3367-3370.

Guerra F, Puig H, Chaume R. 1998. The forest-savanna dynamics from multi date TM data in Sierra Parima,

Venezuela. International Journal of Remote Sensing, 19(11): 2061-2075.
Haldna M, Milius A, Laugaste R, et al. 2008. Nutrients and phytoplankton in Lake Peipsi during teo periods that differed in water level and temperature. Hydrobiologia, 599: 3-11.
Hansen M C, Reed B A. 2000. comparison of the IGBP DISCover and University of Maryland 1 km global land cover products. International Journal of Remote Sensing, 21(6-7): 1365-1373.
Hargis C D, Bissonette J A, David J L. 1998. The behaviour of landscape metrics commonly used in the study of habitat fragmentation. Landscape Ecology, 13(2): 167-186.
Harma P, Vepsalainen J, Hannonen T, et al. 2001. Detection of water quality using simulated satellite data and semiempirical algorithms in Finland. Science of the Total Environment, 268: 107-121.
Harma P, Vepsalainen J, Hannonen T, et al. 2001. Detection of water quality using simulated satellite data and semi2empirical algorithms in Finland. The Science of the Total Environment, 268: 107-121.
Henderson-Sellers A, Wilson M F. 1983. Surface albedo data for climatic modeling. Reviews of Geophysics, 21(8): 1743-1778.
Hou Z. 2000. Landscape changes in a rural area in China. Landscape and Urban Planning, 47(1): 33-38.
Hu C M. 2009. A novel ocean color index to detect floating algae in the global oceans. Remote Sensing of Environment, 113: 2118-2129.
Hu Q, Feng S, Guo H, et al. 2007. Interactions of the Yangtze River flow and hydrologic processes of the Poyang Lake, China. Journal of Hydrology, 347: 90-100.
Jain S, Singh R, Jain M K, et al. 2005. Delineation of flood-prone areas using remote sensing techniques. Water Resources Management, 19(4): 333-347.
Jansen L J M, Di G A. 2004. Land cover classification system: Basic concepts, main software functions and overview of the "land system" approach//Groom G. Developments in Strategic Landscape monitoring for the Nordic Countries, 705: 64-73.
Keller M, Jacob D J, Wofsy S C, et al. 1991. Effects of tropical deforestation on global and regional atmospheric chemistry. Climatic Change, 19(1-2): 139-158.
Kong F, Yin H, Nakagoshi N. 2007. Using GIS and landscape metrics in hedonic price modeling of the amenity value of urban green space: A case study in Jinan city, China. Landscape and Urban Planning, (79): 240-252.
Koutsias N, Kareris M, Chuvieco E. 2000. The use of intensity- hue- saturation transformation of Landsat-5 thematic mapper data for burned land mapping. Photogrammetric Engineering & Remote Sensing, 66(7): 829-839.
Lai X, Shankman D, Huber C, et al. 2014. Sand mining and increasing Poyang Lake's discharge ability: A reassessment of causes for Lake Decline in China. Journal of Hydrology, 519: 1698-1706.
Lambin E F, Geist H J. 2006. Land-use and Land-cover Change: Local Processes and Global Impacts. Berlin: Springer.
Lausch A, Herzog F. 2002. Applicability of landscape metrics for the monitoring of landscape change: Issues of scale, resolution and interpretability. Ecological Indicators, 2(1/2): 3-15.
Lee Z P, Carder K L, Peacock T G, et al. 1996. Method to derive ocean absoption coefficients from remote-sensing reflectance. Applied Optics, 35: 453-462.
Liu C, Ge C H. 2000. The Character and Application of EOS/MODIS Remote Sensing Data. Remote Sensing Information, 03:45-48.
Li X, Yeh A G. 1998. Principal component analysis of stacked multi-temporal images for the monitoring of rapid urban expansion in the Pearl River Delta. International Journal of Remote Sensing, 19(8): 1501-1518.
Loveland T R, Reed B C, Brown J F, et al. 2000. Development of global land cover characteristics database and IGBP DISCover from 1 km AVHRR data. International Journal of Remote Sensing, 21(6-7): 1303-1330.
Lunetta R S, Knight J F, Ediriwickrema J, et al. 2006. Land-cover change detection using multi-temporal MODIS NDVI data. Remote Sensing of Environment, 105(2): 142-154.
Lu S L, Wu B F, Yan N N, et al. 2011. Water body mapping method with HJ-1A/B satellite imagery. International Journal of Applied Earth Observation and Geo-information, 13: 428-434.
Ma Y, Xu R S. 2010. Remote sensing monitoring and driving force analysis of urban expansion in Guangzhou City,

China. Habitat International, 34(2): 228-235.

Meyerw B, Turner I B L. 1994. Change in land use and land cover: A global perspective. Cambridge: Cambridge University Press.

Milap P, Joshi P K, Porwal M C. 2011. Decision tree classification of land use land cover for Delhi, India using IRS-P6 AWiFS data. Expert Systems with Applications, 38(5): 5577-5583.

Nelson S A C. 2003. Regional Assessment of Lake Water Clarity Using Satellite Remote Sensing. Journal of Limnology, 62(1): 27-32.

Pôcas I, Cunhab M, Marcalc A R S, et al. 2011. An evaluation of changes in a mountainous rural landscape of Northeast Portugal using remotely sensed data. Landscape and UrbanPlanning, 101: 253-261.

Pijanowski B C, Robinson K D. 2011. Rates and patterns of land use change in the Upper Great Lakes States, USA: A framework for spatial temporal analysis. Landscape and Urban Planning, 102(2): 102-116.

Pulliainen J, Kallio K, Eloheimo K. 2001. A semi-operative approach to lake water quality retrieval from remote sensing data. SciTotalEnviron, 268: 79-93.

Richard L M, Brent A M. 2004. Using MODIS Terra 250m imagery to map concentrations of total suspended matter in coastal waters. Remote Sensing of Environment, 93: 259-266.

Sampsa K, Jouni P, Kari K, et al. 2002. Lake Water Quality Classification with Airborne Hyperspectral Spectrometer and Simulated MERIS Data. Remote Sensing of Environment, 79: 51-59.

Sathyendranath S, Morel A. 1983. Remote Sensing Applications in Marine Science and Technology. London: Kluwer Academic Publishers.

Sellers P J, Dickinson R E, Randall D A, et al. 1997. Modeling the exchanges of energy, water, and carbon between continents and the atmosphere. Science, 275(5299): 502-509.

Sesnie S E, Gessler P E, Fineganetal B, et al. 2008. Integrating Landsat TM and SRTM-DEM derived variables with decision trees for habitat classification and change detection in complex neotropical environments. Remote Sensing of Environment, 112(5): 2145-2159.

Sipelgas L, Raudsepp U, Kouts T. 2006. Operational monitoring of suspended matter distribution using MODIS images and numerical modelling. Advances in Space Research, 38(10): 2182-2188.

Tassan S. 1994. Local algorithms using SEAWIFS data for the retrieval of phytoplankton, pigment, suspended sediment, and yellow substance in coastal waters. Applied Optics, 33(12): 2369-2378.

Thormann M N, Bayley S E, Szumigalski A R. 1998. Effects of hydrologic charges on above ground production and surface water chemistry in two boreal peatlands in Alberia: Implications for global warming. Hydrobiologia, 362: 171-183.

Walker R T. 1997. Land use transition and deforestation in developing countries. Geographical Analysis, 19(1): 18-30.

Wei Z X, Lin S R. 1996. Hydrological characters of Jing he watershed. Hydrology, 2: 52-59.

Xian G, Collin H, Fry J. 2009. Updating the 2001 National Land Cover Database land cover classification to 2006 by using Landsat imagery change detection methods. Remote Sensing of Environment, 113(6): 1133-1147.

Xu H Q. 2006. Modification of Normalised Difference Water Index (NDWI) to enhance open water features in remotely sensed imagery. International Journal of Remote Sensing, 27(14): 3025-3033.

Yeha G T, Huang S L. 2009. Investigating spatiotemporal patterns of landscape diversity in response to urbanization. Landscape and Urban Planning, 93: 151-162.

Zak M R, Cabido M, Caceres D, et al. 2008. What Drives Accelerated Land Cover Change in Central Argentina? Synergistic Consequences of Climatic, Socioeconomic, and Technological Factors. Environmental Management, 42(2): 181-189.

附　录

1. 鄱阳湖的土地覆盖解译制图结果

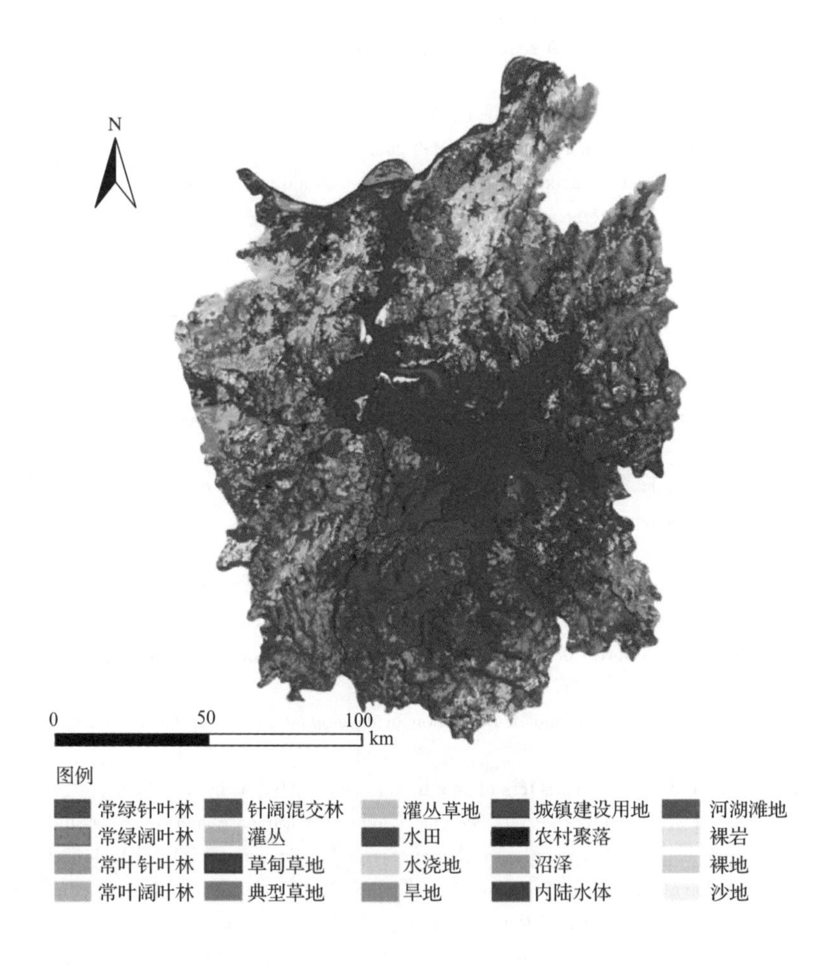

2. 鄱阳湖2009～2012年各季节叶绿素a浓度反演结果

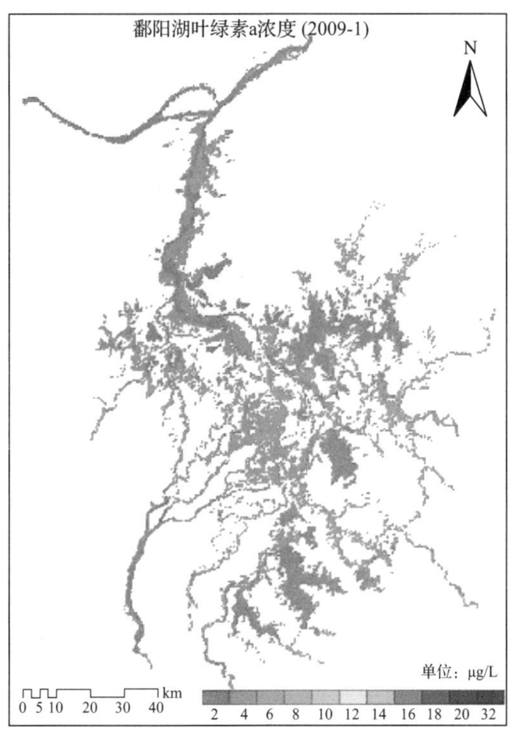

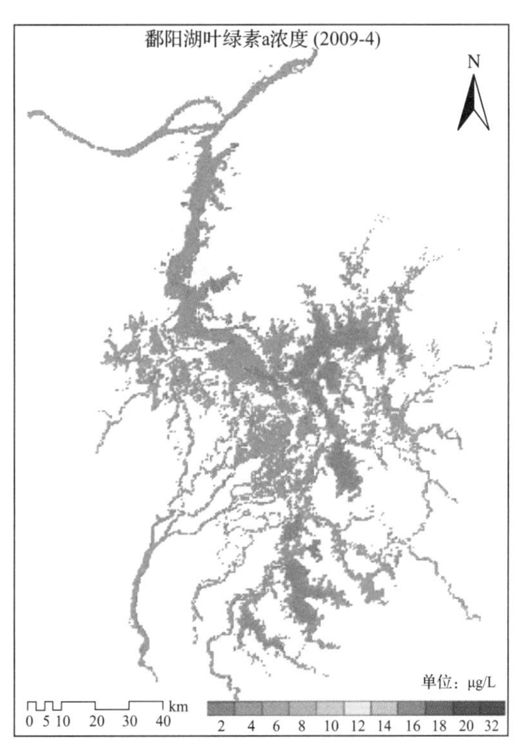

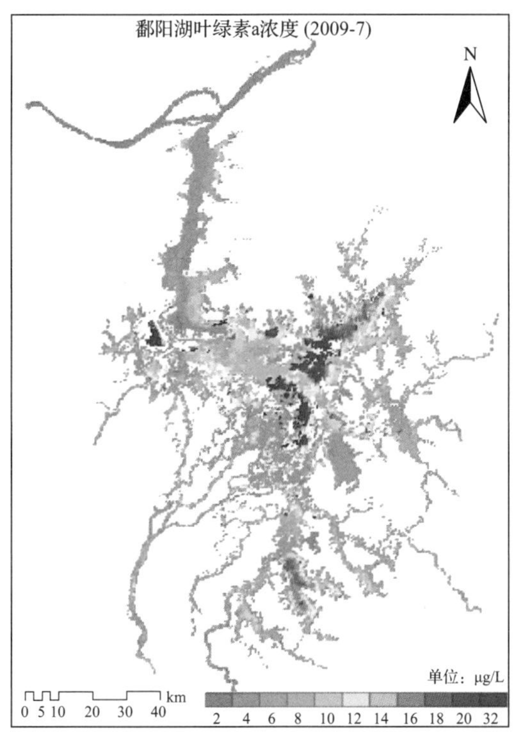

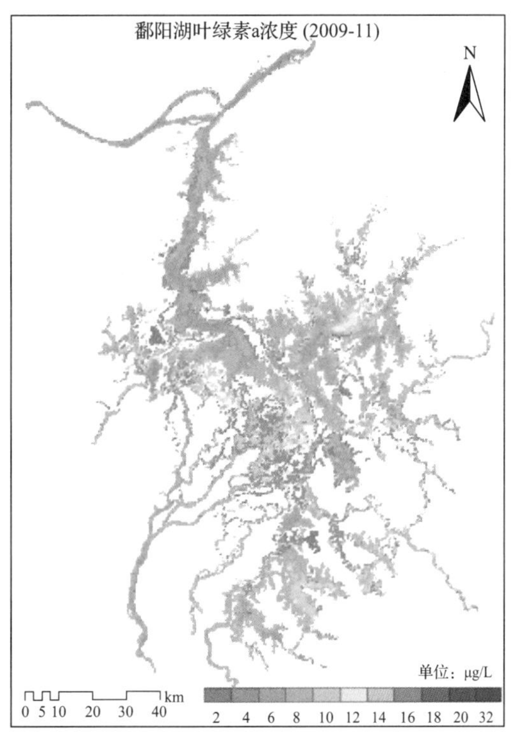

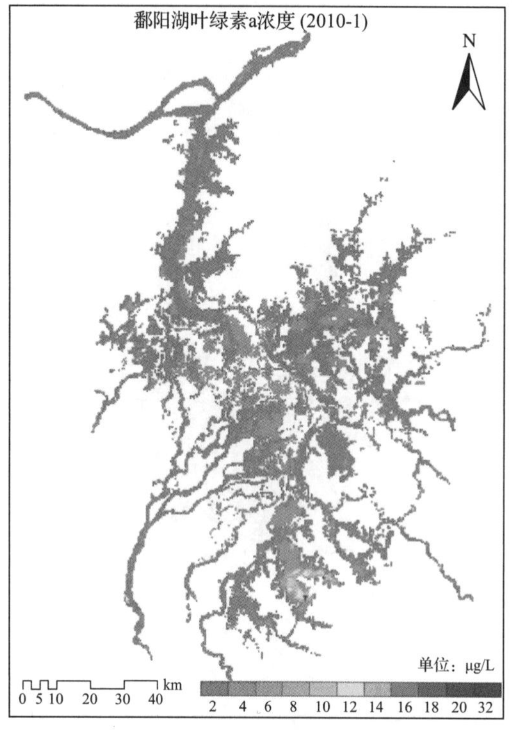
鄱阳湖叶绿素a浓度 (2010-1)
N
单位：μg/L
0 5 10 20 30 40 km
2 4 6 8 10 12 14 16 18 20 32

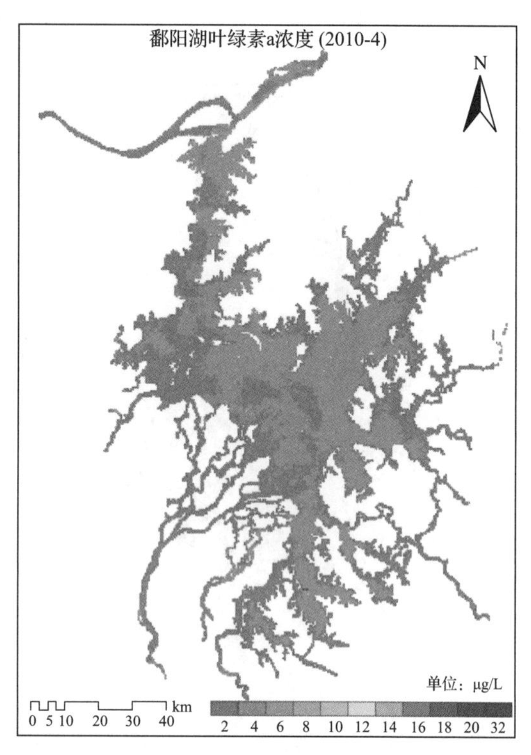
鄱阳湖叶绿素a浓度 (2010-4)
N
单位：μg/L
0 5 10 20 30 40 km
2 4 6 8 10 12 14 16 18 20 32

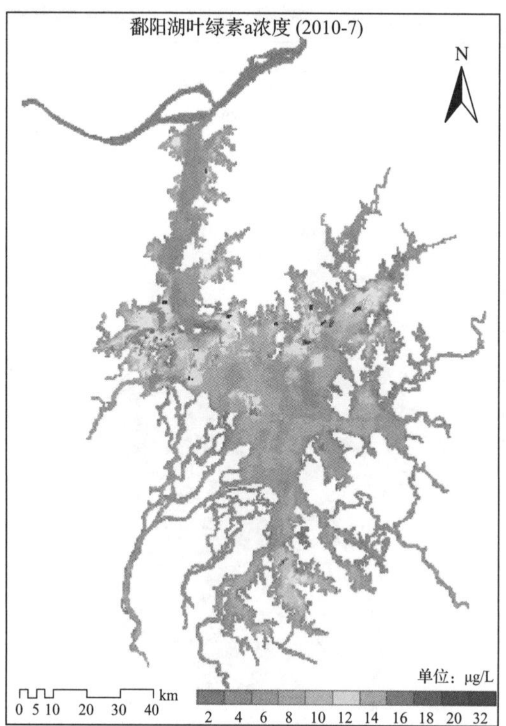
鄱阳湖叶绿素a浓度 (2010-7)
N
单位：μg/L
0 5 10 20 30 40 km
2 4 6 8 10 12 14 16 18 20 32

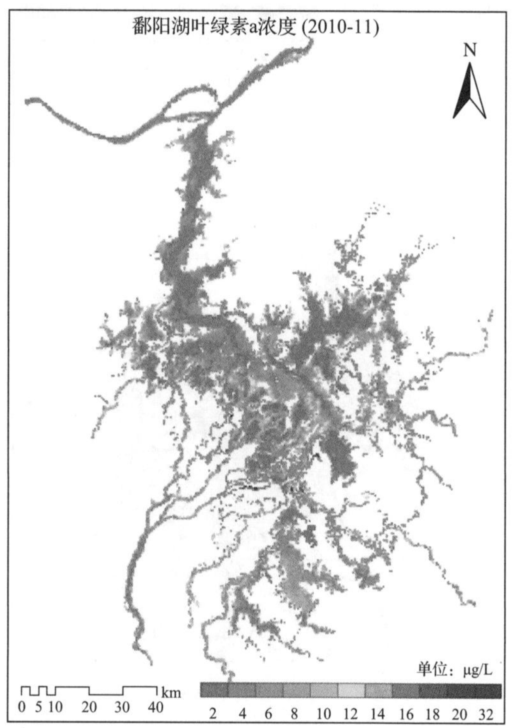
鄱阳湖叶绿素a浓度 (2010-11)
N
单位：μg/L
0 5 10 20 30 40 km
2 4 6 8 10 12 14 16 18 20 32

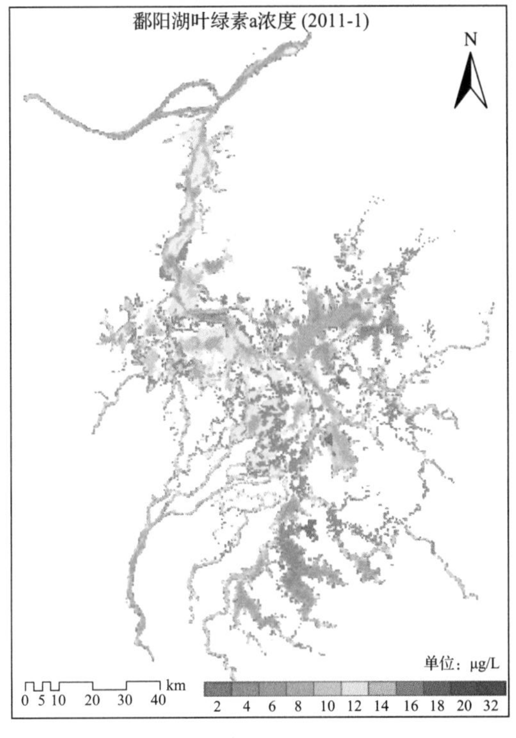
鄱阳湖叶绿素a浓度 (2011-1)
N
单位：μg/L
km
0 5 10 20 30 40
2 4 6 8 10 12 14 16 18 20 32

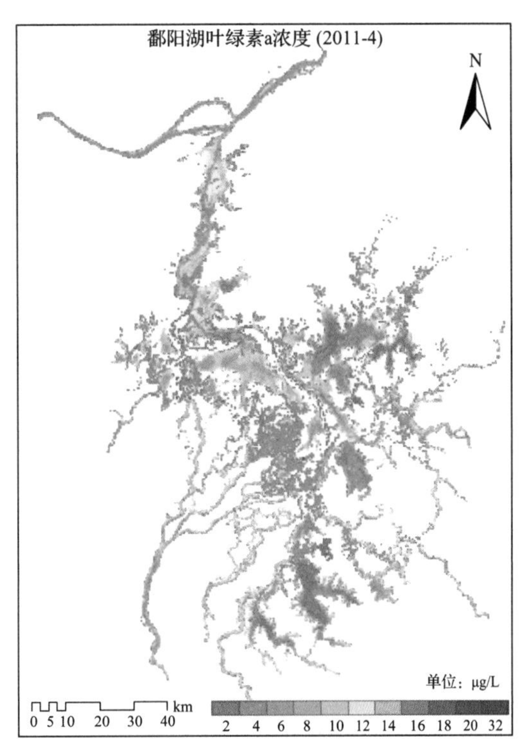
鄱阳湖叶绿素a浓度 (2011-4)
N
单位：μg/L
km
0 5 10 20 30 40
2 4 6 8 10 12 14 16 18 20 32

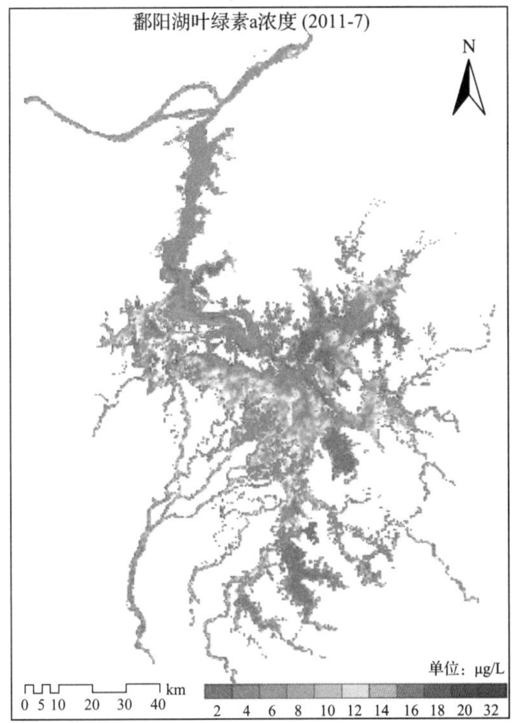
鄱阳湖叶绿素a浓度 (2011-7)
N
单位：μg/L
km
0 5 10 20 30 40
2 4 6 8 10 12 14 16 18 20 32

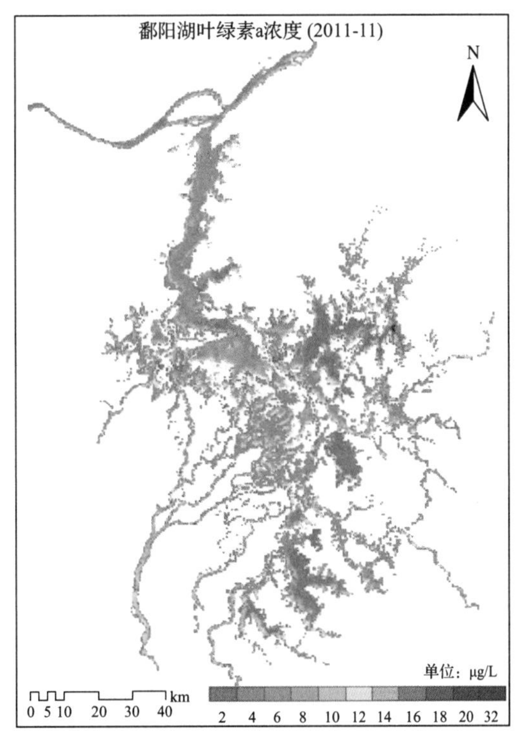
鄱阳湖叶绿素a浓度 (2011-11)
N
单位：μg/L
km
0 5 10 20 30 40
2 4 6 8 10 12 14 16 18 20 32

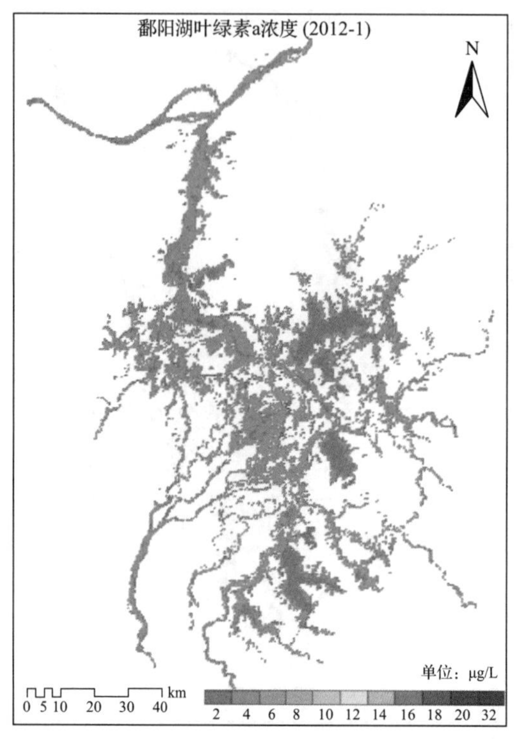
鄱阳湖叶绿素a浓度 (2012-1)
N
单位：μg/L
0 5 10 20 30 40 km
2 4 6 8 10 12 14 16 18 20 32

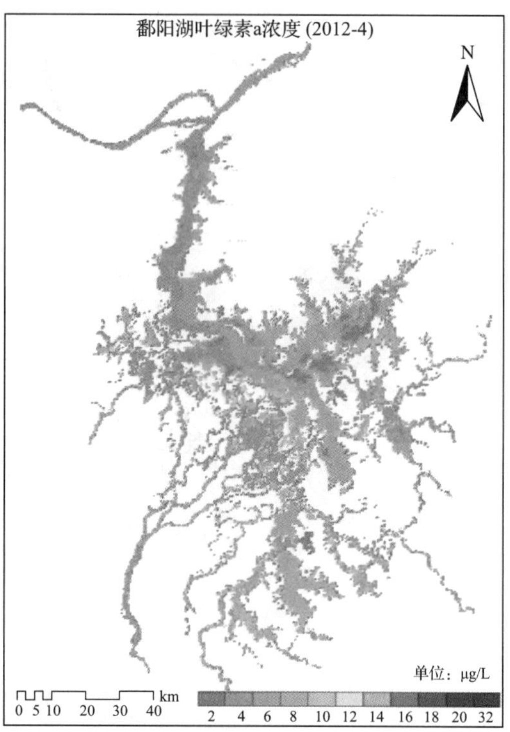
鄱阳湖叶绿素a浓度 (2012-4)
N
单位：μg/L
0 5 10 20 30 40 km
2 4 6 8 10 12 14 16 18 20 32

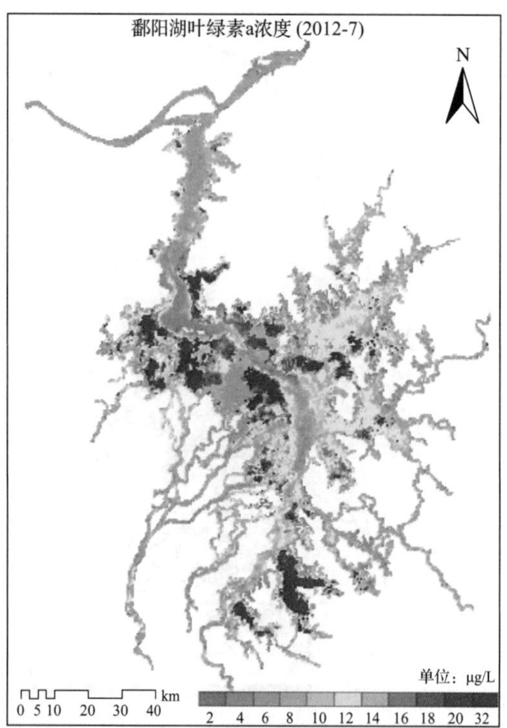
鄱阳湖叶绿素a浓度 (2012-7)
N
单位：μg/L
0 5 10 20 30 40 km
2 4 6 8 10 12 14 16 18 20 32

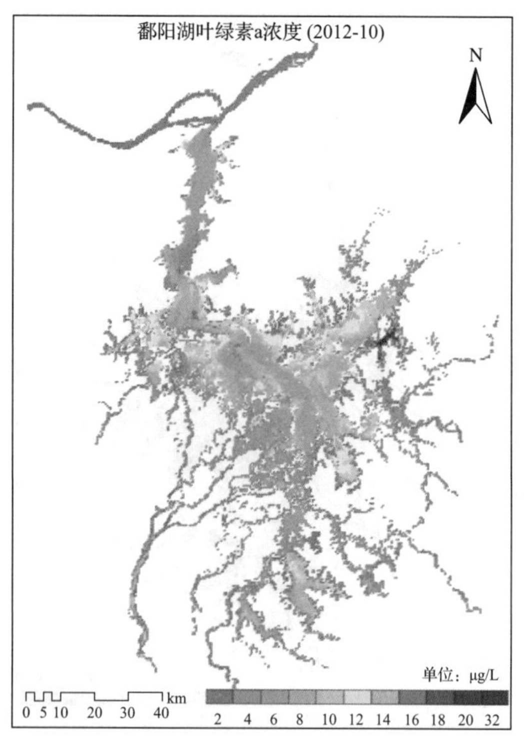
鄱阳湖叶绿素a浓度 (2012-10)
N
单位：μg/L
0 5 10 20 30 40 km
2 4 6 8 10 12 14 16 18 20 32

3. 鄱阳湖2000～2013年各季节悬浮物浓度反演结果

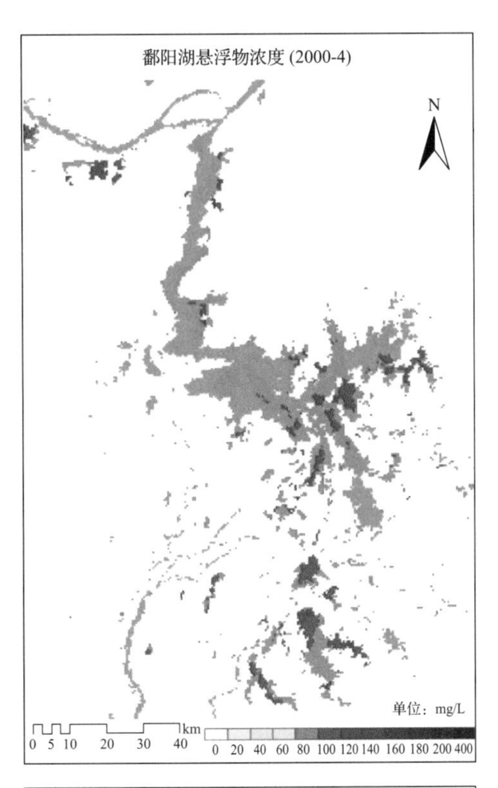

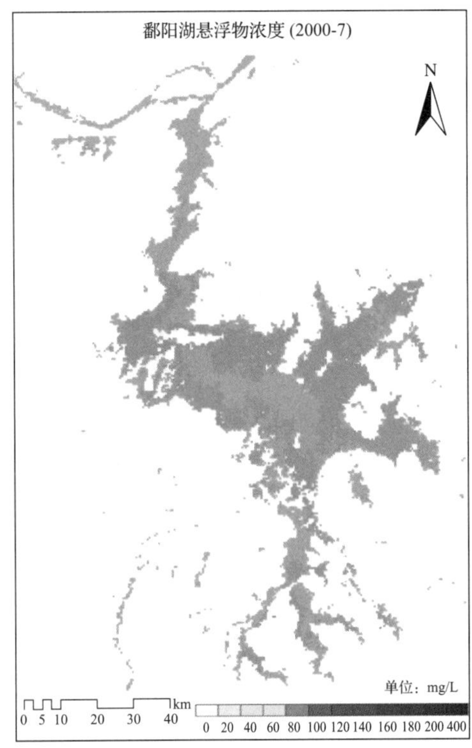

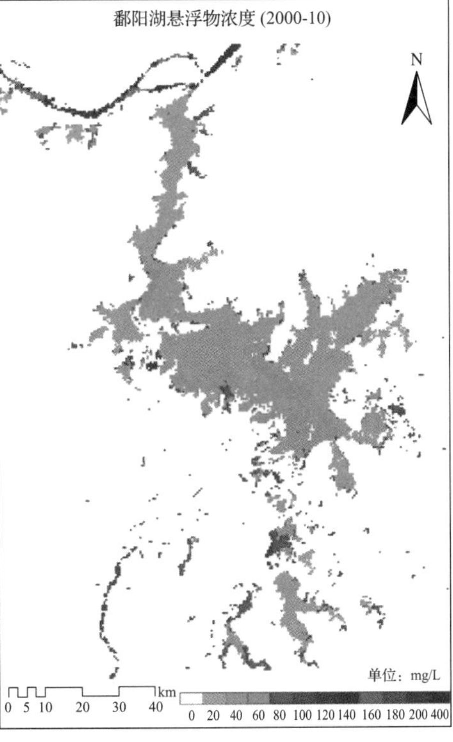

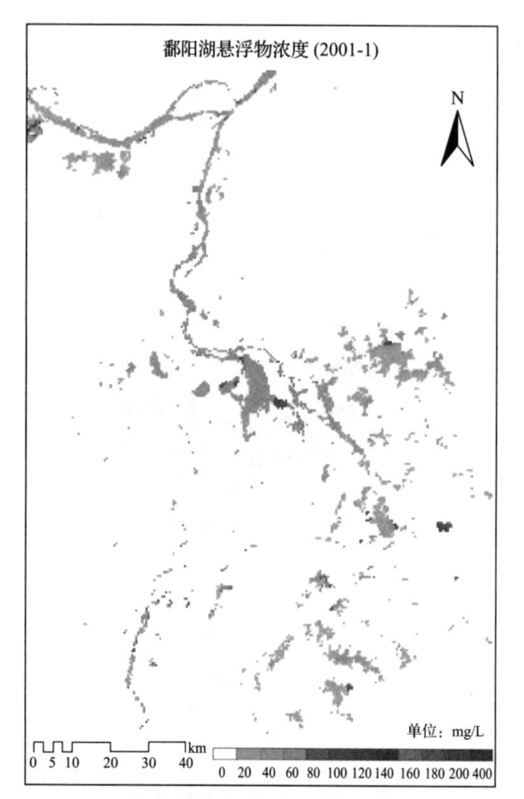
鄱阳湖悬浮物浓度 (2001-1)
N
单位：mg/L
km
0 5 10 20 30 40
0 20 40 60 80 100 120 140 160 180 200 400

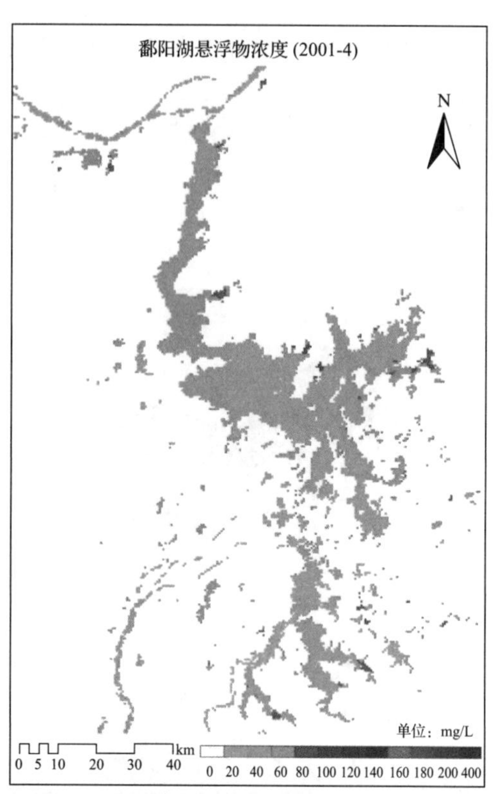
鄱阳湖悬浮物浓度 (2001-4)
N
单位：mg/L
km
0 5 10 20 30 40
0 20 40 60 80 100 120 140 160 180 200 400

鄱阳湖悬浮物浓度 (2001-7)
N
单位：mg/L
km
0 5 10 20 30 40
0 20 40 60 80 100 120 140 160 180 200 400

鄱阳湖悬浮物浓度 (2001-10)
N
单位：mg/L
km
0 5 10 20 30 40
0 20 40 60 80 100 120 140 160 180 200 400

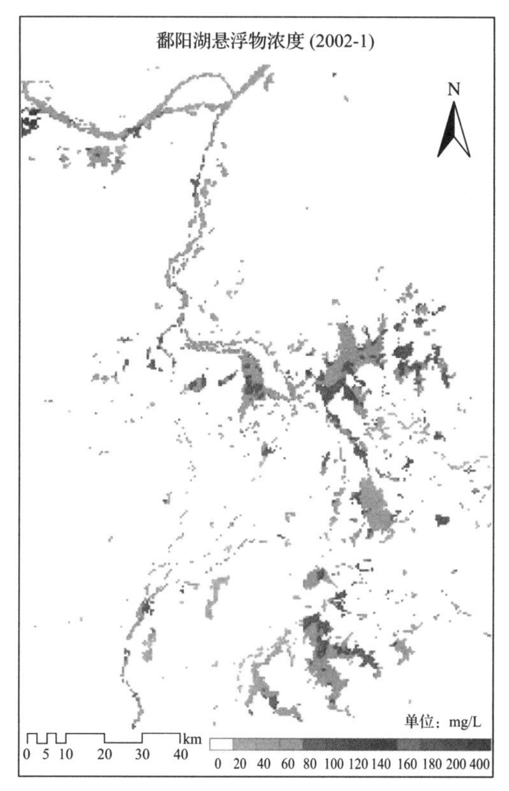
鄱阳湖悬浮物浓度 (2002-1)
N
单位：mg/L
km
0 5 10 20 30 40
0 20 40 60 80 100 120 140 160 180 200 400

鄱阳湖悬浮物浓度 (2002-4)
N
单位：mg/L
km
0 5 10 20 30 40
0 20 40 60 80 100 120 140 160 180 200 400

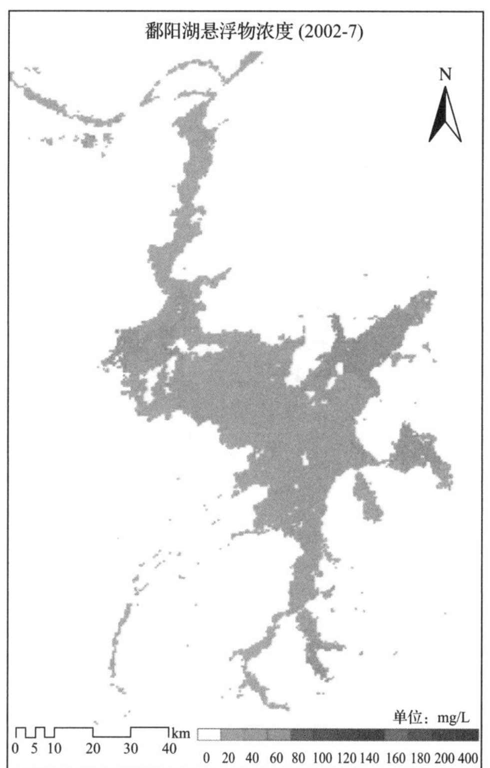
鄱阳湖悬浮物浓度 (2002-7)
N
单位：mg/L
km
0 5 10 20 30 40
0 20 40 60 80 100 120 140 160 180 200 400

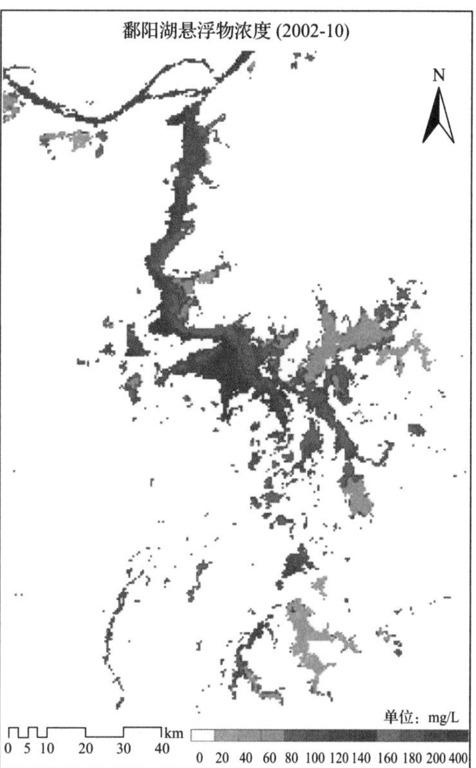
鄱阳湖悬浮物浓度 (2002-10)
N
单位：mg/L
km
0 5 10 20 30 40
0 20 40 60 80 100 120 140 160 180 200 400

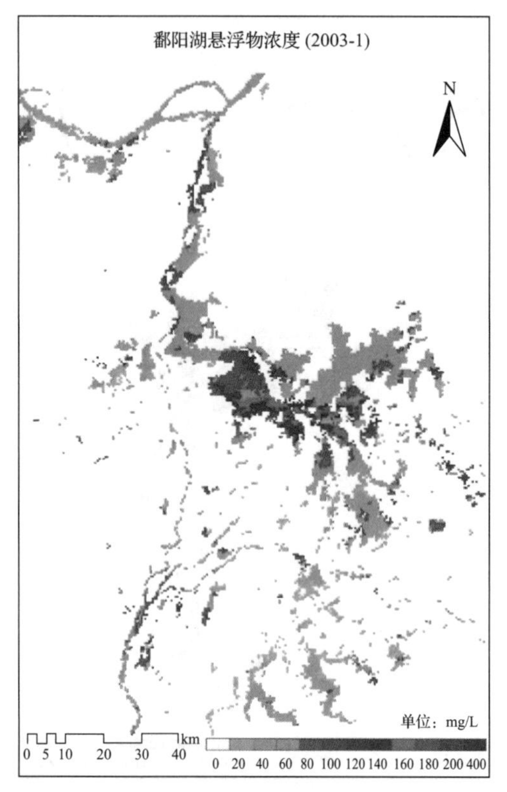
鄱阳湖悬浮物浓度 (2003-1)
N
单位：mg/L
0 5 10 20 30 40 km
0 20 40 60 80 100 120 140 160 180 200 400

鄱阳湖悬浮物浓度 (2003-4)
N
单位：mg/L
0 5 10 20 30 40 km
0 20 40 60 80 100 120 140 160 180 200 400

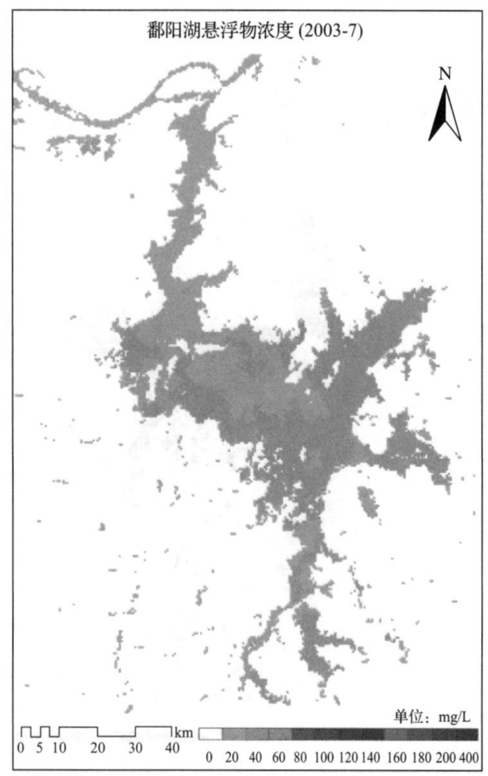
鄱阳湖悬浮物浓度 (2003-7)
N
单位：mg/L
0 5 10 20 30 40 km
0 20 40 60 80 100 120 140 160 180 200 400

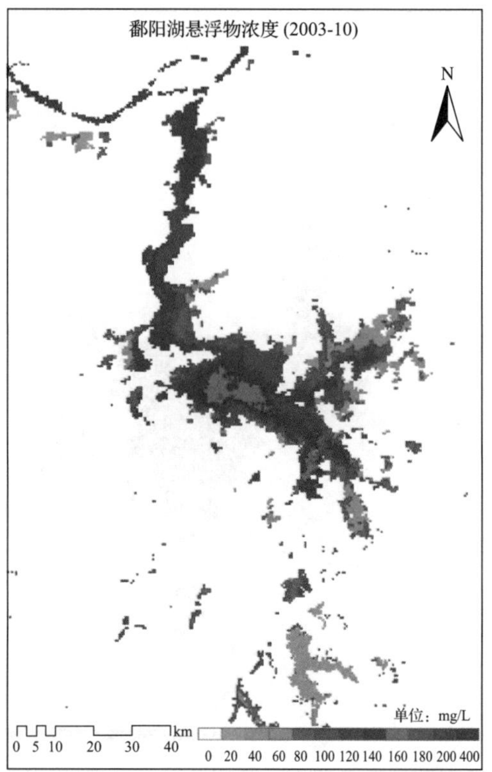
鄱阳湖悬浮物浓度 (2003-10)
N
单位：mg/L
0 5 10 20 30 40 km
0 20 40 60 80 100 120 140 160 180 200 400

鄱阳湖悬浮物浓度 (2004-1)
N
单位：mg/L
0 5 10 20 30 40 km
0 20 40 60 80 100 120 140 160 180 200 400

鄱阳湖悬浮物浓度 (2004-4)
N
单位：mg/L
0 5 10 20 30 40 km
0 20 40 60 80 100 120 140 160 180 200 400

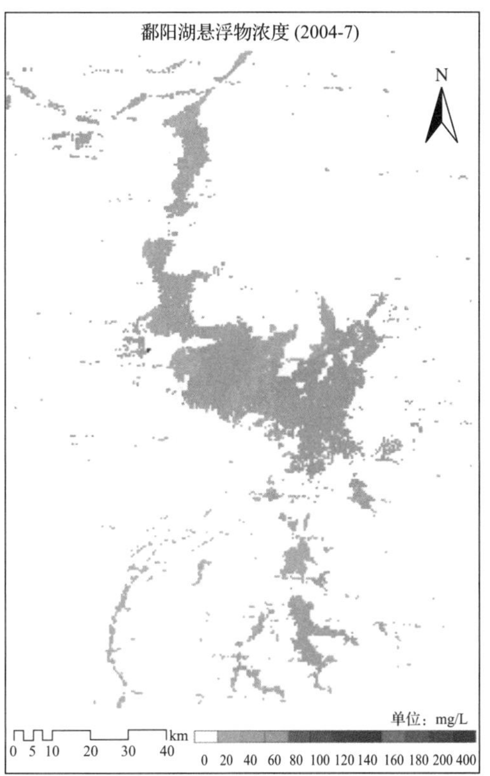
鄱阳湖悬浮物浓度 (2004-7)
N
单位：mg/L
0 5 10 20 30 40 km
0 20 40 60 80 100 120 140 160 180 200 400

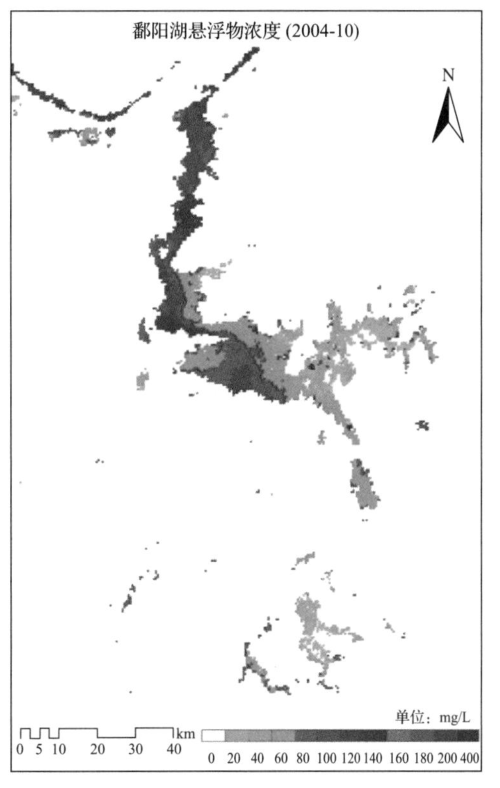
鄱阳湖悬浮物浓度 (2004-10)
N
单位：mg/L
0 5 10 20 30 40 km
0 20 40 60 80 100 120 140 160 180 200 400

鄱阳湖悬浮物浓度 (2005-1)
N
单位：mg/L
km
0 5 10 20 30 40
0 20 40 60 80 100 120 140 160 180 200 400

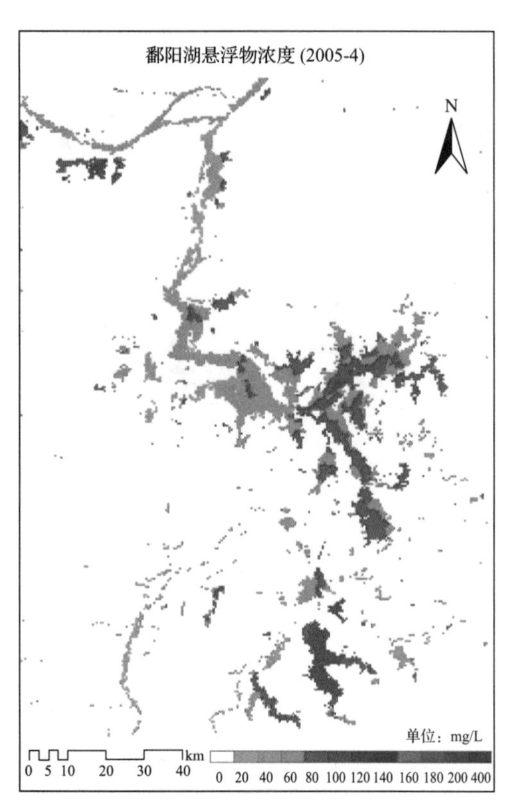
鄱阳湖悬浮物浓度 (2005-4)
N
单位：mg/L
km
0 5 10 20 30 40
0 20 40 60 80 100 120 140 160 180 200 400

鄱阳湖悬浮物浓度 (2005-7)
N
单位：mg/L
km
0 5 10 20 30 40
0 20 40 60 80 100 120 140 160 180 200 400

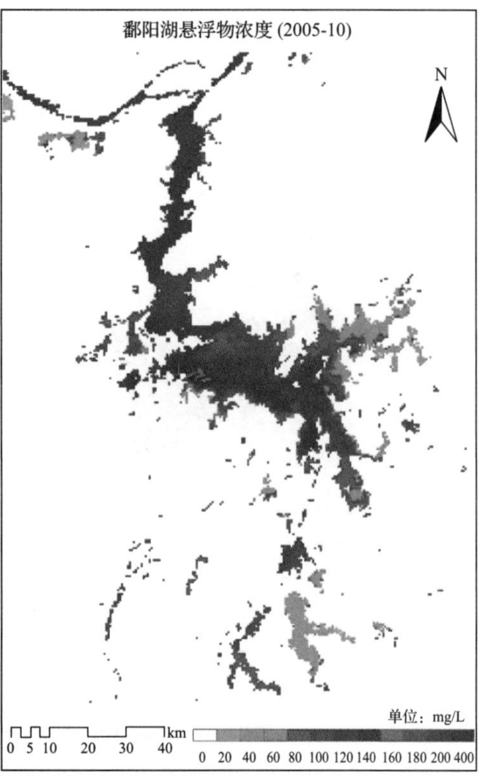
鄱阳湖悬浮物浓度 (2005-10)
N
单位：mg/L
km
0 5 10 20 30 40
0 20 40 60 80 100 120 140 160 180 200 400

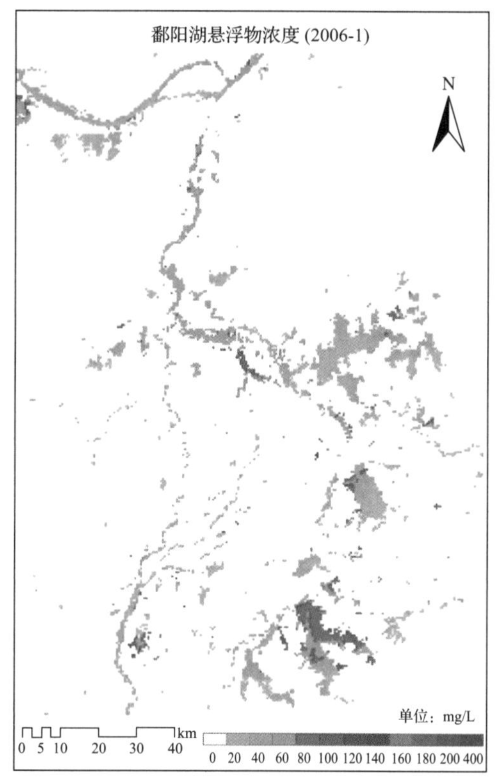
鄱阳湖悬浮物浓度 (2006-1)
N
单位：mg/L
0 5 10 20 30 40 km
0 20 40 60 80 100 120 140 160 180 200 400

鄱阳湖悬浮物浓度 (2006-4)
N
单位：mg/L
0 5 10 20 30 40 km
0 20 40 60 80 100 120 140 160 180 200 400

鄱阳湖悬浮物浓度 (2006-7)
N
单位：mg/L
0 5 10 20 30 40 km
0 20 40 60 80 100 120 140 160 180 200 400

鄱阳湖悬浮物浓度 (2006-10)
N
单位：mg/L
0 5 10 20 30 40 km
0 20 40 60 80 100 120 140 160 180 200 400

鄱阳湖悬浮物浓度 (2007-1)
N
单位：mg/L
0 5 10 20 30 40 km
0 20 40 60 80 100 120 140 160 180 200 400

鄱阳湖悬浮物浓度 (2007-4)
N
单位：mg/L
0 5 10 20 30 40 km
0 20 40 60 80 100 120 140 160 180 200 400

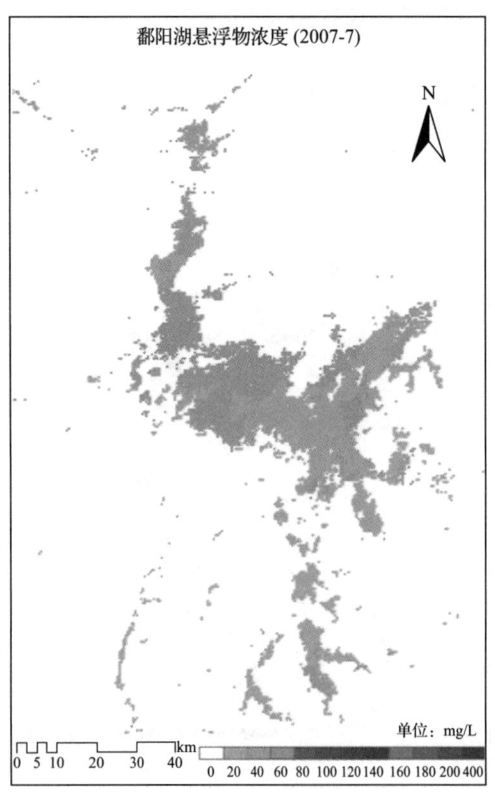
鄱阳湖悬浮物浓度 (2007-7)
N
单位：mg/L
0 5 10 20 30 40 km
0 20 40 60 80 100 120 140 160 180 200 400

鄱阳湖悬浮物浓度 (2007-10)
N
单位：mg/L
0 5 10 20 30 40 km
0 20 40 60 80 100 120 140 160 180 200 400

鄱阳湖悬浮物浓度 (2007-12)
N
单位：mg/L
0 5 10 20 30 40 km
0 20 40 60 80 100 120 140 160 180 200 400

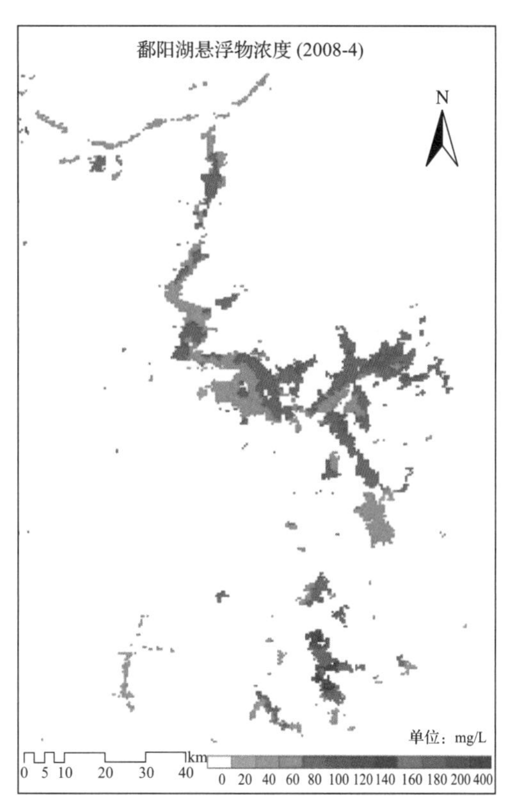
鄱阳湖悬浮物浓度 (2008-4)
N
单位：mg/L
0 5 10 20 30 40 km
0 20 40 60 80 100 120 140 160 180 200 400

鄱阳湖悬浮物浓度 (2008-7)
N
单位：mg/L
0 5 10 20 30 40 km
0 20 40 60 80 100 120 140 160 180 200 400

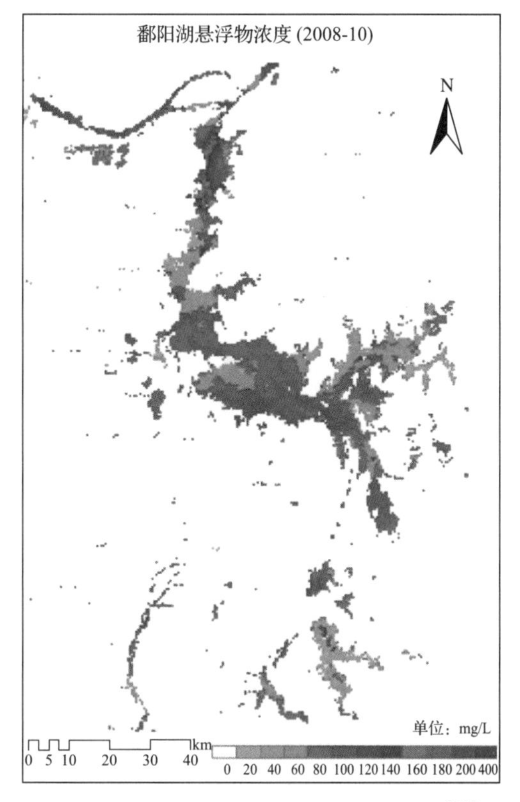
鄱阳湖悬浮物浓度 (2008-10)
N
单位：mg/L
0 5 10 20 30 40 km
0 20 40 60 80 100 120 140 160 180 200 400

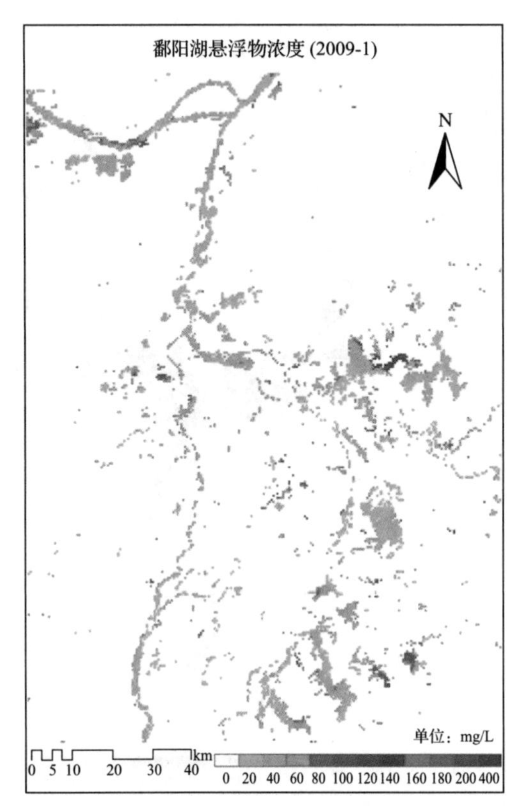
鄱阳湖悬浮物浓度 (2009-1)
N
单位：mg/L
0 5 10 20 30 40 km
0 20 40 60 80 100 120 140 160 180 200 400

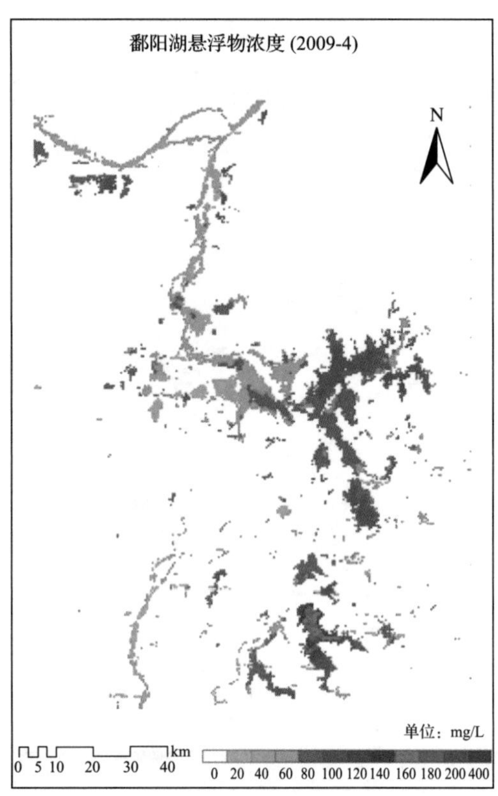
鄱阳湖悬浮物浓度 (2009-4)
N
单位：mg/L
0 5 10 20 30 40 km
0 20 40 60 80 100 120 140 160 180 200 400

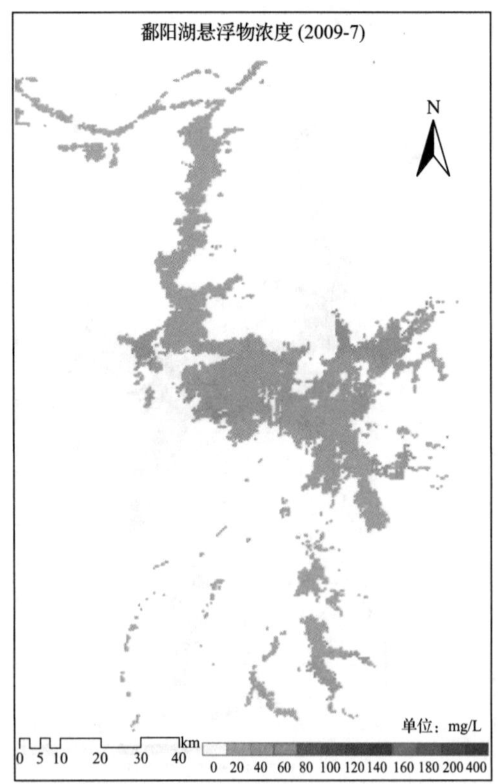
鄱阳湖悬浮物浓度 (2009-7)
N
单位：mg/L
0 5 10 20 30 40 km
0 20 40 60 80 100 120 140 160 180 200 400

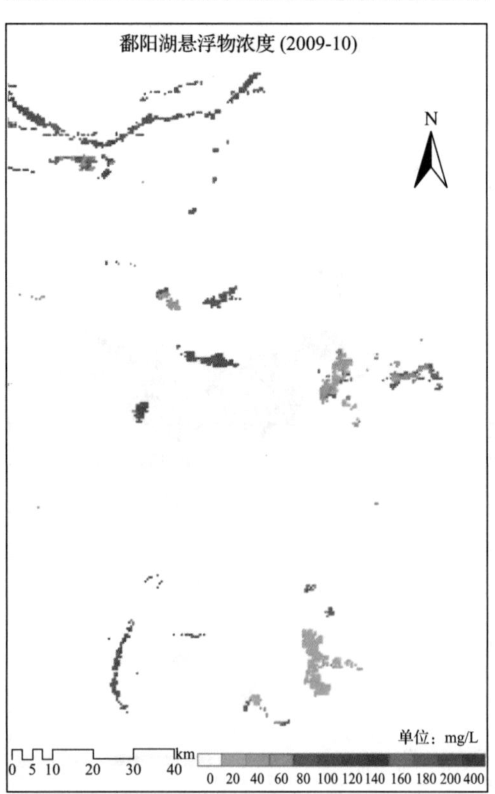
鄱阳湖悬浮物浓度 (2009-10)
N
单位：mg/L
0 5 10 20 30 40 km
0 20 40 60 80 100 120 140 160 180 200 400

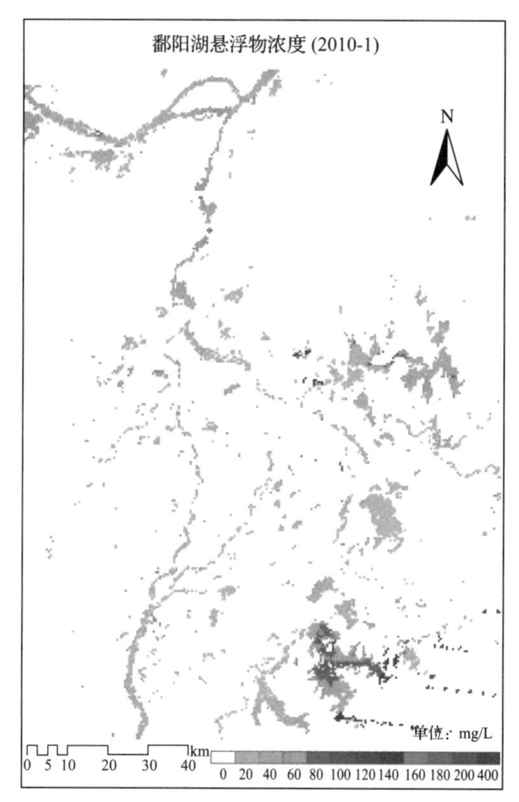
鄱阳湖悬浮物浓度 (2010-1)
N
单位：mg/L
km
0 5 10 20 30 40
0 20 40 60 80 100 120 140 160 180 200 400

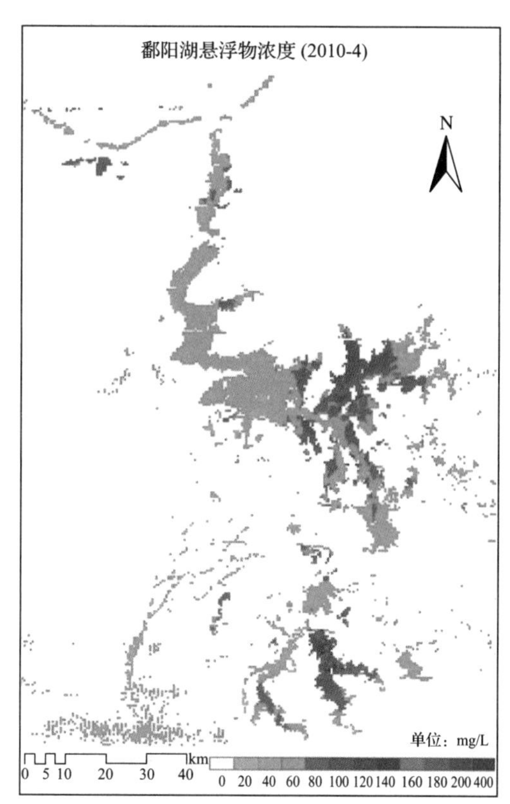
鄱阳湖悬浮物浓度 (2010-4)
N
单位：mg/L
km
0 5 10 20 30 40
0 20 40 60 80 100 120 140 160 180 200 400

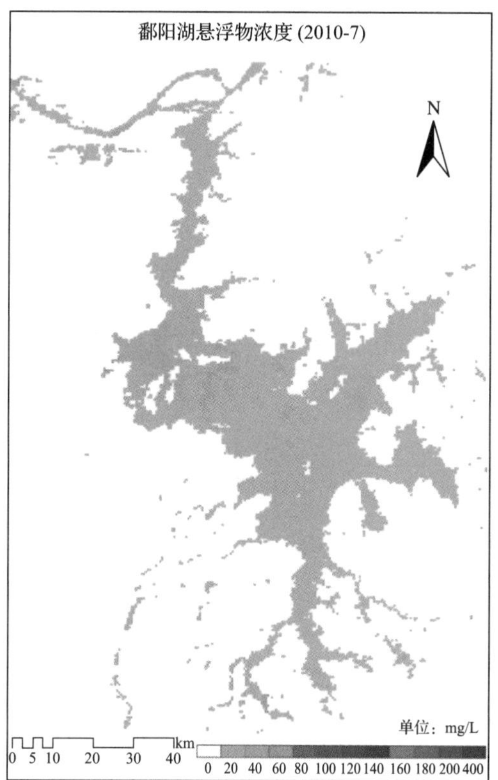
鄱阳湖悬浮物浓度 (2010-7)
N
单位：mg/L
km
0 5 10 20 30 40
0 20 40 60 80 100 120 140 160 180 200 400

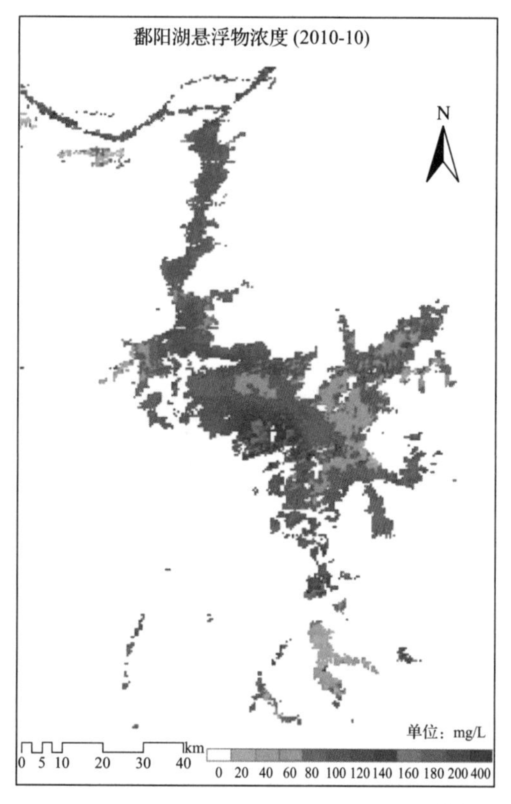
鄱阳湖悬浮物浓度 (2010-10)
N
单位：mg/L
km
0 5 10 20 30 40
0 20 40 60 80 100 120 140 160 180 200 400

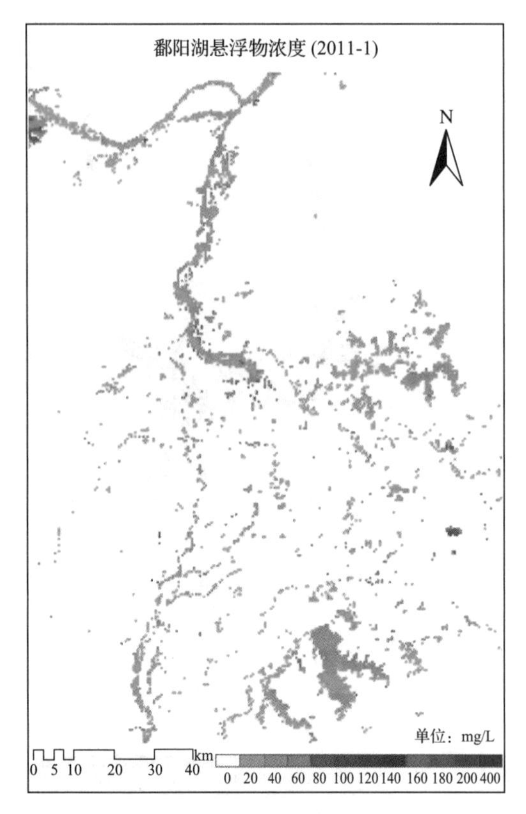
鄱阳湖悬浮物浓度 (2011-1)
N
单位：mg/L
0 5 10 20 30 40 km
0 20 40 60 80 100 120 140 160 180 200 400

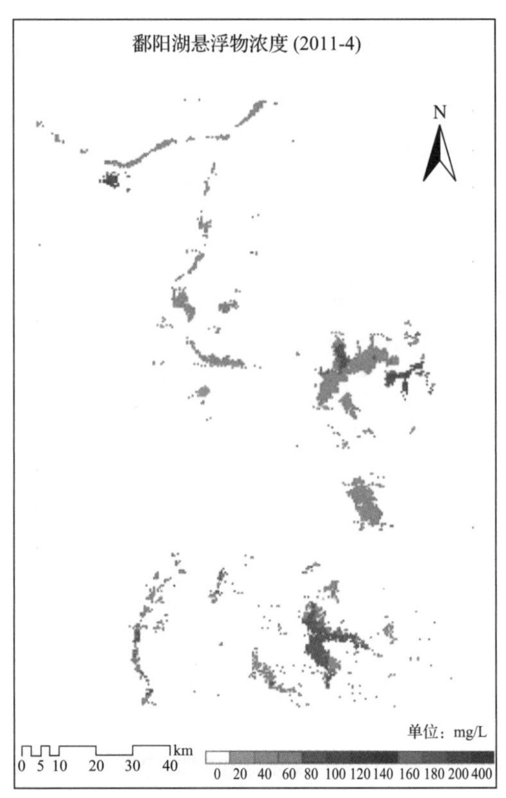
鄱阳湖悬浮物浓度 (2011-4)
N
单位：mg/L
0 5 10 20 30 40 km
0 20 40 60 80 100 120 140 160 180 200 400

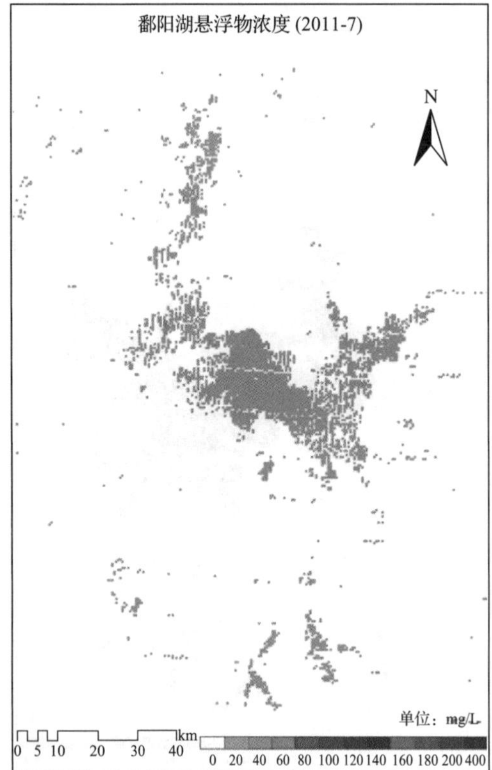
鄱阳湖悬浮物浓度 (2011-7)
N
单位：mg/L
0 5 10 20 30 40 km
0 20 40 60 80 100 120 140 160 180 200 400

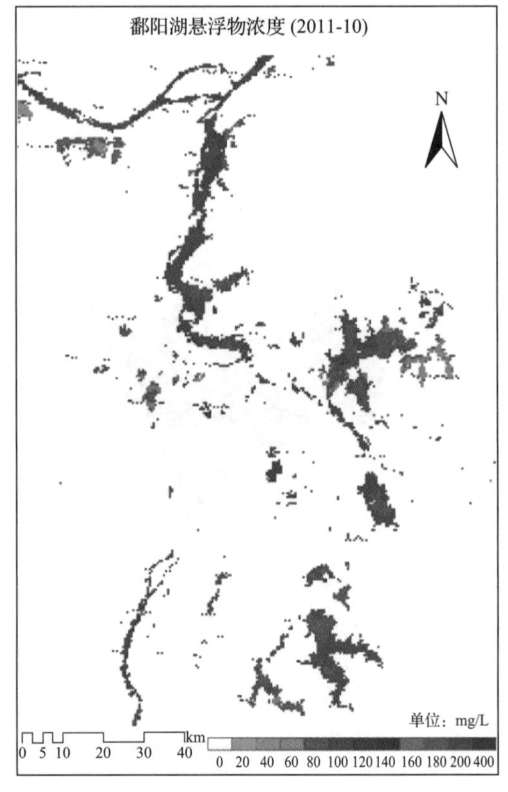
鄱阳湖悬浮物浓度 (2011-10)
N
单位：mg/L
0 5 10 20 30 40 km
0 20 40 60 80 100 120 140 160 180 200 400

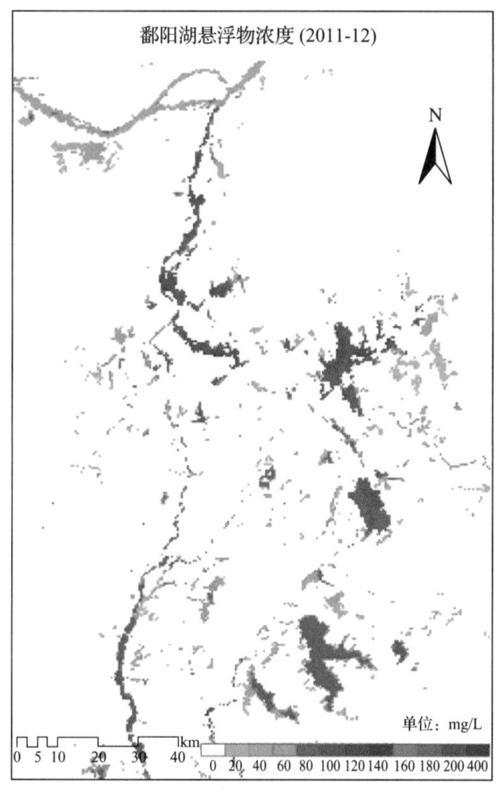
鄱阳湖悬浮物浓度 (2011-12)
N
单位：mg/L
0 5 10 20 30 40 km
0 20 40 60 80 100 120 140 160 180 200 400

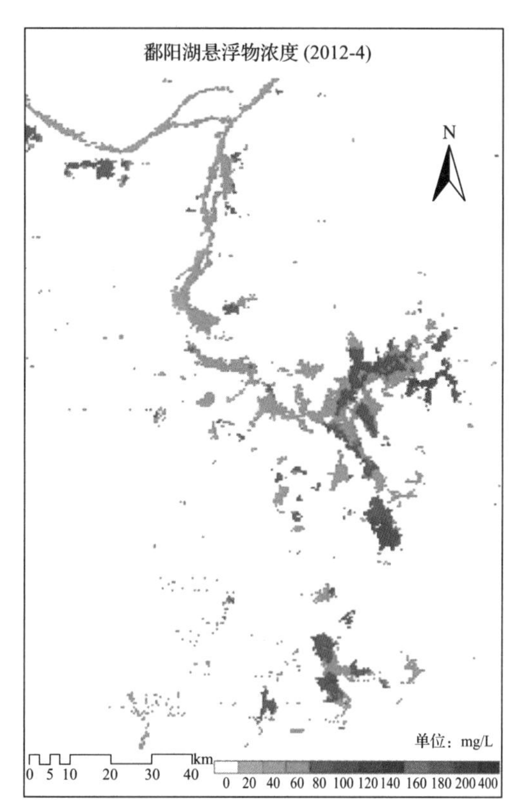
鄱阳湖悬浮物浓度 (2012-4)
N
单位：mg/L
0 5 10 20 30 40 km
0 20 40 60 80 100 120 140 160 180 200 400

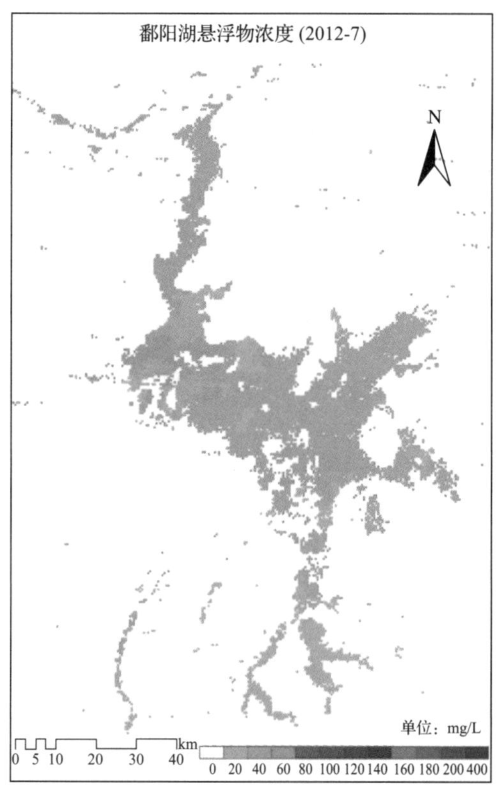
鄱阳湖悬浮物浓度 (2012-7)
N
单位：mg/L
0 5 10 20 30 40 km
0 20 40 60 80 100 120 140 160 180 200 400

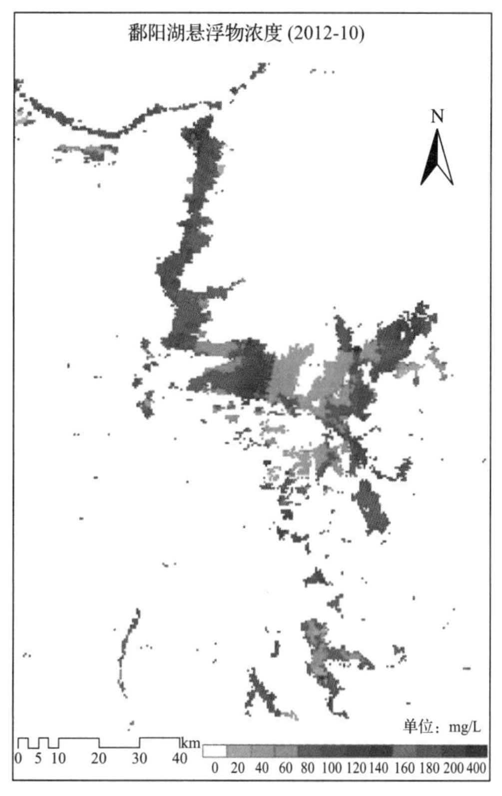
鄱阳湖悬浮物浓度 (2012-10)
N
单位：mg/L
0 5 10 20 30 40 km
0 20 40 60 80 100 120 140 160 180 200 400

鄱阳湖悬浮物浓度 (2013-1)
N
单位：mg/L
0 5 10 20 30 40 km
0 20 40 60 80 100 120 140 160 180 200 400

鄱阳湖悬浮物浓度 (2013-4)
N
单位：mg/L
0 5 10 20 30 40 km
0 20 40 60 80 100 120 140 160 180 200 400

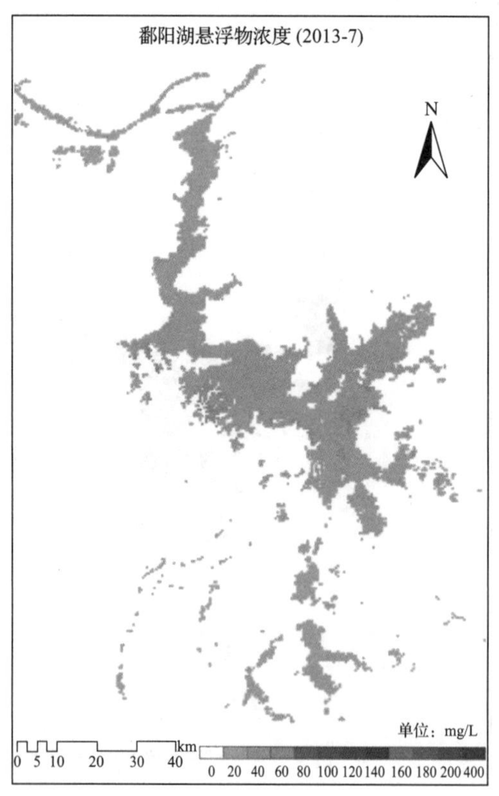
鄱阳湖悬浮物浓度 (2013-7)
N
单位：mg/L
0 5 10 20 30 40 km
0 20 40 60 80 100 120 140 160 180 200 400

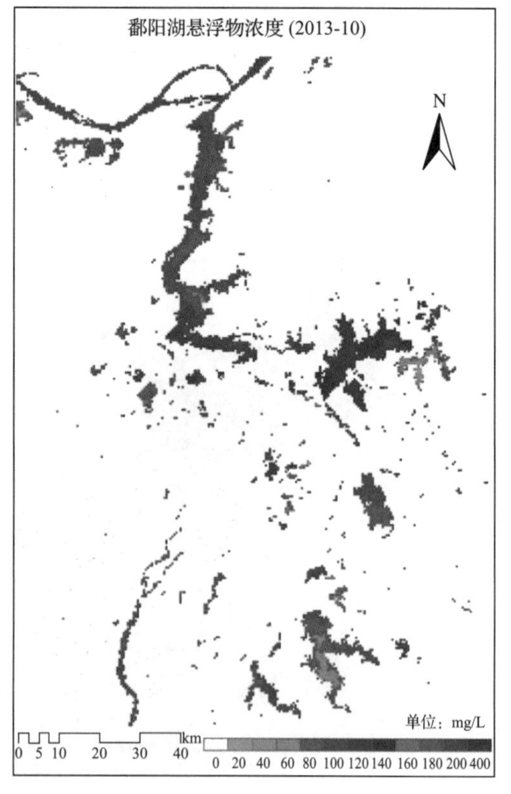
鄱阳湖悬浮物浓度 (2013-10)
N
单位：mg/L
0 5 10 20 30 40 km
0 20 40 60 80 100 120 140 160 180 200 400

4. 鄱阳湖地区野外调查照片

照片 1　鄱阳湖水色光谱测量(2011 年 10 月)

照片 2　灰板测量(2011 年 10 月)

照片 3　水面光谱测量(2011 年 10 月)

照片 4　水面光谱测量(2011 年 10 月)

照片 5　鄱阳湖联合考察(2012 年 7 月)

照片 6　鄱阳湖野外水质采样(2012 年 7 月)

照片 7　鄱阳湖水质采样(2011 年 10 月)

照片 8　实验室水质化验(2011 年 10 月)

照片 9　鄱阳湖湖区温室气体测量(2011 年 10 月)

照片 10　九江市巷东村土地覆盖验证和温室气体采样(2011 年 8 月)

照片 11　彭泽县化工工业园土地覆盖验证和温室气体采样(2011 年 8 月)

照片 12　彭泽县土地覆盖验证——城镇用地(2011 年 8 月)

照片 13　进贤县土地覆盖验证——旱地(2011 年 8 月)

照片 14　南昌县土地覆盖验证——养殖水域(2011 年 8 月)

照片 15　余干县土地覆盖验证——水田(2011 年 8 月)

照片 16　进贤县土地覆盖验证——农村聚落(2011 年 8 月)

照片 17　德安县土地覆盖验证——竹林与棉花地交界(2011 年 8 月)

照片 18　鄱阳县土地覆盖验证——常绿针叶林(2011 年 8 月)